高等职业教育"十四五"规划教材

动物内科及临床诊断

蔡泽川　雷莉辉　乔立东　主编

中国农业大学出版社
·北京·

内容简介

本教材依据动物疫病防治员国家职业技能标准，设计项目化、任务式编写体例，包括3个项目13个任务，共计86项专项实用技能，系统介绍了兽医临床资料收集、临床检查的程序和建立诊断、动物内科疾病的诊治等内容。教材根据生产岗位需求设计教学内容，包含理论知识和应用实训，强调动物疫病防治相关岗位职业技能的培养，使学生在真实的工作情境中锻炼自主学习能力，提高实际操作水平。本教材可供高职院校动物医学专业教学使用，也可供参加技能培训的学员参考使用。

图书在版编目(CIP)数据

动物内科及临床诊断 / 蔡泽川，雷莉辉，乔立东主编. --北京：中国农业大学出版社，2022.2

ISBN 978-7-5655-2712-8

Ⅰ.①动… Ⅱ.①蔡…②雷…③乔… Ⅲ.①兽医学－内科学－高等职业教育－教材 Ⅳ.①S856

中国版本图书馆CIP数据核字(2022)第020972号

书　　名 动物内科及临床诊断

作　　者 蔡泽川　雷莉辉　乔立东　主编

策　　划 张　玉　　**责任编辑** 田树君　许晓婧

封面设计 郑　川

出版发行 中国农业大学出版社

社　　址 北京市海淀区圆明园西路2号　　**邮政编码** 100193

电　　话 发行部 010-62733489，1190　　编辑部 010-62732617，2618

出版部 010-62733440　　读者服务部 010-62732336

网　　址 http://www.caupress.cn　　**E-mail** cbsszs@cau.edu.cn

经　　销 新华书店

印　　刷 涿州市星河印刷有限公司

版　　次 2022年2月第1版　2022年2月第1次印刷

规　　格 185 mm×260 mm　16开本　11.5印张　285千字

定　　价 35.00元

编写人员

主　编　蔡泽川　北京农业职业学院

雷莉辉　北京农业职业学院

乔立东　北京农业职业学院

副主编　万俊丽　北京农业职业学院

艾君涛　北京农业职业学院

郝　韵　北京市昌平区马池口镇农业服务中心

参　编　王明利　北京农业职业学院

董冠英　北京农业职业学院

吴明谦　北京农业职业学院

经有林　遵义职业技术学院

李文娟　重庆三峡职业学院

赵海云　嘉兴职业技术学院

田艳辉　北京市房山区动物疫病预防控制中心

李　杰　北京市房山区动物疫病预防控制中心

前　言

动物内科及临床诊断是高等职业教育动物医学及相关专业的一门专业核心课。随着我国职业教育“校企合作、工学结合”人才培养模式改革的不断深入，职业技术教育必然走向理实一体化教学模式。本教材的编写坚持职业教育的“工作过程平向原则”，按照高职院校面向生产一线培养高素质技能型专门人才的目标，根据我国动物疫病岗位（群）的任职要求，依据动物疫病防治国家职业标准，设计项目化、任务式体系结构，全书包括3个项目13个任务86项专项实用技能，系统介绍了兽医临床资料的收集、临床检查的程序、建立诊断的方法和动物内科疾病的诊治等内容。本教材根据生产岗位的实际需求，讲述一定的理论知识，更注重应用和实训，强调动物疫病防治相关岗位职业技能的培养。

本教材的主要特色如下：

(1)按照“以能力为本位，以职业实践为主线，工学结合，教学做一体”的总体设计要求，以“突出培养学生的实际操作能力、自主学习能力和良好职业道德”为基本目标，紧紧围绕完成工作任务的需要来选择和组织教学内容，突出任务与知识的紧密性。

(2)与兄弟院校及行业专家共同设计开发学习情境，运用动物临床诊断方法，以动物的一般检查、系统检查、动物内科病诊治和病历填写为载体，使学生在真实的工作情境中，锻炼自主学习能力，提高实际操作水平。

本教材编写分工如下：项目1由北京农业职业学院蔡泽川、董冠英，遵义职业技术学院经有林，北京市房山区动物疫病预防控制中心田艳辉、李杰编写；项目2由北京农业职业学院乔立东、艾君涛，嘉兴职业技术学院赵海云，北京市昌平区马池口镇农业服务中心郝韵编写；项目3由北京农业职业学院雷莉辉、王明利，重庆三峡职业学院李文娟编写；思政案例由北京农业职业学院万俊丽、吴明谦编写；全书由蔡泽川统稿、审稿。

本教材在编写过程中，参考了大量相关资料，吸取了许多同仁的宝贵经验，在此深表谢意！

由于编者水平有限、成稿时间仓促，本教材难免存在一些问题和疏漏，请广大读者及同行专家提出宝贵意见。

编　者

2021年6月

目　录

项目一　兽医临床资料收集

任务一　动物的接近与保定 …… 1

技能 1　动物的接近方法 …… 1

技能 2　动物的保定技术 …… 2

任务二　临床检查的基本方法 …… 11

技能 1　问诊 …… 11

技能 2　视诊 …… 13

技能 3　触诊 …… 13

技能 4　叩诊 …… 15

技能 5　听诊 …… 16

技能 6　嗅诊 …… 17

任务三　一般临床检查 …… 18

技能 1　整体状态的观察 …… 18

技能 2　被毛及皮肤的检查 …… 20

技能 3　眼结膜的检查 …… 22

技能 4　浅表淋巴结的检查 …… 23

技能 5　体温、脉搏及呼吸数测定 …… 23

任务四　系统检查 …… 28

技能 1　心血管系统检查 …… 28

技能 2　呼吸系统检查 …… 30

技能 3　消化系统检查 …… 33

技能 4　泌尿系统检查 …… 37

技能 5　神经系统检查 …… 41

项目二　临床检查的程序和建立诊断

任务一　建立诊断 …… 48

技能 1　临床检查的程序 …… 48

技能 2　建立诊断 …… 50

任务二　病历记录及其填写 …… 52

技能　病历记录及填写 …… 52

项目三　动物内科疾病的诊治

任务一　消化系统疾病的诊治 …… 55

技能 1　口炎的诊治 …… 56

技能 2　咽炎的诊治 …… 57

技能 3　食管阻塞的诊治 …… 59

技能 4　前胃弛缓的诊治 …… 61

技能 5　瘤胃积食的诊治 …… 63

技能 6　创伤性网胃腹膜炎的诊治 …… 65

技能 7　瓣胃阻塞的诊治 …… 66

技能 8　皱胃炎的诊治 …… 68

技能 9　急性胃扩张的诊治 …… 69

技能 10　肠阻塞的诊治 …… 71

技能 11　胃肠炎的诊治 …… 74

任务二　呼吸系统疾病的诊治 …… 76

技能 1　鼻炎的诊治 …… 77

技能 2　喉炎及喉囊病的诊治 …… 78

技能 3　支气管炎的诊治 …… 80

技能 4　慢性支气管炎的诊治 …… 82

技能 5　支气管肺炎的诊治 …… 83

技能 6　大叶性肺炎的诊治 …… 85

技能 7　肺充血和肺水肿的诊治 …… 87

技能 8　肺气肿的诊治 …… 88

技能 9　胸膜炎的诊治 …… 89

任务三　心血管系统疾病的诊治 …… 92

技能 1　心力衰竭的诊治 …… 92

技能 2　急性心肌炎的诊治 …… 94

技能 3　急性心内膜炎的诊治 …… 96

技能 4　心脏瓣膜病的诊治 …… 97

技能 5　循环虚脱的诊治 …… 99

技能 6　急性出血性贫血的诊治 …… 101

技能 7　血斑病的诊治 …… 103

任务四　泌尿系统疾病的诊治 …… 105

技能 1　肾炎的诊治 …… 105

技能 2　肾病的诊治 …… 107

技能 3　尿结石的诊治 …… 109

技能 4 膀胱炎的诊治 …… 110
技能 5 尿毒症的诊治 …… 112
任务五 神经系统疾病的诊治 …… 113
技能 1 脑膜脑炎的诊治 …… 114
技能 2 癫痫的诊治 …… 116
技能 3 日射病和热射病的诊治 …… 117
技能 4 膈痉挛的诊治 …… 118
技能 5 脊髓挫伤及震荡的诊治 …… 120
任务六 营养代谢性疾病的诊治 …… 122
技能 1 糖尿病的诊治 …… 122
技能 2 奶牛酮病的诊治 …… 124
技能 3 禽脂肪肝综合征的诊治 …… 126
技能 4 家禽痛风的诊治 …… 128
技能 5 维生素 A 缺乏症的诊治 …… 129
技能 6 维生素 B_1 缺乏症的诊治 …… 131
技能 7 维生素 B_2 缺乏症的诊治 …… 133
技能 8 硒和维生素 E 缺乏症的诊治 …… 134
技能 9 维生素 B_{12} 缺乏症的诊治 …… 136
技能 10 叶酸缺乏症的诊治 …… 137
技能 11 佝偻病的诊治 …… 138
技能 12 骨软病的诊治 …… 140
技能 13 锌缺乏症的诊治 …… 141
技能 14 铜缺乏症的诊治 …… 143
技能 15 异食癖的诊治 …… 145
技能 16 仔猪营养性贫血的诊治 …… 148
任务七 中毒性疾病的诊治 …… 150
技能 1 硝酸盐和亚硝酸盐中毒的诊治 …… 150
技能 2 氢氰酸中毒的诊治 …… 151
技能 3 棉籽饼粕中毒的诊治 …… 152
技能 4 瘤胃酸中毒的诊治 …… 154
技能 5 栎树叶中毒的诊治 …… 156
技能 6 疯草中毒的诊治 …… 157
技能 7 白苏中毒的诊治 …… 159
技能 8 霉菌毒素中毒的诊治 …… 160
技能 9 黑斑病甘薯毒素中毒的诊治 …… 162
技能 10 有机磷农药中毒的诊治 …… 164
技能 11 氟中毒的诊治 …… 166
技能 12 钠盐中毒的诊治 …… 168
参考文献 …… 173

项目一

兽医临床资料收集

知识目标

◆ 了解动物的行为、生活习性,及接近动物的方法。

◆ 掌握各种动物的保定方法及其注意事项。

◆ 掌握动物临床检查的基本内容、方法及其注意事项。

◆ 掌握动物临床检查的程序和建立诊断的方法。

◆ 掌握病历报告的填写方法。

能力目标:

◆ 能够根据动物的行为、生活习性去接近动物和保定动物。

◆ 能够运用临床检查的基本方法和程序对动物进行检查。

◆ 能建立临床诊断和填写病历报告。

素质目标

◆ 培养学生实事求是的工作态度;善于思考、务实严谨的职业素质;培养坚定理想信念、爱岗敬业、团结协作的无私奉献精神。

任务一　动物的接近与保定

技能1　动物的接近方法

【训练目标】

学会接近各种动物的方法,为动物的临床诊断和治疗操作打好基础。

【实训准备】

1.动物　牛1头,马1匹,羊1只,猪1头,犬1只。

2.器材　保定栏,牛鼻钳子,细绳、扁绳各5条,捕犬钳1把。

【实训场地】

动物医院或临床检查室。

【实训方法与步骤】

1.牛的接近　唤醒牛，从正前方或正后方接近；

2.羊和猪的接近　从前方接近可抓住羊角或猪耳，从后方接近时抓住尾部；对于卧地的动物可在腹部轻轻抓痒，使其安静后再进行检查；

3.犬、猫的接近　在主人或饲养人员的协助下，呼唤犬、猫名字，从其前方或前侧方去接近，以温柔的方式轻轻抚摸其额头部、颈部、胸腰两侧及背部，然后进行检查和治疗。

【注意事项】

(1)接近动物前，应事先向动物主人或有关人员了解被接近动物有无恶癖，以便操作时有所防备。

(2)检查者应熟悉各种动物的习性，特别是异常表现(如牛低头凝视、前肢刨地；犬、猫龇牙咧嘴、呜叫等)，以便及时躲避或采取相应措施。

(3)接近后，可用手轻轻抚摸病畜的颈侧或臀部，待其安静后，再行检查；对猪，在其腹下部用手轻轻搔痒，使其静立或卧下，然后进行检查。

(4)检查大动物时，应将一手放于病畜的肩部或髋结节部，一旦病畜有剧烈骚动或抵抗时，即可作为支点迅速向对侧推动避开。

(5)在接近被检动物前应了解患病动物发病前后的临床表现，初步估计病情，防止恶性传染病的接触传染。

技能2　动物的保定技术

【训练目标】

学会各种动物的保定方法，为动物的临床诊断和治疗操作打好基础。

【实训准备】

1.动物　牛1头，马1匹，羊1只，猪1头，犬1只。

2.器材　保定栏，牛鼻钳子，马耳夹子，马鼻捻子，细绳、扁绳各5条，捕犬钳1把。

【实训场地】

动物医院或临床检查室。

【实训方法与步骤】

一、牛的保定

1.徒手保定法　用一手握牛角基部，另一手提鼻绳、鼻环或用拇指与食指、中指捏住鼻中隔即可固定(图1-1)。此法适用于一般检查、灌药、肌肉及静脉注射。

图1-1　牛徒手保定法

2.鼻钳保定法　鼻钳经双侧鼻孔夹紧鼻中隔，用手握持钳柄加以固定(图1-2)。此法适用于一般检查、灌药，以及肌肉、静脉注射。

3.两后肢保定法　取2 m长粗绳一条，对折成等长两段，在跗关节上方将两后肢胫部围住，然后将绳的两游离端一起穿过折转处向一侧拉紧(图1-3)。此法适用

于恶癖牛的一般检查、静脉注射，以及乳房、子宫、阴道疾病的治疗。

4.角根保定法　角根保定法主要是对有角动物的特殊保定方法。保定时将牛头略为抬高，紧贴柱干（或树干侧方），并使牛头向该侧偏斜，使牛角和柱干（树干）卡紧，用绳将牛角呈“8”字形缠绕在柱上。操作时用长绳一条，先缠于一侧角，绳的另一端缠绕对侧角，然后将该绳绑在柱干（树干）上，缠绕数圈以固定头部（图 1-4）。

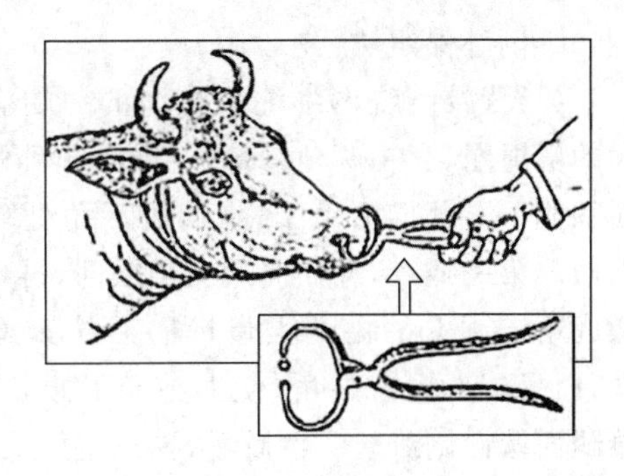

图 1-2　牛鼻钳保定法

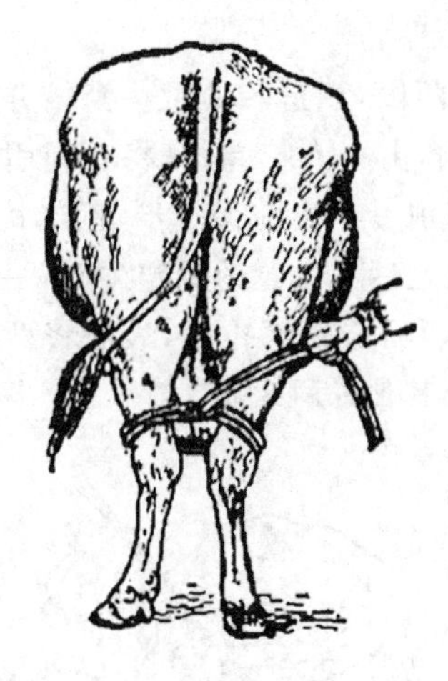

图 1-3　牛两后肢保定法

图 1-4　牛角根保定法

5.柱栏保定法

（1）二柱栏保定　将牛牵至二柱栏内，鼻绳系于头侧栏柱，然后缠绕围绳，吊挂胸、腹绳即可固定（图 1-5）。此法适用于临床检查、各种注射，以及颈、腹、蹄等部疾病治疗。

（2）四柱栏保定　将牛牵入四柱栏内，上好前后保定绳即可保定，必要时还可加上背带和腹带（图 1-6）。

图 1-5　牛的二柱栏保定

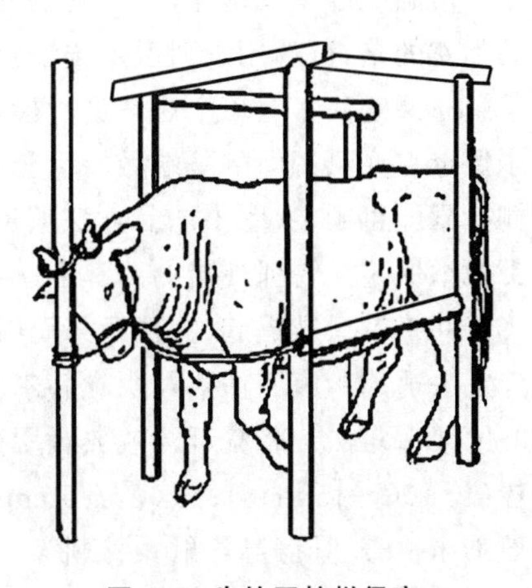

图 1-6　牛的四柱栏保定

6. 倒卧保定法

(1)背腰缠绕倒牛法　在绳的一端做一个较大的活绳圈，套在两角基部，将绳沿非卧侧颈部外面和躯干上部向后牵引，在肩胛后角处环胸绕一圈做成第一绳套，继而向后引至肷部，再环腹一周做成第二绳套。由两人慢慢向后拉紧绳的游离端，由另一人把持牛角，使牛头向下倾斜，牛即可蜷腿而缓慢倒卧。牛倒卧后，要固定好头部，不能放松绳端，否则牛易站起。一般情况下，不需捆绑四肢，必要时再行固定(图 1-7)

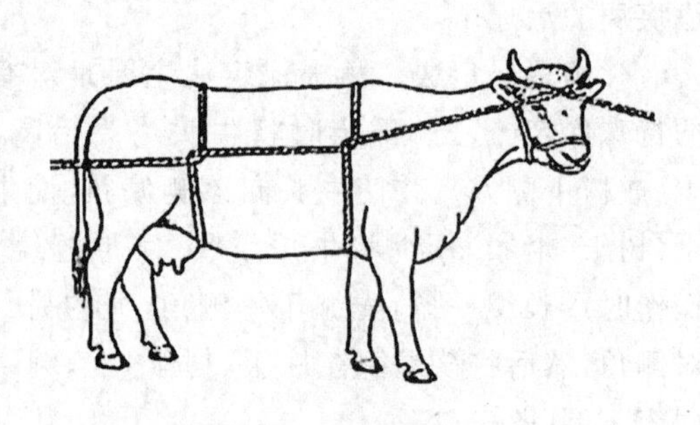

图 1-7　背腰缠绕倒牛法

(2)拉提前肢倒牛法　取约 10 m 长圆绳一条，折成长、短两段，于折转处做一套结并套于左前肢系部，将短绳一端经胸下至右侧并绕过背部再返回左侧，由一人拉绳；另将长绳引至左髋结节前方并经腰部返回缠一周，打结，再引向后方，由二人牵引。令牛前行一步，正当其抬举左前肢的瞬间，三人同时用力拉紧绳索，牛即先跪下而后倒卧；之后一人迅速固定牛头，一人固定牛的后躯，一人迅速将缠在牛腰部的绳套后拉，并使其滑到两后肢跖部拉紧，最后将两后肢与前肢捆扎在一起(图 1-8)。牛倒卧保定法主要适用于去势及其他外科手术。

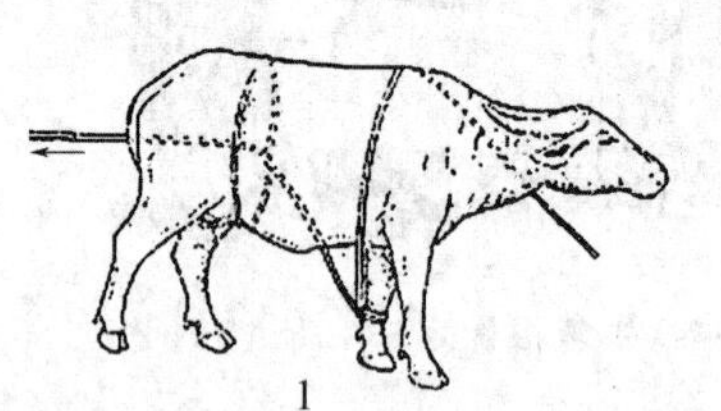

1

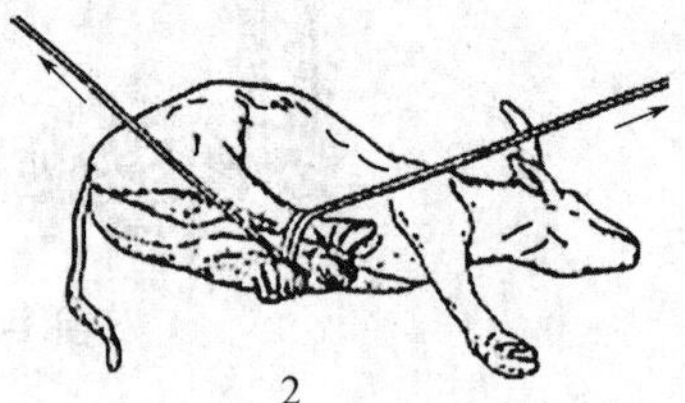

2

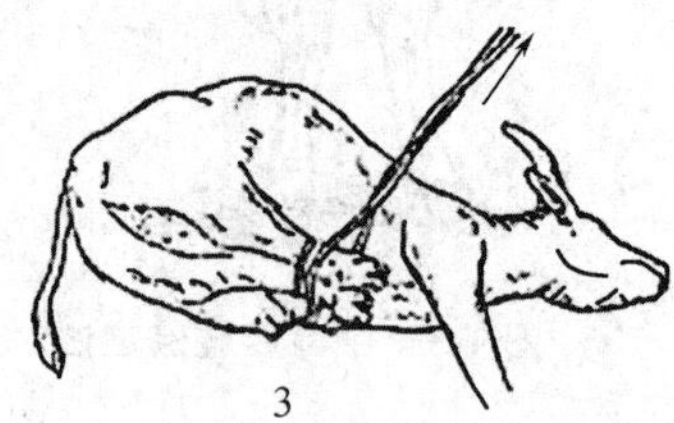

3

图 1-8　拉提前肢倒牛法

1. 倒牛绳的套结　2、3. 肢蹄的捆系

二、猪的保定

对性情温顺的猪无须保定，可就地利用墙根、墙角，缓慢地由后方或侧方接近。对性情凶暴骚动不安的猪，可选用下列保定方法：

1. 站立保定法　对单个病猪进行检查时，可迅速抓提猪尾、猪耳或后肢，然后根据需要做进一步保定。亦可用绳的一端做一活套或用鼻捻棒绳套，自鼻部下滑，套入上颌犬齿并勒紧或向一侧捻紧即可固定(图 1-9)。此法适用于检查体温、肌肉注射、灌药及一般临床检查。

2. 提举保定法　抓住猪的两耳迅速提举，使猪腹面朝前，并以膝部夹住胸部；也可抓住两后肢飞节并将其后肢提起，夹住背部而固定。抓耳提举适用于经口插入胃管或气管注射；后肢提举保定法适用于腹腔注射及阴囊赫尔尼亚手术等(图 1-10)。

3. 网架保定法　将猪赶至或放置用绳织成的网架上即可。网架的结构为，用两根较坚固的木棒(长 100～150 cm)；按 60～75 cm 的宽度，用绳在架上织成网床(图 1-11)。此法主要用于一般临床检查、耳静脉注射及针刺等。

4. 保定架保定法　将猪放置特制的活动保定架或较适宜的木槽内，使其呈仰卧姿势，

然后固定四肢；或行背位保定(图 1-12)。此法用于前腔静脉注射、腹部手术及一般临床检查。

图 1-9　猪绳套保定法

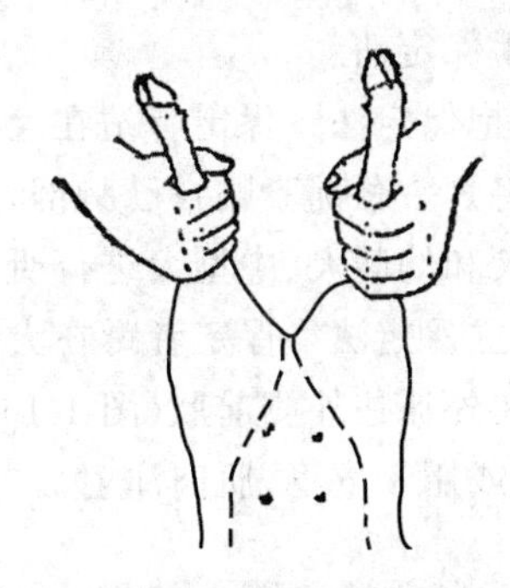

图 1-10　猪提举保定法

图 1-11　猪保定用网架

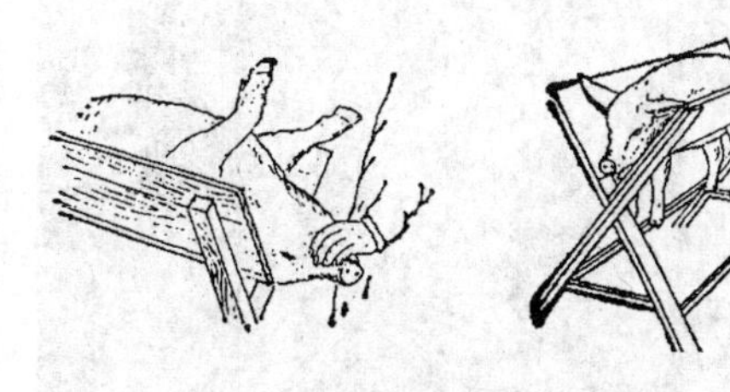

图 1-12　猪保定架保定法

三、羊的保定

1. 站立保定法　两手握住羊的两角，骑跨羊身，以大腿内侧夹持羊两侧胸壁即可保定。此法适用于临床检查或治疗(图 1-13)。

2. 倒卧保定法　保定者俯身从对侧一手抓住两前肢系部或抓一前肢臂部，另一手抓住腹肋部膝襞处扳倒羊体，然后改抓两后肢系部，前后一起按住。此法适用于治疗或简单手术(图 1-14)。

图 1-13　羊站立保定法

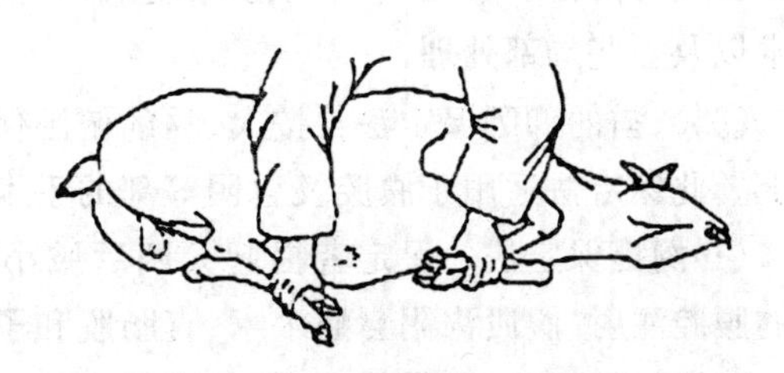

图 1-14　羊倒卧保定法

四、犬、猫的保定

1.徒手保定法

(1)怀抱保定法　保定者站在犬一侧,两只手臂分别放在犬胸前部和股后部将犬抱起,然后一只手将犬头颈部紧贴自己胸部,另一只手抓住犬两前肢限制其活动(图 1-15)。此法适用于对小型犬和幼龄犬、中型犬进行听诊等检查,并常用于皮下或肌肉注射。

(2)站立保定法　保定者蹲在犬一侧,一只手向上托起犬下颌并捏住犬嘴,另一只手臂经犬腰背部向外抓住外侧前肢(图 1-16)。此法适用于对比较温顺或经过训练的大、中型犬进行临床检查,或用于皮下、肌肉注射。

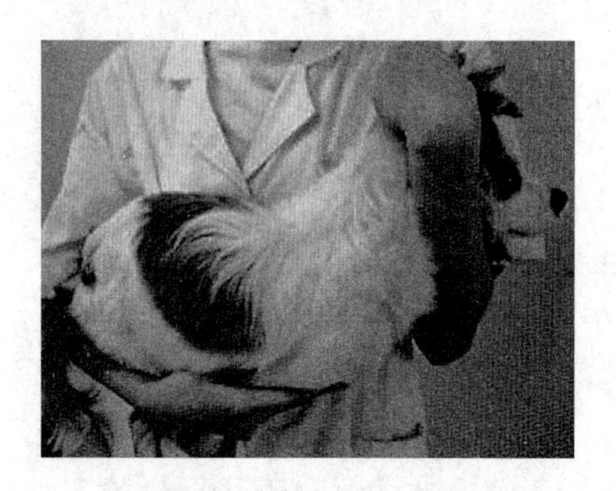

图 1-15　犬怀抱保定法

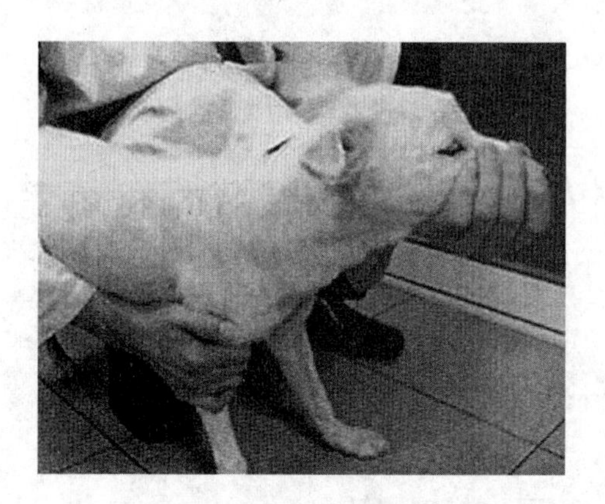

图 1-16　犬站立保定法

(3)倒卧保定法

①犬、猫的侧卧保定法　主人保定犬、猫的头部,保定人员用温和的声音呼唤犬、猫,一边用手抓住四肢的掌部和跖部,向一侧搬动四肢,犬、猫即可侧卧于地,然后用细绳分别捆绑两前肢和两后肢(图 1-17)。

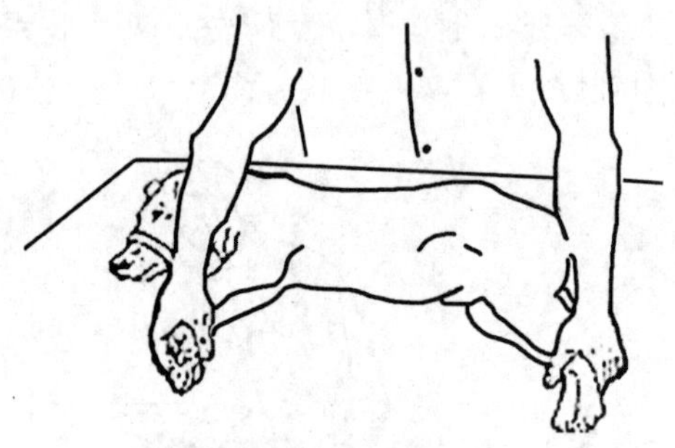

图 1-17　犬侧卧保定法

②犬、猫的俯卧保定法　主人或由保定人员一边用温和的声音呼唤犬、猫,一边用细绳或纱布条分别系于四肢球节上方,向前后拉紧细绳使四肢伸展,犬、猫呈俯卧姿势,头部用细绳或纱布条固定于手术台或桌面上,也可用毛巾绕颈项缠绕使头部相对固定。此法适用于静脉注射,耳的修整术以及一些局部处理。

③犬、猫的仰卧保定法　按犬、猫的俯卧保定方法,将犬、猫的身体翻转仰卧,保定于手术台上。此保定法适用于腹腔及会阴等部的手术。

(4)倒提保定法　保定者提起犬两后肢小腿部,使犬两前肢着地(图 1-18)。此法适用于犬的腹腔注射、腹股沟阴囊疝手术、直肠脱和子宫脱的整复等。

2.嵌口保定法(绷带保定法、扎嘴保定法)　采用 1 m 左右的绷带条,在绷带中间打一活结圈套(猪蹄结),将圈套从鼻端套至犬鼻背中间(结应在下颌下方),然后拉紧圈套,使绷带条

的两端在口角两侧向头背两侧延伸，在两耳后打结(图 1-19)。

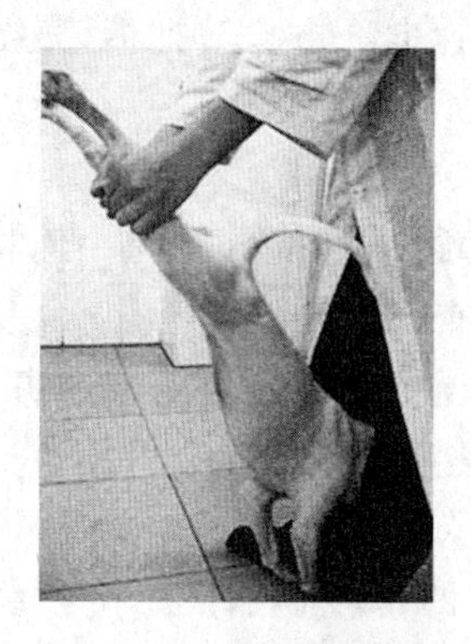

图 1-18 犬倒提保定法

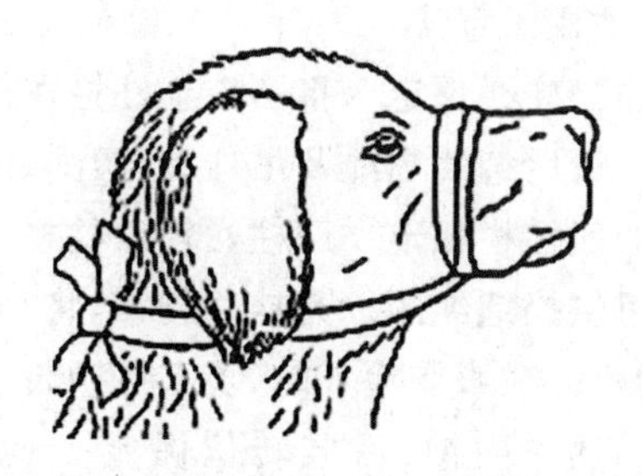

图 1-19 犬扎嘴保定法

3. 嘴笼保定法 有皮革制嘴笼和铁丝嘴笼之分(图 1-20)。嘴笼的规格，按犬的个体大小有大、中、小三种，选择合适的嘴笼给犬戴上并系牢。保定人员抓住脖圈，防止将嘴笼抓掉。

4. 颈圈保定法 商品化的宠物颈圈是由坚韧且有弹性的塑料薄板制成。使用时将其围成圆环套在犬、猫颈部，然后利用上面的扣带将其固定(图 1-21)。此法多用于限制犬、猫回头舔咬躯干或四肢的术部，以免再次受损，有利于创口愈合。

5. 颈钳保定法 主要用于凶猛咬人的犬。颈钳柄长 1 m 左右，钳端为两个半圆形钳嘴，使之恰好套在犬的颈部(图 1-22)。保定时，保定人员抓住钳柄，张开钳嘴套在犬颈部后再合拢钳嘴，以限制犬头的活动。

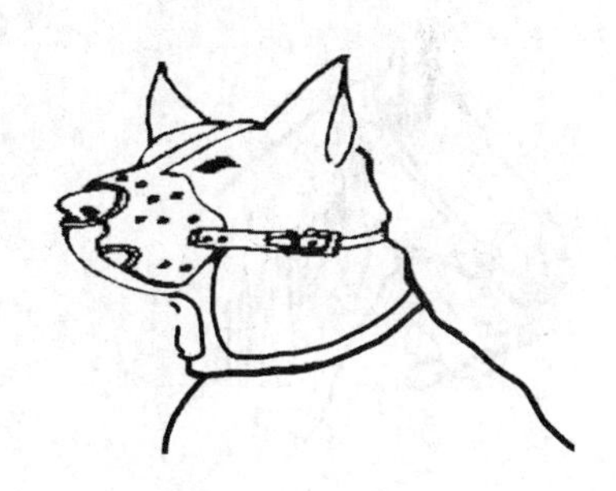

图 1-20 嘴笼保定法

图 1-21 猫颈圈保定法

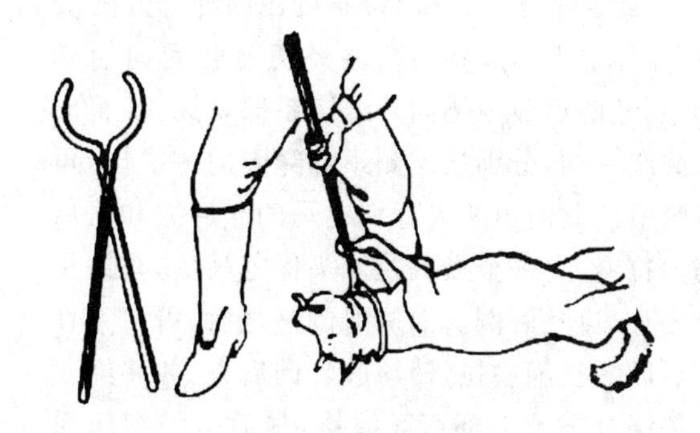

图 1-22 颈钳保定法

五、马的保定

1. 马耳夹子保定法 一手抓住马耳，另一手将耳夹子放于耳根部用力夹紧。此法可用于

一般检查和治疗。

2. 马鼻捻子保定法　将鼻捻子绳套套于上唇上，并迅速向一方捻转把柄，直至拧紧为止(图 1-23)。此法可用于一般检查和治疗。

3. 柱栏保定法

(1)二柱栏保定　将马牵至柱栏左侧，缰绳系于横梁前端的铁环上，用另一绳将颈部系于前柱上，最后缠绕围绳及吊挂胸、腹绳。此法可用于临床检查、检蹄、装蹄等。

(2)四柱栏保定　四柱栏较六柱栏少两个门柱，但前柱上方各向前外方突出并弯下，设有吊环，可供拴缰绳用。先挂好胸带，将马牵入柱栏内，然后挂上臀带。此法可用于一般临床检查及治疗。在直肠检查时，须上好腹带及肩带。

(3)柱栏内前、后肢转位保定　此法适用于蹄底、系凹部及腕、跗关节手术(图 1-24，图 1-25)。

图 1-23　马鼻捻子保定法

图 1-24　前肢前方转位保定法

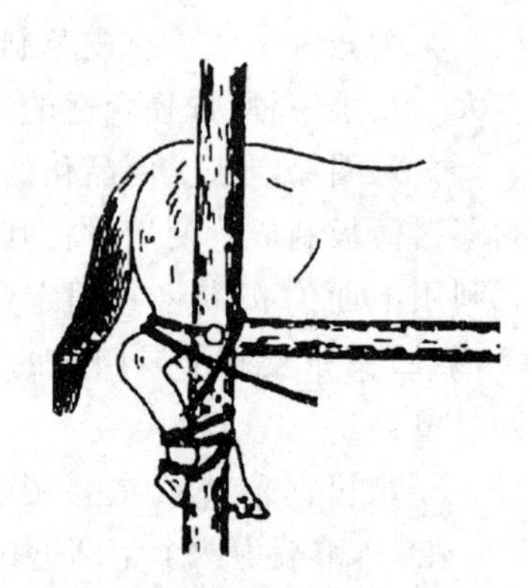

图 1-25　后肢后方转位保定法

4. 倒卧保定法

双侧绳倒马法是最常用的倒马法之一，比较安全，也适用于牛。用长约10 m 的圆绳和长约 20 cm 的小木棍一根。在绳的正中段打一个双活结，将绳套绕于颈基部，接头处用两绳套互相套叠，用小木棍固定，绳的两端经两前肢间向后牵引，分别经两后肢内侧向外缠绕系部一周，并将原绳段缠绕一次，分别从同侧颈部绳圈内侧绕出，再向后牵引。此时由两人分别在马的左后方和右后方用力拉绳，另一个人握持笼头保定马头，马即呈后坐姿势，自然卧倒。双侧绳倒马之后，可将系在上侧后肢的长绳后拉，使该肢转向后方，并将绳端由内侧绕过飞节上部交叉缠绕，最后打结缚于系部，可充分显露一侧腹股沟区，此法可用于去势术、直肠检查等(图 1-26)。

图 1-26　倒卧保定法

【注意事项】

(1)保定过程中不能造成人员受伤。

(2)保定动物要确实牢固,防止挣脱、逃跑。

(3)保定要易于解除。

(4)保定过程中不能造成动物的伤害。

(5)保定过程中要畜主配合。

【知识拓展】

保定中常用的绳结法

1. 单活结　一手持绳并将绳在另一手上绕一周,然后用被绳缠绕的手握住绳的另一端并将其经绳环处拉出即可(图 1-27)。

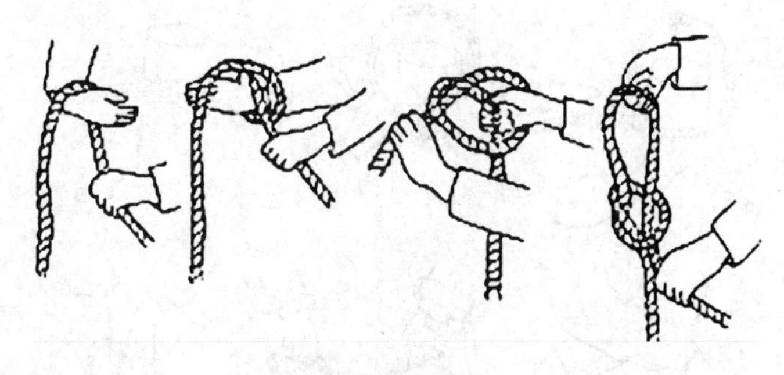

图 1-27　单活结

2. 双活结　两手握绳右转至两手相对,此时绳子形成两个圈,再使两圈并拢,左手圈通过右手圈,右手圈通过左手圈,然后两手分别向相反的方向拉绳,即可形成两个套圈(图 1-28)。

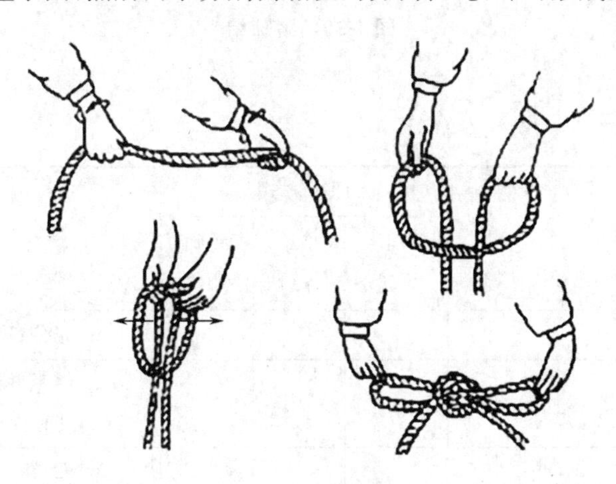

图 1-28　双活结

3. 拴马结　左手握持缰绳游离端,右手握持缰绳在左手上绕成一个小圈套;将左手小圈套从大圈套内向上向后拉出,同时换右手拉缰绳的游离端,把游离端做成小套穿入左手所拉的小圈内,然后抽出左手,拉紧缰绳的近端即成(图 1-29)。

4. 猪蹄结　将绳端绕于柱上后,再绕一圈,两绳端压于圈的里边,一端向左,一端向右;或者两手交叉握绳,两手转动即形成两个圈的猪蹄结(图 1-30)。

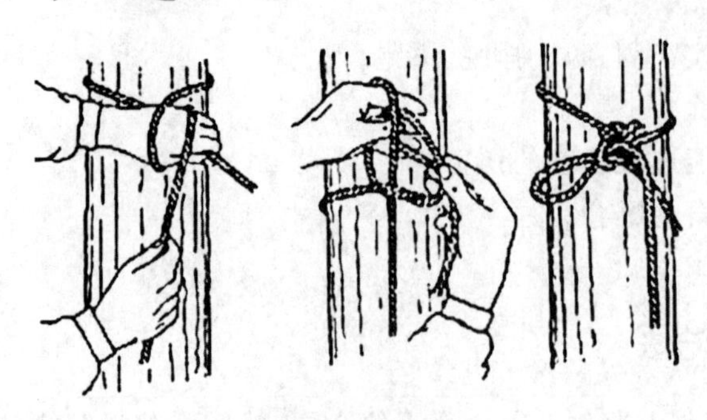

图 1-29　拴马结

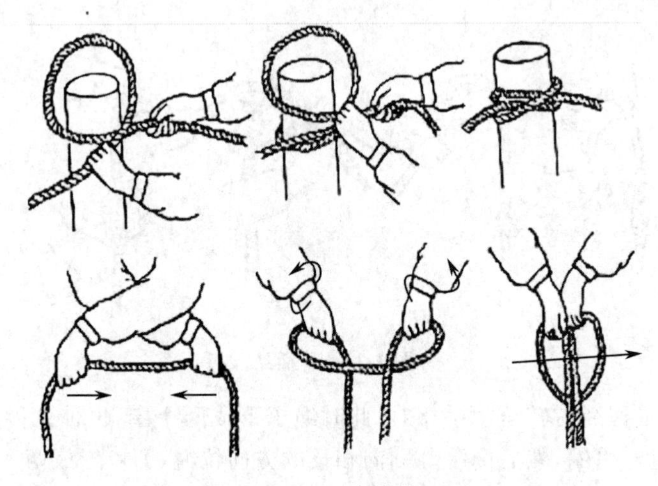

图 1-30　猪蹄结

【学习评价】

评价内容	评价方式			评价等级
	自我评价	小组评价	教师评价	
课前搜集有关的资料				A. 充分;B. 一般;C. 不足
知识和技能掌握情况				A. 熟悉并掌握;B. 初步理解;C. 没有弄懂
团队合作				A. 能;B. 一般;C. 很少
思维条理性(有条理地表达自己的意见,解决问题的过程清楚)				A. 强;B. 一般;C. 不足
思维创造性(提出和别人不同的问题,或用不同的方法解决问题)				A. 强;B. 一般;C. 很少
学习态度(操作活动、听讲、作业)				A. 认真;B. 一般;C. 不认真
信息科技素养				A. 强;B. 一般;C. 很少
总　评				

【技能训练】

一、复习与思考

1. 犬、羊、牛、马各自有哪些行为习性？
2. 保定动物常用的绳结有哪些？
3. 接近犬时应注意什么？
4. 牛、马、犬各有哪些常见的保定方法？

二、操作训练

1. 进行各种动物保定器具的识别。
2. 进行各种绳结打结训练。

任务二　临床检查的基本方法

技能1　问　　诊

【训练目标】

熟悉问诊的内容，掌握问诊的方法，为动物的临床诊断实际操作打好基础。

【实训准备】

动物医院病例、畜主。

【实训场地】

动物医院或临床检查室。

【实训方法与步骤】

问诊就是以询问的方式，听取畜主或饲养人员关于病畜发病情况和经过的介绍。问诊也是流行病学调查的主要方式，即通过问诊和查阅有关资料，调查有关引起传染病、寄生虫病和代谢病发生的一些原因。通过问诊可了解疾病的现状和历史，这是认识疾病的开始，也是诊断疾病的重要方法之一。

1. 问诊方法　问诊采用交谈和启发式询问方法。一般在着手检查病畜之前进行，也可边检查边询问，以便尽可能全面地了解发病情况及经过。

2. 问诊内容　问诊内容十分广泛，主要包括现病史、既往病史及饲养管理、使役情况等。

(1)现病史　指本次发病情况及经过，其应重点了解的有：

①动物的来源及饲养期限　若是刚从外地购回者，应考虑是否带来传染病、地方病或由于环境因素突变所致。

②发病时间　包括疾病发生于饲前或喂后、使役中或休息时、舍饲或放牧中、清晨或夜间、产前或产后等，借以估计致病的可能原因。

③病后表现　向畜主或饲养人员问清其所见到的病畜的饮食欲、是否呕吐及呕吐物性状、

精神状态、排粪排尿状态及粪尿性状变化，有无咳嗽、气喘、流鼻液及腹痛不安、跛行表现，以及泌乳量和乳汁物理性状有无改变等。可作为确定检查方向和重点参考依据。

④发病经过及诊治情况　目前与开始发病时疾病程度的比较，症状的变化，又出现了什么新的症状或原有的什么症状消失；病后是否进行过治疗？用过什么药物及效果如何？曾诊断为何病？从开始发病到现时病情有何变化等，借以推断病势进展，也可作为确定诊断和用药的参考。

⑤畜主所能估计到的发病原因　如饲喂不当，使役过度，受凉，被其他外因所致伤等。

⑥畜群发病情况　同群或附近地区有无类似疾病的发生或流行，借以推断是否为传染病、寄生虫病、营养缺乏或代谢障碍病、中毒病等。

(2)既往病史

①以往发病情况　该动物在过去还有哪些疾病，有没有类似疾病的发生，当时诊断结果如何，采用了哪些药物治疗，效果如何。对于普通病，动物往往易复发或习惯性发生。如果有类似疾病的发生，对诊断和治疗大有帮助。

②疾病预防情况　过去什么时候发生过流行病，当时采用了哪些治疗措施；动物免疫接种的疫苗种类、生产厂家、接种日期、方法、免疫程序等，周边同种动物是否也接种了疫苗。通过对疾病预防情况的了解，兽医可以知道该动物对某种或某些流行病的免疫能力，避免误诊。

(3)饲养管理、使役情况　重点了解饲料的种类、数量、质量及配方，加工情况，饲喂制度，以及畜舍卫生、环境条件、使役情况、生产性能等。

①饲料日粮的种类、数量与质量，饲喂制度与方法　饲料品质不良与日粮配合不当，经常是营养不良、代谢性疾病的根本原因。饲料中缺乏磷物质或钙磷比例失调常常是奶牛骨质软化症的发病原因；长期饲喂劣质粗硬难以消化的草料，常常引起牛前胃弛缓或其他前胃疾病；饲喂发霉、变质或保管不当而混入毒物，加工或调制方法失误有造成饲料中毒的可能；在放牧条件下，则应问及牧地与牧草的组成情况；饲料与饲养制度的突然改变，又常常引起牛的前胃疾病、猪的便秘与下痢等。

②畜舍卫生和环境条件　光照、湿度、通风、保暖、废物排除、设备，畜床与垫草、畜栏设置、运动场、牧场情况，以及附近三废(废气、废水及废渣)的污染和处理情况。

③动物使役情况及生产性能　对动物过度粗暴使役，运动不足等，也可能是致病的条件。如短期休闲后剧烈运动可促进肌红蛋白尿的发生；奶牛产后立即完全挤取乳汁易发生产后瘫痪；运动不足可诱发多种疾病。

由此可见，问诊的内容十分广泛，要根据病畜的具体情况适当地加以必要的选择和增减。问诊的顺序，也应依实际情况灵活掌握，可先问诊后检查，也可边检查边询问。

【注意事项】

(1)具有同情心和责任感，和蔼可亲，考虑全面，语言要通俗易懂，避免可能引起畜主不良反应的语言和表情，防止暗示。

(2)畜主所述可能不系统，无重点，还可能出现畜主对病情的恐惧而加以夸大或隐瞒，甚至不说实话，应对这些情况加以注意，要设法取得畜主的配合，运用科学知识加以分析整理。

如果是其他门诊或兽医介绍来的，畜主持有的介绍信或病历，可能是重要的参考资料，但主要还是要依靠自己的询问，临床检查和其他有关检查的结果，经过综合分析来判断。

(3)危重病畜，在做扼要的询问和重点检查后，应立即进行抢救。详细的检查和病史的询问，可在急救的过程中或之后再做补充询问。

技能2　视　　诊

【训练目标】

熟悉视诊的内容，学会视诊的方法，了解视诊在动物临床诊断中的应用。

【实训准备】

1.动物　牛1头，马1匹，羊1只，猪1头，犬1只。

2.器材　保定栏，牛鼻钳子，马耳夹子，细绳、扁绳各5条，捕犬钳1把。

【实训场地】

动物医院或临床检查室。

【实训方法与步骤】

视诊是通过用肉眼或借助于简单器械（如额镜等）观察动物的各种外在表现来判断动物是否正常或寻找诊断线索。视诊时，要结合问诊得到的线索有目的、有重点地观察。视诊可分为个体视诊和畜群视诊两种。

1.个体视诊　检查者应与病畜保持一般2～3 m的距离，先观察全貌，而后由前向后，从左到右，观察病畜的头、颈、胸、腹、脊柱、四肢。当观察到正后方时，应注意尾、肛门及会阴部，并对照观察两侧胸、腹部及臀部的状态和对称性，再从右侧观察到前方。最后可进行牵遛，观察其运步状态。

2.畜群视诊　可深入畜群进行巡视，注意发现精神沉郁、离群呆立或卧地不起、饮食异常、腹泻、咳嗽、喘息及被毛粗乱无光、消瘦衰弱的病畜，并从畜群中挑出做进一步个体检查。

【应用范围】

(1)观察其整体状态，如体格大小，发育程度，营养状况，躯体结构，胸腹及肢体匀称性等。

(2)判断其精神及体态、姿势与运动、行为，如精神沉郁或兴奋，静止时的姿势改变或运动中步态的变化，是否腹痛不安、运步强拘或强迫运动等病理性行为。

(3)发现其表被组织的病变，包括被毛状态，皮肤及黏膜颜色及特性，体表创伤、溃疡、疹疱、肿物等病变的位置、大小、形状及特征。

(4)某些生理活动异常，如呼吸动作有无喘息、咳嗽；采食、咀嚼、吞咽、反刍等消化活动，有无呕吐、腹泻；排粪、排尿姿势及粪便、尿液数量、性状与混合物等。

(5)检查某些与外界相通的体腔，如口腔、鼻腔、肛门、阴道等。注意其黏膜的颜色改变及完整性的破坏，并确定其分泌物或排泄物的数量、性状及其混合物。

【注意事项】

视诊最好在自然光照的宽敞场所进行。对病畜一般不需保定，使其保持自然状态。

技能3　触　　诊

【训练目标】

学会触诊的各种方法，了解触诊在临床诊断中的应用。

【实训准备】

1.动物　牛1头，马1匹，羊1只，猪1头，犬1只。

2.器材　保定栏，牛鼻钳子，马耳夹子，细绳、扁绳各5条，捕犬钳1把。

【实训场地】

动物医院或临床检查室。

【实训方法与步骤】

触诊是用手或借助于探管、探针等检查器具对被检部位组织、器官进行触压和感觉，以判断其有无病理变化。触诊可分为外部触诊法和内部触诊法两种。

1.外部触诊法　又可分为浅表触诊法和深部触诊法。

(1)浅表触诊法　适用于检查躯体浅表组织器官。按检查目的和对象的不同，可采用不同的手法，如检查皮肤温度、湿度时，将手掌或手背贴于体表，不加按压而轻轻滑动，依次进行感触；检查皮肤弹性或厚度时，用手指捏皱皮肤并提举检查；检查淋巴结等皮下器官的表面状况、移动性、形状、大小、软硬及压痛时，可用手指加压滑推检查。

(2)深部触诊法　是从外部检查内脏器官的位置、形状、大小、活动性、内容物及压痛。常用的方法有：

双手按压触诊法　从病变部位的左右或上下两侧同时用双手加压，逐渐缩短两手间的距离，以感知小家畜或幼畜内脏器官、腹腔肿瘤和积粪团块。如对小动物腹腔双手按压感知有香肠样物体时，可疑为肠套叠；当小动物发生肠阻塞时，可触摸到阻塞的肠段等。

插入触诊法　以并拢的2～3个手指，沿一定部位插入或切入触压，以感知内部器官的性状。适用于肝、脾、肾脏的外部触诊检查。

冲击触诊法　用拳或并拢垂直的手指，急促而强力地冲击被检查部位，以感知腹腔深部器官的性状与腹腔积液状态。适用于腹腔积液及瘤胃、网胃、皱胃内容物性状的判定如腹腔积液时，可呈现荡水音或击水音。

2.内部触诊法　包括大家畜的直肠检查以及对食道、尿道等器官的探诊检查。如直肠内触诊检查，瘤胃积食时，呈现捏粉样或坚实感；瘤胃臌气时，瘤胃壁紧张而有弹性。再如探诊检查，当食道或尿道阻塞时，探管无法进入；炎症时，动物则表现敏感不安。

【应用范围】　触诊一般用于检查动物体表状态，如皮肤的温度、湿度、弹性、皮下组织状态及浅表淋巴结；检查动物某一部位的感受能力及敏感性，如胸壁、网胃及肾区疼痛反应及各种感觉机能和反射机能；感知某些器官的活动情况，如心搏动、脉搏及瘤胃蠕动；检查腹腔内器官的位置、大小、形状及内容物状态。

【触感】　由于触诊部位组织、器官的状态及病理变化不同，可产生的触感有：

1.捏粉样(面团样)　感觉稍柔软，如压生面团，指压留痕，除去压迫后慢慢复平。是组织中发生浆液浸润或胃肠内容物积滞所致。常于皮下水肿、瘤胃积食时出现。

2.波动感　柔软而有弹性，指压不留痕，进行间歇压迫时有波动感。为组织间有液体潴留的表现。常于血肿、脓肿、淋巴外渗时出现。

3.坚实感　感觉坚实致密，硬度如肝。常于组织间发生细胞浸润(如蜂窝织炎)或结缔组织增生时出现。

4.硬固感　感觉组织坚硬如骨。常于骨瘤时出现。

5.气肿感　感觉柔软而稍有弹性，并随触压而有气体向邻近组织窜动，同时可听到捻发音。为组织间有气体积聚的表现。常于皮下气肿、气肿疽时出现。

【注意事项】

(1)触诊时,应注意安全,必要时应适当保定。

(2)触诊检查牛的四肢和下腹部时,要一手放在畜体适当部位作支点,另一手按自上而下,从前向后的顺序逐渐接近欲检部位。

(3)检查某部位敏感性时,应本着先健区后病区,先周围后中心,先轻触后重触的原则进行,并注意与对应部位或健区进行比较。

技能4　叩　诊

【训练目标】

学会叩诊的方法,了解叩诊在临床诊断中的应用。

【实训准备】

1.动物　牛1头,马1匹,羊1只,猪1头,犬1只。

2.器材　保定栏,牛鼻钳子,马耳夹子,细绳、扁绳各5条,捕犬钳1把,叩诊槌5个,叩诊板5个。

【实训场地】

动物医院或临床检查室。

【实训方法与步骤】

叩诊是叩击动物体表某一部位,使之发生振动并产生声音,根据所产生音响的特性来推断被检组织、器官的状态及病理变化。叩诊分为直接叩诊法和间接叩诊法两种。

1.直接叩诊法　是用手指或叩诊槌直接叩击被检部位,以判断病理变化。

2.间接叩诊法　是在被检部位先放一振动能力较强的如手指或叩诊板附加物,然后向附加物叩击检查。又可分为指指叩诊法和槌板叩诊法。

(1)指指叩诊法　是将左手中指平放于被检部位,用右手中指或食指的第二指关节处呈90°屈曲,并以腕力垂直叩击平放于体表手指的第二指节处。适用于中、小动物的叩诊检查。

(2)槌板叩诊法　通常以左手持叩诊板,平放于被检部位,用右手持叩诊槌,以腕力垂直叩击叩诊板。适用于大家畜的叩诊检查。

【应用范围】　多用于胸、肺部及心脏、副鼻窦的检查;也用于腹腔器官,如肠臌气和反刍动物瘤胃臌气时的检查。

【叩诊音】　由于被叩诊部位及其周围组织器官的弹性、含气量不同,叩诊时常可呈现下列三种基本的叩诊音,其特性见表1-1。

1.清音　叩击具有较大弹性和含气组织器官时所产生的比较强大而清晰的音响,如叩诊正常肺区中部所产生的声音。

2.浊音　叩击柔软致密及不含气组织器官时所产生一种弱小而混沌的音响,如叩诊臀部肌肉时所产生的声音。

3.鼓音　是一种音调比较高朗、振动比较规则的音响。如叩击正常牛瘤胃上1/3部时所产生的声音。

表 1-1　三种基本叩诊音的特性比较

声音的特性	基本叩诊音		
	清音	浊音	鼓音
强度	强	弱	强
持续时间	长	短	长
高度	低	高	低或高
音色	非鼓性	非鼓性	鼓性

三种基本叩诊音之间，可有程度不同的过渡阶段。如清音与浊音之间有半浊音，当肺、胃肠等含气器官的含气量发生病理性改变（如减少或增多）或胸腹腔出现病理性产物（如积液或积气）时，叩诊音也会发生病理性变化。

【注意事项】

（1）叩诊必须在安静的环境，最好在室内进行。

（2）间接叩诊时，手指或叩诊板必须与体表贴紧，其间不能留有空隙，对被毛过长的动物，宜将被毛分开，使叩诊板与体表皮肤密切接触。当检查胸部时，叩诊板应沿肋间（与肋骨平行），以免横放在两条肋骨上而与胸壁之间产生空隙，但又不能过于用力压迫。

（3）为了正确地判定声音及有利于听觉印象的积累，应在每点必须连续叩击 2～3 次后再行移位。

（4）叩诊用力适当，一般对深部器官用强叩诊，对浅表器官用轻叩诊。

（5）叩诊对称性器官发现异常叩诊音时，则应左右或与健康部位对照叩诊，加以判断。

技能 5　听　　诊

【训练目标】

学会听诊的方法，了解听诊在临床诊断中的应用。

【实训准备】

1. 动物　牛 1 头，马 1 匹，羊 1 只，猪 1 头，犬 1 只。

2. 器材　保定栏，牛鼻钳子，马耳夹子，细绳、扁绳各 5 条，捕犬钳 1 把，听诊器 10 个。

【实训场地】

动物医院或临床检查室。

【实训方法与步骤】

听诊可分为直接听诊法和间接听诊法两种。

1. 直接听诊法　在听诊部位先放置听诊布，而后将耳直接贴于被检部位听诊。此法的优点是所得声音真切，但不方便。

2. 间接听诊法　借助于听诊器进行听诊。

【应用范围】　听诊主要用于心、肺、胃、肠的检查以及咳嗽、磨牙、呻吟、气喘等。

（1）对心脏血管系统，主要是听取心音。判定心音的频率、强度、性质、节律，以及是否有附加的心杂音。

(2)对呼吸系统,听取呼吸音,如喉、气管及肺泡呼吸音;附加的如胸膜摩擦音等。

(3)对消化系统,听取胃肠蠕动音,判定其频率、强度及性质,以及当腹腔积液、瘤胃或真胃积液时的排水音。

【注意事项】

(1)听诊必须在安静的环境,最好在室内进行。

(2)听诊时应注意区别动物被毛的摩擦音和肌肉的震颤音,防止听诊器胶管与手臂或衣服接触。

(3)检查者注意力集中,注意观察动物的行为,如听诊呼吸音时,应同时观察其呼吸活动,以便准确判断肺脏活动情况。

(4)听诊器的接耳端,要适当插入检查者外耳道;接体端(听头)要紧密地放在动物体表被检部位,但不应过于用力压迫。

技能6　嗅　　诊

【训练目标】

学会嗅诊的方法,了解嗅诊在临床诊断中的应用。

【实训准备】

1.动物　牛1头,马1匹,羊1只,猪1头,犬1只。

2.器材　保定栏,牛鼻钳子,马耳夹子,细绳、扁绳各5条,捕犬钳1把。

【实训场地】

动物医院或临床检查室。

【实训方法与步骤】

嗅诊时,检查者可用手将气味扇向自己的鼻部,然后仔细判断气味的特点与性质。

【应用范围】

一、嗅诊的内容

(1)呼出气与口腔气味;

(2)皮肤气味(汗);

(3)分泌物、排泄物、病理产物的气味;

(4)饲料气味;

(5)环境气味。

二、嗅诊临床诊断意义

根据疾病的不同,其特点和性质也不一样。

(1)呼出气体和尿液带有酮味,常常提示牛和羊的酮血症;

(2)呼出气体和鼻液有腐败气味,提示呼吸道或肺脏有坏疽性病变;

(3)呼出的气体和消化道内容物中有大蒜气味,提示有机磷中毒;

(4)粪便带有腐败臭味,多提示消化不良或胰腺功能不足;

(5)阴道分泌物化脓、有腐败臭味,提示子宫蓄脓或胎衣滞留。

【学习评价】

评价内容	评价方式			评价等级
	自我评价	小组评价	教师评价	
课前搜集有关的资料				A. 充分;B. 一般;C. 不足
知识和技能掌握情况				A. 熟悉并掌握;B. 初步理解;C. 没有弄懂
团队合作				A. 能;B. 一般;C. 很少
思维条理性(有条理地表达自己的意见,解决问题的过程清楚)				A. 强;B. 一般;C. 不足
思维创造性(提出和别人不同的问题,或用不同的方法解决问题)				A. 强;B. 一般;C. 很少
学习态度(操作活动、听讲、作业)				A. 认真;B. 一般;C. 不认真
信息科技素养				A. 强;B. 一般;C. 很少
总　评				

【技能训练】

一、复习与思考

1. 试述视诊的一般方法和有关注意事项。
2. 问诊中关于现症病史主要询问哪些问题?
3. 常见的叩诊音有哪几种?
4. 听诊分为哪两种方法?常规听诊需注意哪些问题?
5. 常见的病理学气味有哪些?

二、操作训练

1. 进行叩诊训练。
2. 对自己所生活的环境进行视诊观察,并写出一份视诊报告。

任务三　一般临床检查

技能1　整体状态的观察

【训练目标】

学会整体状态的观察方法,了解在临床中的应用。

【实训准备】

1.动物　牛1头，马1匹，羊1只，猪1头，犬1只。

2.器材　保定栏，牛鼻钳子，马耳夹子，细绳、扁绳各5条，捕犬钳1把。

【实训场地】

动物医院或临床检查室。

【实训方法与步骤】

一、精神状态检查

精神状态的检查，可根据动物对外界刺激的反应能力及其行为表现而判定之。主要观察病畜的行为、面部表现和眼耳动作。健康动物两眼有神，反应敏捷，动作灵活，行为正常。如表现过度兴奋或抑制，则表示中枢神经机能紊乱。

(1)兴奋状态　病畜呈现惊恐不安、前冲后撞、竖耳刨地，甚至攀登饲槽。牛则暴眼怒视、哞叫、甚至攻击人畜。猪有时伴有癫痫样动作。主要见于脑及脑膜炎症、日射病与热射病以及某些中毒病等。典型的狂躁行为是狂犬病的特征。

(2)抑制状态　病畜精神沉郁，重则嗜睡，甚至呈现昏迷状态。沉郁时可见离群呆立，萎靡不振，头低耳耷，对刺激反应迟钝。猪多表现为独居一隅或钻入垫草。鸡常缩颈闭眼，两翅下垂。主要见于各种热性病、消耗性疾病和衰竭性疾病。

二、营养状况检查

动物的营养状况主要是根据肌肉的丰满程度、皮下脂肪的蓄积量及被毛的状态和光泽，可将动物的营养状况分为良好、中等和不良三级。

(1)营养良好　动物肌肉丰满、皮下脂肪充盈、结构匀称、骨不显露、皮肤富有弹性、被毛有光泽。

(2)营养不良　动物消瘦、毛焦肷吊、皮肤松弛缺乏弹性、骨骼显露明显。常见于消化不良、长期腹泻、代谢障碍、慢性传染病和寄生虫病(如结核、鼻疽及肝片形吸虫病等)。

(3)营养中等　动物表现则介于两者之间。

三、姿势与步态

健康动物的自然姿态，各有其不同的特点。如猪食后喜卧，生人接触时即迅速起立。牛站立时常低头，饲喂后四肢集于腹下而伏卧，起立时先起后肢。临床上常见异常姿势有：

(1)强迫姿势　其特征为头颈平伸，背腰僵硬，四肢僵直，尾根举起，呈典型的木马样姿势，常见于破伤风。

(2)异常站立　如单肢疼痛则患肢提起，不愿负重；两前肢疾病则两后肢极力前伸；两后肢疼痛则两前肢极力后移，以减轻病肢负重，多见于蹄叶炎。风湿症时，四肢常频频交替负重，站立困难。鸡两腿前后劈叉，则为马立克病的表现。

(3)站立不稳　躯体歪斜，依柱靠壁站立，常见于脑病或中毒。鸡扭头曲颈，可见于鸡新城疫、维生素B_1缺乏等。

(4)骚动不安　骚动不安常为腹痛病的特有症状。

(5)异常躺卧　病畜躺卧不能站立，常见于奶牛生产瘫痪(图1-31)、佝偻病的后期、仔猪低血糖病等；后躯瘫痪见于脊髓损伤、肌麻痹等。

图 1-31　奶牛生产瘫痪时的姿势

(6)运步异常　病畜呈现跛行，常见于四肢病，如蹄病、牛肩胛骨移位、习惯性髌骨脱位；步态不稳多为脑病或中毒，也可见于垂危病畜。

技能 2　被毛及皮肤的检查

【训练目标】

学会被毛及皮肤的检查方法。

【实训准备】

健康动物、动物医院病例。

【实训场地】

动物医院或临床检查室。

【实训方法与步骤】

一、被毛检查

主要采用视诊和触诊。主要观察毛、羽的清洁、光泽及脱落情况。健康动物的被毛平顺而富有光泽，每年于春、秋两季脱换新毛。

被毛松乱、失去光泽、容易脱落，见于营养不良、某些寄生虫病、慢性传染病。局部被毛脱落，可见于湿疹、疥癣、脱毛癣等皮肤病。鸡的啄羽症脱毛，多为代谢紊乱和营养缺乏所致。

二、皮肤检查

(1)颜色　主要对浅色猪检查有重要意义。猪皮肤上出现小出血点，常见于败血性传染病，如猪瘟；出现较大的红色疹块，见于疹块型猪丹毒；皮肤呈青白或蓝紫色，见于猪亚硝酸盐中毒；仔猪耳尖、鼻盘发绀，常见于仔猪副伤寒。

(2)温度　检查皮温，常用手背触诊。对猪可检查耳及鼻端；牛、羊检查鼻镜(正常时鼻镜发凉)、角根(正常时基部有温感)、背腰部及四肢；禽可检查肉髯及两足。

全身皮温增高，常见于发热性疾病，如猪瘟、猪丹毒等；局限性皮温增高是局部炎症的结果。全身皮温降低见于衰竭症、大失血及牛产后瘫痪；局部皮肤发凉，可见于该部水肿或神经麻痹；皮温不均，可见于心力衰竭及虚脱。

(3)湿度　皮肤的湿度与汗腺分泌有关。出汗增多，除因气温过高、湿度过大或运动之外，

多属于病态。临床上表现为全身性和局部性湿度过大(多汗)。全身性多汗,常见于热性病、日射病与热射病,以及剧痛性疾病、内脏破裂;局部性多汗多为局部病变或神经机能失调的结果。皮肤干燥见于脱水性疾病,如严重腹泻。

(4)弹性　检查皮肤弹性时,将动物颈侧或肩前(或小动物背部)皮肤提起使之成皱襞状,然后放开,观察其恢复原状的快慢。健康动物提起的皱襞很快恢复。皮肤弹性降低时,皱襞恢复很慢,多见于大失血、脱水、营养不良及疥癣、湿疹等慢性皮肤病。

(5)疹疱　是许多传染病和中毒病的早期症状,对疾病的早期诊断有一定意义,多由于毒素刺激或发生变态反应所致。按其发生的原因和形态不同可分为:

①斑疹　是弥散性皮肤充血和出血的结果。用手指压迫,红色即退的斑疹,称之为红斑,见于猪丹毒及日光敏感性疾病;小而呈粒状的红斑,称之为蔷薇疹,见于绵羊痘;皮肤上呈现密集的出血性小点,称之为红疹,指压红色不退,见于猪瘟及其他有出血性素质的疾病。

②丘疹　呈圆形的皮肤隆起,由小米粒到豌豆大,乃皮肤乳头层发生浸润所致。

③水疱　为豌豆大、内含透明浆液性液体的小疱,因内容物性质的不同,可分别呈淡黄色、淡红色或褐色。在口腔黏膜上及蹄裂间的急发性水疱,是牛羊猪口蹄疫的特征。患痘病时,水疱是其发病经过的一个阶段,其后转为脓疱。

④脓疱　为内含脓液的小疱,呈淡黄色或淡绿色。见于痘病、猪瘟、牛瘟及犬瘟热。

⑤荨麻疹　皮肤表面散在的鞭痕状隆起,由豌豆大至核桃大,表面平坦,常有剧痒,呈急发急散,不留任何痕迹。常由于接触荨麻而发生,故称荨麻疹。在动物受到昆虫刺蜇、突然变换高蛋白性饲料、消化不良,以及上呼吸道感染和媾疫等,均可能出现荨麻疹。多由于变态反应引起毛细血管扩张及损伤而发生真皮或表皮水肿所致。

(6)皮肤及皮下组织肿胀　皮肤及皮下有肿胀时,应用视诊观察肿胀部位的形态、大小,并用触诊判定其内容物性状、硬度、温度,以及可动性和敏感性等。临床上常见的肿胀有:

①皮下浮肿　特征为局部无热、无痛反应,指压如生面团并留指压痕(炎性肿胀则有明显的热痛反应,一般较硬,无指压痕)。皮下浮肿依发生原因主要分为营养性、肾性及心性浮肿。

猪眼睑或面部浮肿,常见于水肿病;牛、羊下颌浮肿可见于肝片形吸虫病;牛下颌或胸前浮肿,常见于创伤性心包炎;臀部、尾根、肛门、会阴等部浮肿,见于牛青杠叶中毒;雏鸡皮下浮肿可见于渗出性素质(如硒或维生素 E 缺乏),表现为腹下、胸下、腿内侧等部位皮下变为蓝绿或蓝紫色肿胀,触诊稍硬。

②皮下气肿　触诊时出现捻发音,颈、胸侧及肘后的窜入性皮下气肿,局部无热痛反应;牛、羊患气肿疽,局部有热痛反应,切开局部可流出带泡沫状腐败臭味液体;牛的颈侧皮下气肿,也可由于食管破裂后气体窜入皮下引起。

③脓肿、水肿及淋巴外渗　多呈圆形突起,触诊多有波动感,见于局部创伤或感染,穿刺抽取内容物即可予以鉴别。

④其他肿物

疝　用力触压可复性疝病变部位时,疝内容物即可还纳入腹腔,并可摸到疝孔,如腹壁疝、脐疝、阴囊疝。

体表局限性肿物　如触诊坚实感,则可能为骨质增生、肿瘤、肿大的淋巴结;牛的下颌附近的坚实性肿物,则提示为放线菌病。

技能3　眼结膜的检查

【训练目标】

学会眼结膜的检查方法，了解病理变化及临床意义。

【实训准备】

牛1头、羊1只、猪1头、犬1条，动物医院患病动物。

【实训场地】

动物医院或临床检查室。

【实训方法与步骤】

检查眼结膜时，着重观察其颜色，其次要注意有无肿胀和分泌物。眼结膜的检查方法因动物种类而不同。

一、牛的眼结膜检查

用一手握住鼻中隔，并向检查人的方向牵引，另一手持同侧牛角，向外用力推，如此使头转向侧方，即可露出结膜。也可两手分别握住两侧牛角，将头向侧方扭转，进行眼结膜检查(图1-32)。健康牛的眼结膜颜色呈淡粉红色。

图1-32　牛的眼结膜检查

二、羊、猪、犬等中小动物的眼结膜检查

用两手的拇指打开上下眼睑进行检查。猪、羊的眼结膜颜色较牛的稍深，并带灰色。犬的眼结膜为淡红色，但很易因兴奋而变红色。

【眼及眼结膜的病理变化】

一、眼睑及分泌物

眼睑肿胀并伴有羞明流泪，是眼炎或眼结膜炎的特征。轻度的结膜炎症，伴有大量的浆液性眼分泌物，可见于流行性感冒；黄色、黏稠性眼眵，是化脓性结膜炎的标志，常见于某些发热性传染病，如犬瘟热。猪眼大量流泪，可见于流行性感冒。猪眼窝下方有流泪痕迹，应提示传染性萎缩性鼻炎。仔猪眼睑水肿，应注意为水肿病。

二、眼结膜颜色的病理变化

(1)结膜苍白　结膜苍白表示红细胞的丢失或生成减少，是各种贫血的表现。急速发生苍白的，见于大失血、肝脾破裂等；逐渐苍白的，见于慢性消耗性疾病，如牛羊肠道寄生虫病、营养性贫血。

(2)结膜潮红　是血液循环障碍的表现，也见于眼结膜的炎症和外伤。根据潮红的性质，可分为弥漫性潮红和树枝状充血。弥漫性潮红是指整个眼结膜呈均匀潮红，见于各种急性热性传染病、胃肠炎、胃肠性腹痛病等；树枝状充血是由于小血管高度扩张、显著充盈而呈树枝状，常见于脑炎及伴有高度血液回流障碍的心脏病。

(3)结膜黄染 结膜呈不同程度的黄色，是由于胆色素代谢障碍，致使血液中胆红素浓度增高，进而渗入组织所致，以巩膜及瞬膜处较易发现。引起黄疸的原因为肝脏实质的病变；胆管被结石、异物或寄生虫所阻塞；红细胞大量被破坏等。

(4)结膜发绀 即结膜呈蓝紫色，主要是由于血液中还原血红蛋白的绝对值增多所致。见于肺呼吸面积减少和大循环淤血的疾病，如各型肺炎、心力衰竭、中毒(如亚硝酸盐中毒或药物中毒)等。

(5)结膜有出血点或出血斑 结膜呈点状或斑块出血，是因血管壁通透性增大所致。

技能 4 浅表淋巴结的检查

【训练目标】

学会浅表淋巴结的检查方法，明确病理变化及临床意义。

【实训准备】

牛 1 头、羊 1 只、猪 1 头、犬 1 条，动物医院患病动物。

【实训场地】

动物医院或临床检查室。

【实训方法与步骤】

淋巴结的检查主要用触诊和视诊的方法进行，必要时采用穿刺检查法。主要注意其位置、形态、大小、硬度、敏感性及移动性等。

(1)下颌淋巴结的检查。

(2)肩前淋巴结的检查。

(3)腹股沟淋巴结的检查。

(4)膝上淋巴结的检查。

【病理变化】

(1)急性肿胀 淋巴结体积增大，有热痛反应，质地较硬，可见于炭疽、腺疫及牛梨形虫病等。

(2)慢性肿胀 淋巴结多无热痛反应，质地坚硬，表面不平，活动性较差。常见于牛结核病及牛白血病。

(3)化脓 淋巴结肿胀隆起，皮肤紧张，增温敏感并有波动。

技能 5 体温、脉搏及呼吸数测定

【训练目标】

学会体温、脉搏及呼吸数的测定方法。

【实训准备】

1.动物 牛 1 头、羊 1 只、猪 1 头、犬 1 条，动物医院患病动物。

2.器材 体温表 10 支。

【实训场地】

动物医院或临床检查室。

【实训方法与步骤】

一、体温测定

1.测定部位　家畜的体温在直肠内测量，禽类在翅膀下测量。

2.测定方法　将体温表用力甩几次，将高水银柱甩到 35 ℃以下，然后将体温表插入肛门或放在翅膀下，3～5 min 后取出体温表，读取读数。

3.正常体温　各种动物正常体温见表 1-2。

表 1-2　各种动物正常体温

动物种类	体温(℃)	动物种类	体温(℃)
黄牛、乳牛	37.5～39.5	犬	37.5～39.0
水牛	36.5～38.5	猫	38.5～39.5
牦牛	37.6～38.5	兔	38.0～39.5
绵羊	38.5～40.0	银狐	39.0～41.0
山羊	38.5～40.5	豚鼠	37.5～39.5
猪	38.0～39.5	鸡	40.5～42.0
骆驼	36.0～38.5	鸭	41.0～43.0
鹿	38.0～39.0	鹅	40.0～41.0

受某些生理因素的影响，可引起一定的生理性体温变动。首先是年龄因素，如 6 月龄以内的犊牛，体温可达 40.0 ℃；2 月龄仔猪，体温可达 39.3～40.8 ℃。其次，性别、品种、营养及生产性能等对体温的生理变动也有一定影响，如一般母畜在妊娠后期可稍高；高产乳牛比低产乳牛的体温平均高出 0.5～1.0 ℃，泌乳盛期更为明显；动物的兴奋、运动与使役，以及采食、咀嚼活动之后，体温会暂时性升高 0.1～0.3 ℃；体温昼夜的变动一般为晨温较低，午后稍高，其温差变动在 1 ℃之间。

4.病理变化

(1)体温升高　即体温超出正常范围，根据体温升高的程度可分为：

微热：体温升高 0.5～1 ℃。仅见于感冒等局限性炎症。

中热：体温升高 1～2 ℃。见于呼吸道、消化道一般性炎症及某些亚急性、慢性传染病，如小叶性肺炎、支气管炎、胃肠炎及牛结核、布鲁氏菌病。

高热：体温升高 2～3 ℃。见于急性感染性疾病与广泛性的炎症，如猪瘟、巴氏杆菌病、败血性链球菌病、流行性感冒、大叶性肺炎、急性胸膜炎与腹膜炎。

极高热：体温升高 3 ℃以上。提示某些严重的急性传染病，如猪丹毒、炭疽、脓毒败血症以及日射病与热射病。

热型变化　将每日测温结果绘制成热曲线，根据热曲线特点，一般可分为稽留热、弛张热、间歇热和不定型热。

稽留热：其特点是体温升高到一定高度，可持续数天，而且每日的温差变动范围较小，一般不超过 1 ℃。见于猪瘟、炭疽、大叶性肺炎。

弛张热：其特点是体温升高后，每日的温差变动范围较大，常超过 1 ℃以上，但体温并不降

至正常。见于败血症、化脓性疾病、支气管肺炎。

间歇热：其特点是高热持续一定时间后，体温下降到正常温度，而后又重新升高，如此有规律地交替出现。见于慢性结核及梨形虫病。

不定型热：体温曲线变化无规律，如发热的持续时间长短不定，日温差变化不等，有时极其有限，有时则波动很大。多见于一些非典型经过的疾病，如非典型腺疫和渗出性胸膜炎。

根据发热病程的长短，发热可分为：

急性发热：一般发热期延续一周至半月，如长达1月有余则为亚急性发热，可见于多种急性传染病。

慢性发热：持续数月甚至一年有余，多提示为慢性传染病，如结核、猪肺疫。

一时性热：又称暂时性热，体温1日内暂时性升高，常见于注射血清、疫苗注射后的一时性反应，或由于暂时性的消化紊乱。

(2)体温降低　即体温低于正常范围，主要见于某些如中枢神经系统疾病、中毒、重度营养不良、严重衰竭症、仔猪低血糖病、顽固性下痢等，以及各种原因引起的大失血、濒死期的病畜。

发热持续一定阶段之后则进入降热期。依下降的特点，可分为热的渐退与骤退两种。前者表现为在数天内逐渐下降至正常体温，且病畜的全身状态亦随之逐渐改善而恢复；后者在短期内迅速降至正常体温或正常体温以下。如热骤退的同时，脉搏反而增数且病畜全身状态不见改善甚至恶化，多提示为预后不良。

(3)注意事项　测温前，应将体温表水银柱甩至35 ℃以下，用酒精棉球消毒并涂以润滑剂后使用；测温时，应注意人、畜安全，通常须对病畜施行简单保定；体温计插入深度适宜，大动物插入其全长的2/3，小动物则不宜过深；勿将体温计插入宿粪中，应在排除积粪后进行测定；家畜的正常体温，受某些因素的影响，也有如幼龄、运动和使役、外界环境等引起的生理性变动。

二、脉搏数的测定

(1)测定方法　应用触诊检查动脉脉搏，测定每分钟脉搏的次数，用“次/min”表示。牛通常检查尾动脉，兽医人员站在牛的正后方，左手抬起尾巴，右手拇指放于尾根背面，用食指与中指贴着尾根腹面进行检查；猪和羊可在后肢股内侧检查股动脉。

(2)正常脉搏数　各种动物正常脉搏数见表1-3。

表1-3　几种动物正常脉搏数

动物种类	脉搏数(次/min)	动物种类	脉搏数(次/min)
牛	40～80	骆驼	30～60
水牛	40～60	猫	110～130
羊	60～80	狗	70～120
猪	60～80	兔	120～140
鹿	36～78	禽(心跳)	120～200

(3)病理变化

脉搏增数　见于热性病(如热性传染病、非传染性疾病),心脏病(如心脏衰弱、心肌炎、心包炎),呼吸器官疾病(如大叶性肺炎、小叶性肺炎及胸膜炎),各型贫血及失血性疾病,剧烈疼痛性疾病,以及某些毒物中毒或药物的影响(如交感神经兴奋剂)。

脉搏减数　主要见于某些脑病(如脑脊髓炎、慢性脑室积水),中毒(如洋地黄中毒),胆血症(如胆道阻塞性疾病)以及危重病畜。

在正常情况下,脉搏数的多少受外界温度、动物运动及使役、年龄、性别、生产性能等多种因素的影响而有所变动。如外界温度升高、动物运动及使役、幼龄、母畜、高产乳用动物等脉搏数均有所偏高。

(4)注意事项　脉搏检查应待病畜安静后进行。如无脉感,可用手指轻压脉管后再放松即可感知;当脉搏过于微弱而不感于手时,可用心跳次数代替脉搏数;某些生理性因素或药物的影响,如外界温度、家畜运动和使役时、恐惧和兴奋时、母畜妊娠后期或使用强心剂等,均可引起脉搏数改变。

三、呼吸数的测定

(1)测定方法　检查者站于病畜一侧,观察胸腹部起伏动作,一起一伏即计算为一次呼吸;在冬季寒冷时可观察呼出气流;还可对肺脏进行听诊测数。鸡可观察肛门周围羽毛起伏动作计数。呼吸数以“次/min”表示。

(2)正常呼吸数　各种动物的正常呼吸数见表1-4。

表1-4　各种动物正常呼吸数

动物种类	呼吸数(次/min)	动物种类	呼吸数(次/min)
黄牛、乳牛	10～30	骆驼	6～15
水牛	10～40	猫	10～30
羊	12～30	狗	10～30
猪	18～30	兔	50～60
鹿	15～25	禽(心跳)	15～30

(3)病理变化

①呼吸数增多　见于呼吸器官本身的疾病,如各型肺炎,主要侵害呼吸器官的传染病(如牛结核、牛肺疫、巴氏杆菌病、羊传染性胸膜肺炎、猪流行性感冒、猪霉形体病),寄生虫病(如猪肺线虫病),多数发热性疾病,心力衰竭,贫血,腹内压增高性疾病,剧痛性疾病,某些中毒症(如亚硝酸盐中毒)。

②呼吸数减少　见于颅内压明显升高(如脑水肿),某些中毒,重度代谢紊乱及上呼吸道高度狭窄。

(4)注意事项　宜于病畜休息后测定。必要时可用听诊肺呼吸音的次数代替呼吸数。某些因素可引起呼吸数的增多,如外界温度过高、家畜运动和使役时、母畜妊娠及兴奋等。

【学习评价】

评价内容	评价方式			评价等级
	自我评价	小组评价	教师评价	
课前搜集有关的资料				A. 充分；B. 一般；C. 不足
知识和技能掌握情况				A. 熟悉并掌握；B. 初步理解；C. 没有弄懂
团队合作				A. 能；B. 一般；C. 很少
思维条理性（有条理地表达自己的意见，解决问题的过程清楚）				A. 强；B. 一般；C. 不足
思维创造性（提出和别人不同的问题，或用不同的方法解决问题）				A. 强；B. 一般；C. 很少
学习态度（操作活动、听讲、作业）				A. 认真；B. 一般；C. 不认真
信息科技素养				A. 强；B. 一般；C. 很少
总　评				

【技能训练】

一、复习与思考

1. 如何通过精神状态检查来发现患病动物？
2. 试述测量动物体温的方法。
3. 皮肤和眼结膜的颜色检查有何临床意义？
4. 有哪些主要原因可引起机体浮肿，临床检查的特点分别是什么？
5. 黄疸可分为哪几种类型？怎样通过血、尿、粪的检验进行区别？

二、操作训练

1. 体温的测定训练。
2. 呼吸运动、呼吸数的测定训练。
3. 脉搏的测定训练。
4. 眼结膜的检查训练。

任务四　系统检查

技能 1　心血管系统检查

【训练目标】

1. 练习心脏的临床检查法　要求初步掌握心脏的视、触、叩、听诊的部位、方法及正常状态，区别第一与第二心音。

2. 练习动物脉搏的触诊　要求了解不同动物脉搏触诊的部位、方法及正常状态。

3. 检查临床典型病例或听取异常心音录音的播放。

【实训准备】

1. 动物　牛 1 头，马 1 匹，羊 1 只，猪 1 头，犬 1 只。

2. 器材　保定栏，牛鼻钳子，马耳夹子，细绳、扁绳各 5 条，捕犬钳 1 把，叩诊器 2 个，牛听诊模型 1 具，犬听诊模型 1 具。

【实训场地】

动物医院或临床检查室。

【实训方法与步骤】

一、心脏的检查

1. 心搏动的视诊与触诊　被检查动物取站立姿势，使其左前肢向前伸出半步，以充分露出心区。检查者站在动物左侧方，视诊时，仔细观察左侧肘后心区被毛及胸壁的振动情况。视诊一般看不清楚，所以多用触诊。触诊时，检查者一手（右手）放在动物的鬐甲部，用另一手（左手）的手掌，紧贴在动物的左侧肘后心区，注意仔细感知胸壁的振动，主要判定其频率及强度。

健康动物，随每次心室的收缩而引起左侧心区附近胸壁的轻微振动。

其病理变化可表现为心搏动减弱或增强。但应注意排除生理性的减弱（如过肥）或增强（如运动后、兴奋、惊恐或消瘦）。

2. 心脏的叩诊　按前面的方法保定，对大动物，应用槌板叩诊法；小动物可用指指叩诊法。按常规叩诊方法，沿肩胛骨后角向下的垂线进行叩诊，直至心区，同时标记由清音转变为浊音的一点；再沿与前一垂线呈 45°左右的斜线，由心区向后上方叩诊，并标记由浊音变为清音的一点；连接两点所形成的弧线，即为心脏浊音区的后上界。

其病理变化可表现为心脏叩诊浊音区的缩小或扩大，有时呈敏感反应（叩诊时回视、反抗）或叩诊时呈鼓音（如牛创伤性心包炎时）。

3. 心音的听诊　动物保定同前。一般用听诊器进行间接听诊。当需要辨别瓣膜口音的变化时，按下表部位确定其最佳听取点（表 1-5）。

听诊心音时，主要区别判断心音的频率、强度、性质及是否出现分裂、杂音或节律不齐。当心音过弱而听不清时，可使动物做短暂的运动，并在运动后听诊。

表 1-5　各种家畜心音最强听取点

动物种类	第一心音		第二心音	
	二尖瓣口	三尖瓣口	主动脉瓣口	肺动脉瓣口
牛	左侧第 4 肋间，主动脉瓣口的远下方	右侧第 3 肋间，胸廓下 1/3 的中央水平线上	左侧第 4 肋间，肩关节线下 1～2 指处	左侧第 3 肋间，胸廓下 1/3 中央水平线下方
猪		右侧第 4 肋间，肋骨和肋软骨结合部稍下方	左侧第 4 肋间，肩关节线下 1～2 指处	左侧第 3 肋间，接近胸骨处
犬	左侧第 4 肋间	右侧第 3 肋间	左侧第 3 肋间	左侧第 3 肋间

健康动物的心音特点：

牛：黄牛一般第一心音明显，但其第一心音持续时间较短。

猪：心音较钝浊，且两个心音的间隔大致相等。

犬、猫：心音比其他家畜强，正常时有所谓“胎样心音”。胎样心音是指第一、二心音的强度一致，两心音之间的间隔与下一次心音之间的间隔时间几乎相等，因此难于区别第一、二心音。不过，在听诊时，触诊脉搏，与脉搏同时产生的声音为第一心音。

区别第一与第二心音时，除根据上述心音的特点外，第一心音产生于心室收缩期，与心搏动、动脉脉搏同时出现；第二心音产生于心室舒张期，与心搏动、动脉脉搏出现时间不一致。

心音的病理变化可表现为心率过快或徐缓、心音混浊、心音增强或减弱、心音分裂或出现心杂音、心律不齐。

二、脉管的检查

1. 动脉血管检查　大动物多检查颌外动脉和尾动脉；中、小动物则检查股动脉。

股动脉检查，检查者左手握住动物的一侧后肢的下部；右手的食指及中指放于股内侧的股动脉上，拇指放于腹内侧。

检查时，除注意计算脉搏的频率外，还应判定脉搏的性质（大小、软硬、强弱及充盈状态与节律）。正常脉搏性质表现为：脉管有一定的弹性，搏动的强度中等，脉管内的血量充盈适度，其节律表现为强弱一致，间隔均等。

在病理情况下，脉搏可表现为：脉率的增多与减少，振幅过大（大脉）或过小（小脉），力量增强（强脉）或减弱（弱脉）；脉管壁松弛（软脉）或紧张（硬脉），脉管内血液过度充盈（实脉）或充盈不足（虚脉）。心律不齐则表现为间隔不等及大小不匀。

2. 浅在静脉的检查　主要观察浅在静脉（如颈静脉、胸外静脉）的充盈状态及颈静脉的波动。

一般营养良好的动物，浅在静脉管不明显；较瘦或皮薄毛稀的动物则较为明显。

正常情况下，牛颈静脉沟处可见有随心脏活动而出现的自颈基部后上部反流的波动，其反流波不超过颈部的下 1/3。

浅在静脉的病理表现有：

浅在静脉的过度充盈，隆起呈绳索状；颈静脉波动高度超过颈下部的 1/3。

对颈静脉波的性质,可于颈中部的颈静脉上用手指加压鉴定,即在加压以后,近心端和远心端的波动均消失,为心房性(阴性)波动;远心端消失而近心端的波动仍存在,为心室性(阳性)波动;近心端与远心端的波动均不消失并可感知颈动脉的过强搏动,为伪性搏动。同时还应参照波动出现的时期与心搏动及动脉脉搏的时间是否一致而综合判定。

技能2 呼吸系统检查

【训练目标】

1.掌握呼吸运动(呼吸数、节律、类型及呼吸困难),呼出气体,鼻液,咳嗽的检查方法。

2.掌握上呼吸道检查法及胸肺的叩、听诊检查法,熟悉其正常状态。

3.结合典型病例认识主要症状并理解其诊断意义。

【实训准备】

1.动物　牛、羊、猪、犬和患典型呼吸系统疾病的动物。

2.器材　听诊器、叩诊器、额带反射镜、手电筒、小动物开口器、保定用具、显微镜。

【实训场地】

动物医院或临床检查室。

【实训方法与步骤】

一、呼吸运动的检查

应在病畜安静且无外界干扰的情况下做下列检查:

1.呼吸频率(次数)的检查　详见一般检查。

2.呼吸类型的检查　检查者站在病畜的后侧方,观察吸气与呼气时胸廓与腹壁起伏动作的协调性和强度。

健畜一般为胸腹式呼吸(犬、猫为胸式呼吸),即在呼吸时,胸壁和腹壁的动作是协调的,强度大致相等。

在病理情况下,可见胸式或腹式呼吸,犬、猫例外。

3.呼吸节律的检查　检查者站在病畜的侧方,观察每次呼吸动作的强度、间隔时间是否均等。

健畜在吸气后紧随呼气,经短时间休止后,再行下次呼吸。每次呼吸的间隔时间和强度大致相等,即呼吸节律正常。

典型的病理性呼吸节律有:陈-施二氏呼吸(由浅到深再至浅,经暂停后复始),毕欧特氏呼吸(深大呼吸与暂停交替出现)、库斯茂尔氏呼吸(呼吸深大而慢,但无暂停)。

4.呼吸对称性的检查　检查者立于病畜正后方,对照观察两侧胸壁的起伏动作强度是否一致。

健畜呼吸时,两侧胸壁起伏动作强度完全一致。

病畜可见两侧不对称性的呼吸动作。

5.呼吸困难的检查　检查者仔细观察病畜鼻的扇动情况及胸、腹壁的起伏和肛门的抽动现象,注意头颈、躯干和四肢的状态和姿势;并仔细听取呼吸喘息的声音。

健康家畜呼吸时,自然而平顺,动作协调而不费力,呼吸频率相对正常,节律整齐,肛门无

明显抽动。

呼吸困难时，呼吸异常费力，呼吸频率有明显改变(增或减)，补助呼吸肌参与呼吸运动。尚可表现为如下特征：

吸气性呼吸困难　头颈平伸、鼻孔开张、形如喇叭，两肋外展，胸壁扩张，肋间凹陷，肛门有明显的抽动。甚至呈张口呼吸。吸气时间延长，可听到明显的吸气性狭窄音。

呼气性呼吸困难　呼气时间延长，呈二段呼出；补助呼气肌参与活动，腹肌极度收缩，沿季肋缘出现喘线(息劳沟)。

混合型呼吸困难　具有以上两型的特征，但狭窄音多不明显而呼吸频率常明显增多。

二、上呼吸道检查

1.呼出气体的检查　于病畜的前面仔细观察两侧鼻翼的扇动和呼出气流的强度；并嗅闻呼出气体有无臭味。但怀疑传染病(如鼻疽、结核等)时，检查者应戴口罩。

健康家畜呼出气流均匀，无异常气味，稍有温热感。

病畜可见有两侧气流不等，或有恶臭、尸臭味和热感。

2.鼻液的检查　首先观察动物有无鼻液，对鼻液应注意其数量、颜色、性状、混有物及一侧性或两侧性。

病畜可见有：浆液性鼻液，为清亮无色的液体；黏液性鼻液，似蛋清样；脓性鼻液，呈黄白色或淡黄绿色的糊状或膏状，有脓臭味；腐败性鼻液，污秽不洁，带褐色，呈烂桃样或烂鱼肚样，具尸臭气味。

此外，应注意有无出血及其特征(鼻出血，鲜红呈滴或线状；肺出血，鲜红，含有小气泡；胃出血，暗红，含有食物残渣)、数量、排出时间及单双侧性。

3.鼻液中弹力纤维的检查　取少量鼻液，置于试管或小烧杯内，加入10%氢氧化钠(钾)溶液2～3 mL，混合均匀，在酒精灯上边振荡边加热煮沸至完全溶解。然后，离心倾去上清液，再用蒸馏水冲洗并离心，如欲使其着色，最好于离心前加入1%伊红酒精数滴。再取沉淀物涂片，镜检。

弹力纤维为透明的折光性强的细丝状弯曲物、具有双层轮廓，两端尖或呈分叉状，常集聚成束状而存在。染色后呈蔷薇红色。

弹力纤维易被某些酶溶解，故应多次检查才能准确。

4.鼻黏膜的检查

(1)单手开鼻法：一手托住下颌并适当高举头部，另手以拇指和中指捏住鼻翼软骨，略向上翻，同时用食指挑起外侧鼻翼，鼻黏膜即可显露。

(2)双手开鼻法：以双手拇、中二指分别捏住鼻翼软骨和外鼻翼，并向上向外拉，则鼻孔可扩开。

(3)其他检查法　将病畜头抬起，使鼻孔对着阳光或人工光源，即可观察鼻黏膜。在小动物可用开鼻器。

注意：检查时应作适当保定；注意防护，以防感染；使鼻孔对光检查，重点注意其颜色、有无肿胀、溃疡、结节、瘢痕等。家畜的鼻黏膜为淡红色，但有些牛鼻孔周围的鼻黏膜有色素沉着。

病理情况下，鼻黏膜的颜色有发红、发绀、发白、发黄等变化。常见的有潮红肿胀(表面光滑平坦,颗粒消失,闪闪有光)、出血斑、结节、溃疡、瘢痕。有时也见有水泡、肿瘤。

5.喉及气管的检查　外部视诊,注意有无肿胀等变化;检查者站在家畜的前侧,一手执笼头,一手从喉头和气管的两侧进行触压,判定其形态及肿胀的性状;也可在喉和气管的腹侧,自上而下听诊。

健康家畜的喉和气管外观无变化;触诊无疼痛;听诊有类似"赫"的声音。

在病理情况下可见有:喉和气管区的肿胀,有时有热痛反应,并发咳嗽;听诊时有强烈的狭窄音、哨音、喘鸣音。对小动物和禽类还可作喉的内部直接视诊。检查者将动物头略为高举,用开口器打开口腔,用压舌板下压舌根,对光观察;检查鸡的喉部时,将头高举,在打开口腔的同时,用捏肉髯手的中指向上挤压喉头,则喉腔即可显露。注意观察黏膜的颜色,有无肿胀物和附着物。

6.咳嗽的检查　可向畜主询问有无咳嗽,并注意听取其自发咳嗽,辨别是经常性还是阵发性,干咳或湿咳,有无疼痛、鼻液等伴随症状。必要时可作人工诱咳,以判定咳嗽的性质。

(1)牛的人工诱咳法　用多层湿润的毛巾掩盖或闭塞鼻孔一定时间后迅速放开,使之深呼吸则可出现咳嗽。应该指出,在怀疑牛患有严重的肺气肿、肺炎、胸膜炎合并心机能紊乱者慎用。

(2)小动物诱咳法　经短时间闭塞鼻孔或捏压喉部、叩击胸壁均能引起咳嗽。犬在咳嗽时有时引起呕吐,应注意避免重视呕吐而忽视咳嗽。

在病理情况下,可发生经常性的剧烈咳嗽,其性质可表现为:干咳(声音清脆,干而短),湿咳(声音钝浊、湿而长),痛咳(不安、伸颈),甚至可呈痉挛性咳嗽。

三、胸廓的视诊

注意观察呼吸状态,胸廓的形状和对称性;胸壁有无损伤、变形;肋骨与肋软骨结合处有无肿胀或隆起;肋骨有无变化,肋间隙有无变宽或变窄,凸出或凹陷现象;胸前、胸下有无浮肿等。

健康家畜呼吸平顺,胸廓两侧对称,脊柱平直,胸壁完整,肋间隙的宽度均匀。

病理情况下可见有:胸廓向两侧扩大(桶状),胸廓狭小(扁平),单侧性扩大或塌陷;肋间隙变宽或变狭窄,胸下浮肿或其他损伤。

四、胸廓的触诊

胸廓触诊时,应注意胸壁的敏感性,感知温湿度、肿胀物的性状并注意肋骨是否变形及骨折等。

健康家畜触诊无疼痛。

病理状态可见:触诊胸壁敏感、有摩擦感、热感或冷感;肋骨肿胀、变形,或有骨折及不全骨折;幼畜可呈串珠样肿;胸下浮肿;各种外伤。

五、胸、肺叩诊

1.肺叩诊区　以牛肺叩诊区为例。

背界:距脊柱5～10 cm作平行线,向后止于第十一肋间隙。

前界:由肩胛骨后角沿肘肌向下划一类似"S"形的曲线,止于第四肋间隙下端。

后界：由第十二肋骨与脊柱交接处开始斜向前下方引一弧线，经髋结节水平线与第十一肋间隙交点；肩关节水平线与第八肋间隙交点，止于第四肋间隙下端。

此外，在瘦牛的肩前1～3肋间隙尚有一狭窄的叩诊区（肩前叩诊区）。

绵羊和山羊肺叩诊区与牛相同，但无肩前叩诊区。

2.叩诊方法　胸、肺叩诊除应遵循叩诊一般规则外，须注意选择大小适宜的叩诊板，沿肋间隙纵放，先由前至后，再自上而下进行叩诊。听取声音同时还应注意观察动物有无咳嗽、呻吟、躲闪等反应性动作。

3.正常肺区叩诊音

(1)大家畜一般为清音，肺的中1/3最为清楚，上1/3与下1/3声音逐渐变弱。而肺的边缘则近似半浊音。

(2)健康小动物的肺区叩诊音近似鼓音。

4.胸、肺叩诊的病理性变化

(1)疼痛性反应，表现为咳嗽、躲闪、回视或反抗。

(2)叩诊区的扩大或缩小。

(3)浊音、半浊音、水平浊音、鼓音、过清音、破壶音、金属音。

5.胸、肺听诊　肺听诊区和叩诊区大致相同。听诊时，应先从呼吸音较强的部位即胸廓的中部开始，然后再依次听取肺区的上部、后部和下部。牛尚可听取肩前区。听诊点间间隔3～4 cm，在每点上听取2～3次呼吸，且须注意听诊音与呼吸活动之间的联系。对可疑病变与对侧相应部位对比听诊判定。如呼吸音微弱，可给以轻微的运动后再行听诊，使其呼吸动作加强，以利听诊。注意呼吸音的强度、性质及病理性呼吸音的出现。

健康家畜可听到微弱的肺泡呼吸音，在吸气阶段较清楚，如“呋”“呋”的声音。整个肺区均可听到，但以肺区中部最为明显。动物中，牛、羊较明显，水牛甚微弱；幼畜比成年家畜略强。除马属动物外，其他动物尚可听到支气管呼吸音，在呼气阶段较清楚，如“赫”“赫”的声音，但并非纯粹的支气管呼吸音，而是带有肺泡呼吸音的混合呼吸音。

牛在第3～4肋间肩端线上下可听到混合呼吸音。绵羊、山羊和猪的支气管呼吸音大致与牛相同。犬在整个肺区都能听到明显的支气管呼吸音。

在病理情况下，可见肺泡呼吸音的增强或减弱，甚至局部消失。还可听见病理性呼吸音或附加音，病理性支气管呼吸音、混合性呼吸音（“呋”“赫”），湿啰音（似水泡破裂音，以吸气末期为明显），干啰音（似哨音、笛音），胸膜摩擦音（似沙沙声、粗糙而断续，紧压听诊器时明显增强，常出现于肘后），拍水音，捻发音，空瓮音。

技能3　消化系统检查

【训练目标】

1.掌握口腔、咽部、食道、腹部和胃肠的检查方法。

2.掌握反刍动物前胃及真胃的检查部位、方法及肠蠕动音的听诊。

3.观察反刍、嗳气的活动和变化。

4.结合典型病例认识有关症状及异常变化。

【实训准备】

1. 动物　牛、羊、猪、犬，动物医院患典型消化系统疾病的动物。

2. 器材　猪用开口器、胃管、听诊器、叩诊器、保定用具(耳夹子、鼻捻子及绳)、润滑剂(液体石蜡或其他油类)、100 mL 量筒、腹腔穿刺套管针、毛剪、消毒液、蒸馏水、冰醋酸、试管。

【实训场地】

动物医院或临床检查室。

【实训方法与步骤】

一、口腔的检查方法

口腔检查主要注意流涎，气味，口唇黏膜的温度、湿度、颜色及完整性、舌和牙齿的变化。这里主要介绍各种家畜的开口法。

1. 牛的徒手开口法　检查者站在牛头侧方，可先用手轻轻拍打牛的眼睛，在牛闭眼的瞬间，以一手的拇指和食指从两侧鼻孔同时伸入并捏住鼻中隔(或握住鼻环)向上提举，再用另一手从口角处伸入口中握住舌体并拉出，口即张开(图 1-33)。

2. 羊的徒手开口法　是用一手拇指与中指由颊部捏握上颌，另一手拇指及中指由左、右口角处握住下颌，同时用力向上下拉即可开口，但应注意防止被羊咬伤手指。

3. 猪的开口须使用特制的开口器(图 1-34)。

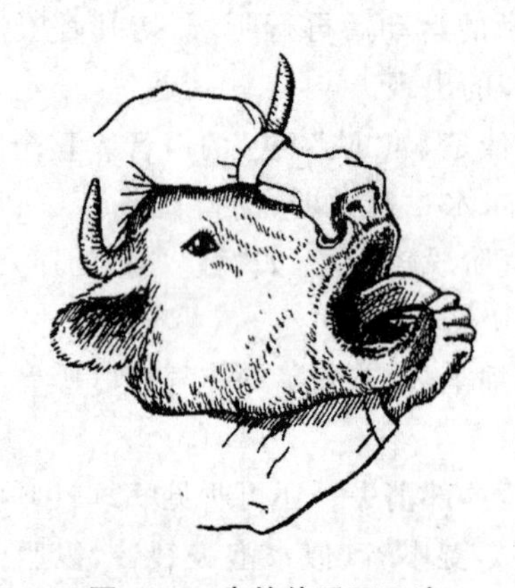

图 1-33　牛的徒手开口法

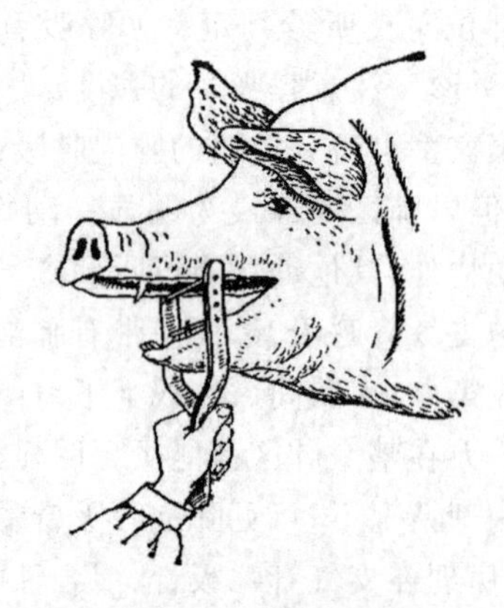

图 1-34　猪的开口法

4. 犬、猫的开口法　性情温驯的犬，令助手握紧前肢，检查者右手拇指置于上唇左侧，其余四指置于上唇右侧，在握紧上唇的同时，用力将唇部皮肤向下内方挤压；用左手拇指与其余四指分别置于下唇的左、右侧，用力向内上方挤压唇部皮肤。左、右手用力将上下腭向相反方向拉开即可(图 1-35)，必要时用金属开口器打开口腔。猫的开口法：助手握紧前肢，检查者两手将上、下腭分开即可(图 1-36)。

二、咽部的视诊和触诊

咽的外部视诊要注意头颈的姿势及咽周围是否肿胀；触诊时，可用两手自咽喉部左右两侧加压并向周围滑动，以感知温度、敏感性反应及肿胀的硬度和特点。

图 1-35　犬的开口法

图 1-36　猫的开口法

三、食管的视诊、触诊

1. 视诊　注意吞咽过程饮食沿食管沟通过的情况及局部是否有肿胀。

2. 触诊　检查者两手分别由两侧沿颈部食管沟自上向下加压滑动检查，注意感知是否有肿胀、异物、内容物的硬度、有无敏感反应及波动感。

3. 探诊　一般根据动物的种类及大小而选定不同口径及相应长度的胶管（或塑料管），大动物用管长为 2.0～2.5 m，内径 10～20 mm，管壁厚 3～4 mm，软硬度应适宜。用前探管应用消毒液浸泡，并涂润滑油类。探诊前动物要保定，尤其要保定好头部。如须经口探诊时，应加装开口器，大动物及羊一般可经鼻、咽探诊。

操作时，检查者站在头一侧，一手把握住鼻翼，另一手持探管，自鼻道（或经口）徐徐送入，待探管前端达到咽腔时（大动物 30～40 cm 深度）可感觉有抵抗，此时可稍停推进并加以轻微的前后抽动，待动物发生吞咽动作时，应趁机送下。如动物不吞咽，可由助手捏压咽部以引起其吞咽动作。

探管通过咽后，应立即判定是否正确地插入食管内。插入食管内的标志是，用胶皮球向探管内打气时，不但能顺利打入，而且在左侧颈沟可见有气流通过的波动，同时压扁的胶皮球不会鼓起来。插入气管的标志是，用胶皮球向探管内打气时，在颈沟部看不到气流波动，被压扁的胶皮球可迅速鼓起来。如胃管在咽部转折时，向探管打气困难，也看不到颈沟部的波动。

此外，探管在食管内向下推进时可感到有抵抗和阻力。但如在气管内时，可引起咳嗽并随呼气阶段有呼出的气流，也可作为判定探管是否在食管内的标志。

探管误插入气管内时，应取出重插，探管不宜在鼻腔内多次扭转，以免引起黏膜破损，出血。

食管探诊，主要用于提示有食道阻塞性疾病、胃扩张的可疑或为抽取胃内容物时用，对食管狭窄、食管憩室及食管受压等病变也具有诊断意义。食管和胃的探诊兼有治疗作用。

四、腹部的视诊和触诊

腹围视诊，检查者站立于动物的正前或正后方，主要观察腹部轮廓、外形、容积及肷部的充满程度，应做左右侧对照比较，主要判定其膨大或缩小的变化。

大动物触诊时，检查者位于腹侧，一手放在动物背部，以另一手的手掌平放于腹侧壁或下侧方，用腕力作间断冲击动作，或以手指垂直向腹壁作冲击式触诊，以感知腹肌的紧张度、腹腔内容物的性状并观察动物的反应。

中小动物触诊时，检查者站在动物后方，两手同时自两侧肋弓后开始，加压触摸并逐渐向后上方滑动检查，或使动物侧卧，然后用并拢、屈曲的手指，进行深部触摸。

五、反刍家畜胃的触诊、叩诊和听诊

1. 瘤胃

(1)触诊　检查者站在动物的左腹侧，左手放于动物背部，检手(右手)可握拳、屈曲手指或以手掌放于左肷部，先用力反复触压瘤胃，以感知内容物性状。正常时，似面团样硬度，轻压后可留压痕。随胃壁蠕动可将检手抬起，以感知其蠕动力量并可计算次数。正常时为每 2 min 2～5 次。

(2)叩诊　用手指或叩诊器在左侧肷部进行直接叩诊，以判定其内容物的性状。正常时瘤胃上部为鼓音，由饥饿窝向下逐渐变为浊音。

(3)听诊　多用听诊器进行间接听诊，以判定瘤胃蠕动音的次数、强度、性质及持续时间。正常时，瘤胃随每次蠕动而出现逐渐增强又逐渐减弱的沙沙声。似吹风样或远雷声。

2. 网胃　位于腹腔的左前下方，相当于6～7 肋骨间，前缘紧贴膈肌与心脏相邻，其后部下侧位于剑状软骨之上(图 1-37)。

图 1-37　牛网胃、瓣胃及真胃的关系

1. 网胃　2. 瓣胃　3. 真胃

(1)触诊　检查者面向动物蹲在左胸侧，屈曲右膝于动物腹下，将右肘支在右膝上，右手握拳并抵住剑状软骨突起部，然后用力抬腿并用拳顶压网胃区，以观察动物反应。

(2)叩诊　于左侧心区后方的网胃区内，进行直接强叩诊或用拳轻击。以观察动物反应。

压迫法：由二人分别站在家畜胸部两侧，各伸一手于剑突下相互握紧，各将其另一手放于家畜的鬐甲部；二人同时用力上抬紧握的手，并用放在鬐甲部的手紧握其皮肤，观察家畜反应。或先用一木棒横放于家畜的剑突下，由二人分别自两侧同时用力上抬，迅速下放并逐渐后移压迫网胃区，同时观察家畜的反应。也可使家畜行走上、下坡或作急转弯等运动，观察其反应。

正常家畜，在进行上述检查试验时，家畜无明显反应，相反，如表现不安、痛苦、呻吟或抗拒并企图卧下时，是网胃疼痛敏感的表现，常为创伤性网胃炎的特征(图 1-38)。

图 1-38　牛创伤性网胃炎时的敏感区

3. 瓣胃　瓣胃检查在右侧 7～10 肋间，肩关节水平线上下 3 cm 范围内进行。

触诊：在右侧瓣胃区内进行强力触诊或以拳轻击，以观察家畜有无疼痛性反应。对瘦牛可使其左侧卧，于右肋弓下以手伸入进行冲击。

听诊:在瓣胃区听诊其蠕动音。正常时呈断续细小的捻发音,采食后较明显。主要判定蠕动音是减弱还是消失。

4.真胃 位于右腹部第9～11肋间的肋弓区。

(1)触诊 沿肋弓下进行深部触诊。由于腹壁紧张而厚,常不易得到准确结果。因此,应尽可能将手指插入肋弓下方深处,向前下方行强压迫。在犊牛可使其侧卧进行深部触诊。主要判定是否有疼痛反应。

(2)听诊 在真胃区内,可听到类似肠音,呈流水声或含漱音的蠕动音。主要判定其强弱和有无蠕动音的变化。

六、反刍、嗳气活动的观察

反刍活动的观察,主要判定反刍的有无、开始出现反刍的时间、每昼夜反刍的次数,每次反刍的持续时间及食团再咀嚼的力量等变化。

正常时,每昼夜进行4～10次,每次反刍持续时间为20～40 min,每个返回到口腔中的食团再咀嚼30～50次。

嗳气:是反刍动物的一种生理现象。正常动物每小时内可吐气20～30次。

当嗳气时,可在左侧颈部沿食管沟看到由颈根部向上的气体移动波,同时可听到嗳气时的特有声音。

观察嗳气活动时,主要判断其嗳气的次数多少及是否完全停止。

七、腹腔穿刺和李凡他试验

1.腹腔穿刺

(1)部位 一般在腹下最低点,白线两侧任选一侧进行。牛在剑状突起后方10～15 cm,白线侧方2～3 cm处。反刍动物宜在白线右侧,可避开瘤胃。猪在脐后方,白线两侧1～2 cm处。

(2)方法 大家畜采取站立保定。术部按外科常规方法剪毛消毒。将皮肤向侧方稍稍移动,用特制的腹腔穿刺套管针或用大号注射针头在术部由下向上刺入腹腔。刺入不宜过猛过深,以免伤及肠管。进入腹腔后抽出套管针芯,腹腔液经套管或针头可自动流出,术后局部消毒。腹腔液如果供作细菌培养或小动物接种,要用灭菌容器。

2.李凡他试验 取100 mL量筒1个,加蒸馏水约至刻度处,滴加冰醋酸1滴,搅拌均匀。随后滴加穿刺液1滴,可出现白色沉淀,白色絮状沉淀几乎到管底的为渗出液,白色絮状沉淀沉降至中途消失的,则为阴性反应,是漏出液。

技能4 泌尿系统检查

【训练目标】

1.掌握排尿动作的检查方法,明确临床意义。

2.掌握各种动物的导尿方法。

3.学会泌尿器官的检查方法。

4.结合典型病例认识有关症状及异常变化。

【实训准备】

1.动物　牛、羊、猪、犬，动物医院患典型泌尿系统疾病的动物。

2.器材　保定用具(耳夹子、鼻捻子及绳)、润滑剂(液体石蜡或其他油类)、100 mL 量筒、导尿管、试管。

【实训方法与步骤】

一、排尿动作的检查

当尿液在膀胱中逐渐充满时，刺激膀胱壁的压力感受器传达到中枢神经，进而发出冲动至荐髓的下位中枢，通过副交感神经到达膀胱，使膀胱壁肌肉收缩，膀胱括约肌松弛，出现排尿动作。排尿动作的检查，主要有下列几方面：

(一)排尿姿势

家畜因种类和性别的不同，所采取的排尿姿势也不尽相同。例如公牛和公羊排尿时，不作排尿准备动作，腹肌也不参与，只靠会阴部尿道的脉冲运动，尿液成股地断续流出，故可在行走或采食中进行排尿；母牛和母羊排尿时，后肢展开下蹲，背腰拱起而排尿；公马排尿时前后肢广踏，举尾，排尿之末，尿流呈股射出；母马排尿时，后肢略向前踏，且微降躯体，排尿之末，还可见阴唇有数次启闭；公猪排尿时，尿液急促而断续地射出；母猪排尿，其动作与母羊相同。

病理情况下，往往发生排尿姿势改变，如不安、回顾腹部或后肢踢腹、摇尾、呻吟、强烈努责，甚至出现小心起卧等。常见于尿道结石、膀胱炎、膀胱括约肌痉挛、尿道炎等。

(二)排尿次数和排尿量

健康家畜每昼夜排尿次数为：猪 2～3 次，牛 5～10 次，羊 3～4 次，马 5～8 次。但饲料的含水量、饮水量，外界气温的变化等多种因素，均能使家畜的排尿次数和排尿量改变，应注意与病理改变相区别。

排尿次数和尿量的病理改变有下列几种情况：

1.频尿和多尿

(1)频尿　是指排尿次数增多，而每次的尿量却不多，甚至呈滴状排出，多见于膀胱的炎症。尿路炎症或母畜发情时，可反射性地引起频尿。

(2)多尿　是指排尿次数增多，且尿量也多，是肾脏泌尿增加的结果，见于糖尿病、慢性肾炎、渗出性胸膜炎和水肿的吸收期。

2.少尿和无尿

(1)少尿　排尿次数及尿量都减少，是肾脏泌尿机能障碍的结果，见于急性肾炎、剧烈腹泻、渗出液及漏出液形成期和伴发高热的疾病等。

(2)无尿　亦称排尿停止，按其病因可分为肾前性无尿、肾原性无尿和肾后性无尿。

肾前性少尿或无尿多发生于严重脱水或电解质紊乱、心力衰竭、肾动脉栓塞或肿瘤压迫等。

肾原性少尿或无尿是肾脏泌尿机能高度障碍的结果，多由于肾小球和肾小管的严重病变引起，见于急性肾小球肾炎、慢性肾炎的急性发作期、各种慢性肾病引起的肾功能衰竭，以及某些中毒等。

肾后性少尿或无尿主要由于输尿管梗阻所致，可见于肾盂或输尿管结石，以及膀胱破裂、

膀胱肿瘤压迫两侧输尿管等，均可引起少尿甚至无尿。

3.尿闭　亦称尿潴留，肾脏泌尿机能正常，而膀胱充满尿液不能排出称为尿闭。多是由于排尿通路受阻所致，见于尿道阻塞、膀胱麻痹、膀胱括约肌痉挛等，也可发生于腰荐部脊髓受伤，影响排尿中枢机能，使排尿发生障碍。

4.尿失禁　其特点是排尿时无一定的准备动作和相应的排尿姿势，尿液不时地排出。主要见于脊髓疾病。如脊髓挫伤，使排尿中枢与大脑皮层失去神经反射联系，排尿便不受意识的控制，而出现尿失禁现象。此外，尿失禁也见于膀胱括约肌受损或麻痹、某些中枢神经系统疾病、长期躺卧或昏迷的病畜。

5.尿淋沥　是指排尿不畅，排尿困难，尿呈点滴状或细流状，无力或断续排出。此种现象多是尿闭、尿失禁、排尿疼痛和神经性排尿障碍的一种表现，有时也见于老年体弱、胆怯和神经质的动物。

二、肾脏的检查

牛、羊的右肾位于最后一根肋骨的上端与第二、三腰椎横突的下方，左肾在第三至第五腰椎横突之下，常随瘤胃的充满程度而向右移动；猪的左右两肾位置对称，在第一至第四腰椎横突下方；马的右肾位于最后两根肋骨的上端与第一腰椎横突的下方，左肾位于最后一根肋骨的上端与第一、二腰椎横突的下方。检查肾脏主要用触诊法。

1.外部触诊　在大家畜肾区用力下压或拳击时，出现疼痛不安、拱背摇尾、抗拒或躲避等表现，多为急性肾炎或有肾损伤的可疑。对小动物用两手拇指压于腰区，其余手指在最后肋骨与髋结节间向内下压，然后两手同时挤压，前后滑动，可触及肾脏，若敏感性增加常提示为肾脏疾病。

2.直肠内触诊　主要用于大家畜，触诊时如感到肾脏肿胀增大，压之敏感，并有波动感，提示肾盂肾炎、肾盂积水；肾脏质地坚硬，体积增大，表面粗糙不平，可提示肾硬变、肾肿瘤、肾及肾盂结石等。肾脏体积缩小，比较少见，多因肾脏萎缩或间质性肾炎造成。

三、尿路的检查

（一）肾盂和输尿管的检查

肾盂位于肾门之内，输尿管起于肾盂止于膀胱。肾盂和输尿管检查，大家畜可通过直肠内触诊进行，如触诊肾门部病畜疼痛明显，见于输尿管炎。

（二）膀胱的检查

膀胱位于直肠下方，骨盆腔的底壁。检查时，大家畜主要是直肠内触诊，有时配合导尿管探诊，小家畜主要用腹壁外部触诊，或用手指进行直肠内触诊。

健康马、牛膀胱空虚时触之柔软，形如梨状；中度充满时，轮廓明显，其壁紧张且有波动；高度充满时，可占据整个骨盆腔，甚至垂入腹腔，手伸入直肠即可触及。病理情况下，膀胱可能出现下列变化：

1.膀胱体积增大　其特点是膀胱体积剧烈增大，紧张性显著增高，充满整个骨盆腔。膀胱增大多继发于尿道结石、膀胱括约肌痉挛、膀胱麻痹。膀胱麻痹时，在膀胱壁上施加压力，可有尿液被动地流出。随着压力停止，排尿也立即停止。

2.膀胱空虚　常因泌尿功能紊乱或膀胱破裂造成，见于急性肾炎和膀胱破裂。

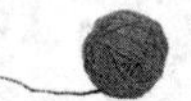

3.膀胱压痛　主要见于急性膀胱炎等。

4.膀胱内有坚固物体　如结石、肿瘤及血块等。

(三)尿道的检查

尿道的检查,可通过外部触诊,直肠内触诊和导尿管探诊进行检查。

1.公畜尿道的检查　公畜的尿道,因解剖位置的不同,位于骨盆腔内的部分,可行直肠内触诊;位于骨盆及会阴以下的部分,可行外部触诊。雄性反刍动物和公猪的尿道,因有"S"状弯曲,用导尿管探诊较为困难。而公马的尿道探诊较为方便。探诊前先将动物保定,清洗其包皮内的污垢后,一般先用右手抓住其阴茎的龟头,并慢慢拉出,再用左手固定其阴茎,以右手用2%硼酸液或0.1%高锰酸钾等消毒液清洗其龟头及尿道口后,取消毒的导尿管自尿道口处徐徐插入。当导管尖端达坐骨弓处时,则有一定阻力而难于继续插入,此时可由助手在该部稍加压迫,以使导管前端弯向前方。术者再稍稍用力插入,即可进入盆腔而达膀胱(图1-39)。

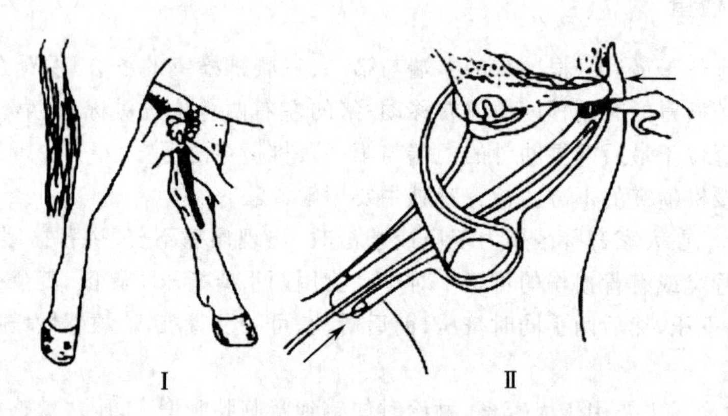

图1-39　公马的尿道探诊及导尿法(引自沈永恕,2006)

Ⅰ 插入导尿管　Ⅱ 导管前端达坐骨弓时,助手在外部稍加压迫

公畜尿道的病理变化,最常见的有两种:

(1)尿道阻塞　常因尿道结石或尿道炎性产物等所引起的尿道阻塞,马常发生在坐骨弓处,牛、羊常发生在"S"状弯曲处,猪常发生在阴茎的尖端。触诊结石存在处时,可感知有坚硬物体,病畜疼痛明显,探诊时有抵抗感。如因炎性产物引起的尿道阻塞,触压时坚硬感和疼痛反应不及结石明显。

(2)尿道狭窄　常因尿道发炎,黏膜肿胀,或因机械性损伤后瘢痕收缩所引起,在此种情况下导尿管不易插入。

2.母畜的尿道检查　母畜的尿道,开口于阴道前庭的下壁,尿道短。检查时,可将手指伸入阴道,在其下壁可触摸到尿道外口,亦可用直肠内触诊和导尿管探诊。

母畜尿道探诊时,先将家畜站立保定,用0.1%高锰酸钾液洗净外阴部,术者右手清洗消毒后伸入阴道内,在前庭外下方触摸尿道开口,以左手送入导尿管直至尿道开口部,用右手食指将导管头引入尿道口,再继续送入膀胱(图1-40)。必要时,可用阴道扩张器打开阴道而进行。

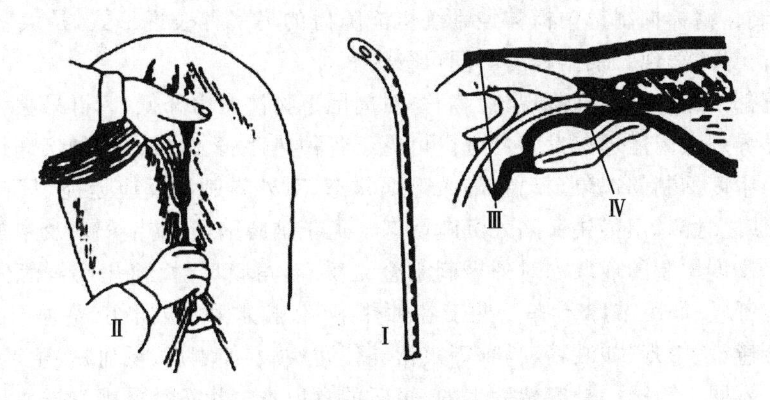

图 1-40 母畜的导尿(引自沈永恕,2006)

Ⅰ 金属导尿管 Ⅱ 母马的导尿管插入法 Ⅲ 母马导尿时用左手食指尖端将导尿管引入尿道口 Ⅳ 憩室

技能 5 神经系统检查

【训练目标】

1. 掌握精神状态的检查方法,明确临床意义。
2. 学会头颅和脊柱的检查方法,了解临床应用。
3. 学会运动机能的检查,明确临床意义。
4. 学会感觉机能的检查,了解临床应用。
5. 掌握反射活动的检查,明确临床意义。
6. 结合典型病例认识有关症状及异常变化。

【教学方法】

教师边讲解边示范操作,学生分组操作,教师巡视指导。

【实训准备】

牛、羊、猪、犬,动物医院患典型神经系统疾病的动物。

【实训方法与步骤】

一、中枢神经系统机能的检查

中枢神经系统机能的检查,是指家畜精神状态的检查(意识状态)。即动物对刺激是否具有反应,以及如何反应。家畜的意识障碍,提示中枢神经系统机能发生改变,主要表现为精神兴奋或抑制。

检查方法有问诊,观察和检查动物的面部表情,眼、耳、尾、四肢及皮肌的动作,身体姿势,运动时的反应。

1. 精神兴奋 精神兴奋是中枢神经机能亢进的结果。动物临床表现不安、易惊、轻微刺激可产生强烈反应,甚至挣扎脱缰,前冲、后撞,暴眼凝视,乃至攻击人、畜,有时癫狂、抽搐、摔倒而骚动不安。兴奋发作,常伴有心率增快,节律不齐,呼吸粗粝、快速等症状。依其兴奋程度分为恐怖、异常敏感、不安、躁狂和狂乱。多提示脑膜充血、炎症,颅内压升高,代谢障碍,以及各种中毒病。可见于日射病、热射病、流脑、酮病、狂犬病、马骡锥虫病等。

2. 精神抑制　精神抑制是中枢神经系统机能障碍的另一种表现形式，是大脑皮层和皮层下网状结构占优势的表现。根据程度不同可分为3种。

(1)精神沉郁　最轻度的抑制现象。病畜对周围事物注意力降低，离群呆立，低头耷耳，眼睛半闭，但对外界刺激尚能迅速发生反应。可见于各种热性病、缺氧等多种疾病过程中。

(2)昏睡　中度抑制的现象。动物陷入睡眠状态，对外界刺激反应迟钝，只在强烈的刺激(如针刺)才能使之觉醒，但很快又陷入沉睡状态。见于脑膜脑炎、脑室积水及中毒病后期等。

(3)昏迷　高度抑制的现象。对外界刺激全无反应，角膜反射、瞳孔反射消失，卧地不起，全身肌肉松弛，呼吸、心跳节律不齐。见于各种热射病、脑水肿、脑损伤、贫血、出血、脑炎、流脑、细菌或病毒感染、中毒(如酒精、吗啡等)、营养代谢疾病(如酮病、低血糖、生产瘫痪)等。

(4)昏厥　不同于昏迷。是突然发生的、短暂的意识丧失状态。是因心排血量减少或血压突然下降引起急性脑贫血所致。常提示心衰、心脏传导阻滞、贫血、低血糖、大脑出血、脑震荡、脑血栓、电击或日射病等。

二、头颅和脊柱的检查

由于脑和脊髓位于颅腔及脊柱管内，不可能进行直接检查，故只得利用头颅和脊柱检查以推断脑、脊髓可能发生的变化。临床上多用视诊、触诊、叩诊检查头颅和脊柱。

1. 头颅检查

(1)局部隆突　可见于局部外伤，脑肿瘤，脑包虫以及副鼻窦蓄脓。

(2)异常增大　多见于先天性脑室积水、骨软症和佝偻病。

(3)骨骼变形　多因骨质疏松、软化、肥厚所致。常提示某些骨质代谢疾病，如骨软症、佝偻病、纤维性骨营养不良等。

(4)局部增温　除局部外伤、炎症所致外，常提示热射病，脑充血，脑膜和脑的炎症，如猪乙脑，马传染性脑脊髓炎，牛结核性脑膜炎，恶性卡他热等。

(5)头颅部压疼　见于外伤、炎症、肿瘤及多头蚴病。

(6)头盖部变软　提示多为多头蚴病或颅壁肿瘤，但也见于副鼻窦炎或积脓。

(7)头颅叩诊浊音或半浊音　见于脑肿瘤、多头蚴病和骨软症等。

2. 脊柱检查　脊柱变形是临床上较为重要的症状。脊柱变形主要有脊柱上弯、下弯和侧弯，是因为支配脊柱的上、下或左、右肌肉不协调引起，或骨质代谢障碍疾病或骨质剧烈疼痛性疾病所致。

(1)脊柱下弯，主要见于骨软症，是由于骨质疏松变软的结果。

(2)脊柱侧弯，常见于脊髓炎、脊髓脱臼。

(3)颈部脊柱下弯侧弯，甚至造成身体翻转的，见于鸡维生素 B_1 缺乏症和新城疫。

(4)颈部脊柱向后弯曲(角弓反张)，见于脊髓疾病和某些中毒。

(5)脊柱局部肿胀、疼痛，常为外伤结果，如骨折。

(6)脊柱僵硬，为椎间隙骨质增生或硬化所致，见于破伤风、番木鳖碱中毒、腰肌风湿症、肾炎、肾虫病等。

三、感觉障碍的检查

动物的感觉机能是由感觉神经完成的，兽医临床上，将感觉机能分为浅感觉、深感觉和特

殊感觉3类。

1.浅感觉 指皮肤和黏膜感觉。包括触觉、痛觉、温觉和电感觉等。但兽医临床上温觉、电感觉等有一定局限性，故少用。由于家畜没有语言，其感觉如何只能根据运动形式加以推断。检查时要尽可能先使动物安静，最好由经常饲养、管理、使役或调教的人员在旁，并采用温柔的动作进行检查。感觉障碍，由于病变部位不同，有末梢性、脊髓性和脑性之分。临床表现则分为下列2种：

(1)感觉过敏 轻微刺激或抚触即可引起强烈反应。除起因于局部炎症外，一般由于感觉神经或其传导径路被损伤所致。多提示脊髓膜炎，脊髓背根损伤，视丘损伤，或末梢神经发炎、受压等。但脊髓实质、脑干或大脑皮层患病时均不引起感觉过敏。另外，见于牛的神经型酮血症、牛低磷血症的代谢障碍。

(2)感觉减退及缺乏 感觉能力降低或感觉程度减弱称感觉减退。由感觉神经末梢、传导径路或感觉中枢障碍所致。局限性感觉减退或缺失，为支配该区域内的末梢感觉神经受侵害的结果；全身性皮肤感觉减退或缺失，常见于各种疾病所引起的精神抑制和昏迷。

2.深感觉 深感觉是指位于皮下深处的肌肉、关节、骨、腱和韧带等，将关于肢体的位置、状态和运动等情况的冲动传到大脑，产生深部感觉，即所谓本体感觉。借以调节身体在空间的位置、方向等。因此，临床上根据动物肢体在空间的位置改变情况，可以检查其本体感觉有无障碍或疼痛反应等。深感觉障碍多同时伴有意识障碍，提示大脑或脊髓被侵害，例如慢性脑室积水、脑炎、脊髓损伤、严重肝脏疾病和中毒等。

3.特殊感觉 特殊感觉是由特殊的感觉器官所感受，如视觉、听觉、嗅觉、味觉等。某些神经系统疾病，可使感觉器官与中枢神经系统之间的正常联系破坏，导致相应感觉机能障碍。

(1)视觉 动物视力减弱甚至完全消失即所谓的目盲，除因为某些眼病所致外，也可因视神经异常所引起，见于山道年、野萱草根等中毒。动物视觉增强，表现为畏光，除发生于结膜炎、角膜炎等眼科疾病外，罕见于颅内压升高、脑膜炎、日射病、热射病、牛恶性卡他热、牛瘟等。视觉异常的动物，有时出现“捕蝇样动作”，如狂犬病、脑炎、眼炎初期等。

(2)听觉 听觉迟钝或完全缺失，除因耳病所致外，也见于延脑或大脑皮层颞叶受损伤时。某些品种特别是白毛的犬和猫有时为遗传性，是由其螺旋器发育缺陷所致，有人认为是一氧化碳中毒的后遗症。听觉过敏可见于脑和脑膜疾病，反刍动物酮病有时可见。

(3)嗅觉 动物中以犬、猫的嗅觉最灵敏，临床检查上也最重要。尤其是警犬和猎犬常因嗅觉障碍失去其经济价值。嗅神经、嗅球、嗅纹和大脑皮层是构成嗅觉装置的神经部分。当这些神经或鼻黏膜疾病时则引起嗅觉迟钝甚至嗅觉缺失，如马传染性脊髓炎、犬瘟热或猫传染性肠炎(猫瘟热)。

四、运动机能的检查

动物的协调运动，是在大脑皮层的控制下，由运动中枢的传导径路及外周神经元等部分共同完成。运动中枢和传导径路由椎体系统、椎体外系统、小脑系统三部分组成。临床上家畜出现各种形式的运动障碍除运动器官受损伤外，常因一定部位的脑组织受损伤而运动中枢和传导径路的功能障碍所引起。病理情况下表现为：

1.强迫运动 是指不受意识支配和外界环境影响，而出现的强制发生的有规律的运动。常见的强迫运动有以下几种。

(1)回转运动　病畜按同一方向作圆圈运动,圆圈的直径不变者称圆圈运动或马场运动;以一肢为中心,其余三肢围绕此肢而在原地转圈者称时针运动。当一侧的向心兴奋传导中断,以至对侧运动反应占优势时,便引起这种运动。如牛、羊患多头蚴病、脑脓肿、脑肿瘤等占位性病变时,常以圆圈运动或时针运动为特征。另一个原因是病畜头颈或躯体向一侧弯曲,以至无意识地随着头、颈部的弯曲方向而转动。如一侧前庭神经、迷路、小脑受损,一侧颈肌瘫痪或收缩过强,一侧额叶区受损,或纹状体、丘脑体、丘脑后部、苍白球或红核受损等。

(2)盲目运动　病畜无目的地徘徊,又称强制彷徨。表现病畜不注意周围事物,对外界刺激缺乏反应。或不断前进,或头顶障碍物不动。此乃因脑部炎症、大脑皮层额叶或小脑等局部病变或机能障碍所致。如狂犬病、伪狂犬病等。

(3)暴进暴退　病畜将头高举或下沉,以常步或速步踉跄地向前狂进,甚至落入沟塘内而不躲避,称为暴进,见于纹状体或视丘损伤或视神经中枢被侵害而视野缩小时。病畜头颈后仰,颈肌痉挛而连续后退,后退时常颠颤,甚至倒地,则称为暴退,见于摘除小脑、颈肌痉挛导致角弓反张时,如流脑。

(4)滚转运动　病畜向一侧冲挤、倾倒、强制卧于一侧,或循身体长轴一侧打滚时,称为滚转运动。多伴有头部扭转和脊柱向打滚方向弯曲。常提示迷路、听神经、小脑脚周围的病变,使一侧前庭神经受损,迷路紧张性消失,以至身体一侧肌肉松弛所致。但注意马腹痛性疾病。

2.共济失调　动物各个肌肉收缩力正常,但在运动时肌群动作相互不协调,则导致动物体位和各种运动异常。病畜站立时,呈现体位平衡失调,如站立不稳、四肢叉开、依墙靠壁似醉酒状;病畜运动时,步态失调、后躯摇摆、行走如醉、高抬肢体似涉水状。见于小脑和前庭神经疾患、马传染性脑脊髓炎、中毒病、某些寄生虫病(如脑脊髓丝虫病)等。按病变性质分类:

(1)静止性失调　表现为动物在站立状态下出现共济失调,而不能保持体位平衡。临床表现头部摇晃,体躯左右摇摆或偏向一侧,四肢肌肉软弱、战栗、关节屈曲,向前、后、左、右摇摆。常四肢分开而广踏。运步时,步态踉跄不稳,易倒向一侧。常提示小脑、小脑脚、前庭神经或迷路受损害。

(2)运动性失调　站立时可能不明显,而在运动时出现的共济失调。临床表现为后躯踉跄,步态不稳,四肢高抬,着地用力。见于大脑皮层、小脑、前庭或脊髓的传导径路受损伤时,由于深部感觉障碍,外部随意运动的信息向中枢传导受阻引起。按病变部位分类:

①脊髓性失调　其特征是运动时躯体左右摇摆,但头不歪斜,静止不失调,是脊髓背侧根损伤的结果。

②前庭性失调　其特征是病畜头向患侧歪斜,步态不稳,常伴有眼球震颤,遮眼时失调严重,不仅静止时失调,而且运动时也失调。主要见于迷路、前庭神经或前庭核受损伤引起。常见于家禽B族维生素缺乏症、慢性鸡新城疫等。

③小脑性失调　多发生于大家畜,不仅静止性失调,而且运动也失调。其特征是运动时头向患侧歪斜,体躯摇晃,只有当整个身躯依靠墙壁上,失调才消失。这种失调,不伴有眼球震颤,不因遮眼而加重,这在脑病过程中,当小脑受到损害时引起。当一侧性小脑损伤时,患侧前、后肢失调明显。

④大脑性失调 其特征是病畜虽能直线行进，但体躯向健侧偏斜，甚至转弯时跌倒。见于大脑皮层的额叶或颞叶受损伤时。

3.痉挛 是指横纹肌不随意的急剧收缩。按肌肉收缩形式不同有阵发性痉挛、强直性痉挛和癫痫。

(1)阵发性痉挛 是个别肌肉或肌组织发生短而快的不随意收缩，呈现间歇性。见于脑炎、脑脊髓炎、膈肌痉挛、中毒和低血钙症等。单个肌纤维束阵发性收缩，而不波及全身的痉挛，称为纤维性痉挛(战栗)；波及全身的强烈阵发性痉挛，称为惊厥(搐搦)。

(2)强直性痉挛 肌肉长时间均等地持续性收缩。见于脑炎、脑脊髓炎、破伤风、有机磷农药及士的宁中毒等。

(3)癫痫 大脑皮层性的全身性阵发性痉挛，伴有意识丧失、大小便失禁，称为癫痫。见于脑炎、脑肿瘤、尿毒症、仔猪维生素A缺乏症、仔猪副伤寒、仔猪水肿病等。

4.麻痹(瘫痪) 指动物的随意运动减弱或消失。

(1)根据病变部位不同可分为：

①中枢性麻痹 临床特征为腱反射增加，皮肤反射减弱和肌肉紧张性增强，肌肉萎缩不明显。常见于狂犬病、马流行性脑炎、某些中毒病等。

②末梢性麻痹 临床特征为肌肉显著萎缩，其紧张性减弱，软弱而松弛，皮肤和腱反射减弱。常见有面神经麻痹、坐骨神经麻痹、桡神经麻痹等。

(2)根据发生部位不同可分为：

①单瘫 麻痹只侵及某一肌群或某一肢体。

②偏瘫 麻痹侵及躯体的半侧。

③截瘫 躯体两侧对称部分发生麻痹。

五、反射机能的检查

1.皮肤反射

(1)鬐甲反射 轻触鬐甲部被毛或皮肤，则皮肤收缩抖动。

(2)腹壁反射 轻触腹壁，腹肌收缩。

(3)肛门反射 轻触肛门皮肤，肛门外括约肌收缩。

(4)蹄冠反射 用针轻触蹄冠，动物立即提肢或回缩。

2.黏膜反射

(1)喷嚏反射 刺激鼻黏膜则引起喷嚏。

(2)角膜反射 用羽毛或纸片轻触角膜，则立即闭眼。

3.深部反射

(1)膝反射 动物横卧，使上侧后肢肌肉保持松弛状态，当叩击髌骨韧带时，由于股四头肌牵缩，而下腿伸展。

(2)跟腱反射 动物横卧，叩击跟腱，则引起跗关节伸展与球关节屈曲。

4.病理变化

(1)反射减弱或消失 是反射弧的传导路径受损所致。常提示脊髓背根(感觉根)、腹根(运动根)或脑、脊髓灰质的病变，见于脑积水、多头蚴病等。极度衰弱的病畜反射亦减弱，昏迷时反射消失，这是由于高级中枢兴奋性降低的结果。

(2)反射亢进　是反射弧或中枢兴奋性增高或刺激过强所致。见于脊髓背根、腹根或外周神经的炎症、受压和脊髓炎等。在破伤风、士的宁中毒、有机磷农药中毒、狂犬病等常见全身反射亢进。

六、植物性神经机能的检查

植物神经机能障碍的症状表现为以下 3 种情况：

1. 交感神经紧张性亢进　交感神经异常兴奋，可表现心搏动亢进，外周血管收缩，血压升高，口腔干燥，肠蠕动减弱，瞳孔散大，出汗增加（马、牛）和高血糖等症状。

2. 副交感神经紧张性亢进　可呈现与前者相拮抗的症状。即心动徐缓，外周血管紧张性降低，血压下降，腺体分泌机能亢进，口内过湿，胃肠蠕动增强，瞳孔缩小，低血糖等。

3. 交感、副交感神经紧张性均亢进　交感神经和副交感神经两者同时紧张性亢进时，动物出现恐怖感，精神抑制，眩晕，心搏动亢进，呼吸加快或呼吸困难，排粪与排尿障碍；子宫痉挛，发情减退等现象。当植物神经系统疾病时，发生运动和感觉障碍，主要表现为呼吸、心跳的节律，血管运动神经的调节，吞咽，呕吐，消化液，肠蠕动，排泄和视力调节异常等。

【学习评价】

评价内容	评价方式			评价等级
	自我评价	小组评价	教师评价	
课前搜集有关的资料				A. 充分；B. 一般；C. 不足
知识和技能掌握情况				A. 熟悉并掌握；B. 初步理解；C. 没有弄懂
团队合作				A. 能；B. 一般；C. 很少
思维条理性（有条理地表达自己的意见，解决问题的过程清楚）				A. 强；B. 一般；C. 不足
思维创造性（提出和别人不同的问题，或用不同的方法解决问题）				A. 强；B. 一般；C. 很少
学习态度（操作活动、听讲、作业）				A. 认真；B. 一般；C. 不认真
信息科技素养				A. 强；B. 一般；C. 很少
总　评				

【技能训练】

一、复习与思考

1. 简述心音听诊方法、内容及注意事项。

2. 简述肺部叩诊区的划分方法。

3. 简述食管检查方法和常见临床意义。

4. 简述排尿障碍的表现及特点。

5. 简述一般感觉检查包括哪些内容。

二、操作训练

1. 对牛进行采食行为的观察。

2. 对牛进行排粪、排尿行为的观察。

3. 对马进行心音的听诊检查。

我国非典疫苗诞生　科学家为死去的实验动物立碑

一块刻有“慰灵石”三个字的石碑，被安放在中国医学科学院动物研究所幽静的草坪上，以纪念为研制SARS病毒灭活疫苗而献出生命的数十只猴子、兔子等实验动物。

“SARS病毒灭活疫苗”项目研制程序中有一个关键的步骤，即动物实验。研究人员要通过对许多小鼠、大鼠、豚鼠、家兔以及恒河猴等动物注射疫苗，来证明疫苗的安全性和免疫原性。在实验期间每一名科研人员与这些同样为攻克非典作出贡献的小动物产生了深厚的感情。大家为每只参加实验的小生灵都起了好听的名字，并给它们买来各式各样的小玩具。大约有数十只实验动物在SARS疫苗实验过程中“牺牲”，看着这些小动物痛苦的离去，科学家们忍不住掉下眼泪。最后，在中国医学科学院动物研究所所长秦川的倡议下，科研人员专门为这些帮助人类攻克科学难关的小动物立了纪念石碑。为了这块“慰灵石”，科学家们找遍北京城，最后看中了京郊某石材厂的一块巨石，老板得知石材的用处后，不仅没有收钱，还亲自带六名工人用大卡车将巨石送到中国医学科学院动物研究所内。

2003年12月5日由北京科兴生物制品有限公司、中国疾病预防控制中心病毒病预防控制所、中国医学科学院医学实验动物研究所共同承担的，世界上第一个非典病毒灭活疫苗通过Ⅰ期临床试验。

在我国每年使用实验动物的数量上千万，“实验动物”对人类贡献巨大，如何在研究和实验中注重动物福利是一项重要的内容，实验动物福利和伦理已成为实验动物学的重要内容，无论是专业教育还是人才培养，实验动物福利和伦理都是必修课。中国科学院的科学家们竖起的不仅仅是一块石碑，更是人类对动物福利和伦理的崇高信仰。“一个国家的国民对待动物的态度如何，是衡量一个社会文明程度的重要标志”。

构建一个人与自然（动物）和谐的关系，是新发展理念坚持走绿色发展之路，共筑生态文明的必然要求。今天在习近平生态文明思想指引下，坚定不移走绿色发展之路，人与自然和谐共生的美丽中国正在变为现实。

项目二

临床检查的程序和建立诊断

【学习目标】

知识目标

◆ 掌握动物临床检查的程序和建立诊断方法。

◆ 掌握病历报告的填写方法。

能力目标：

◆ 能运用临床检查的程序对动物进行检查。

◆ 能填写病历报告。

素质目标

◆ 培养学生实事求是的工作态度；善于思考、务实严谨的职业素质；培养坚定理想信念、爱岗敬业、团结协作的无私奉献精神。

任务一 建立诊断

技能1 临床检查的程序

【训练目标】

1.学会临床检查的程序，为今后临床工作奠定基础。

2.通过动物医院典型病例掌握临床检查的程序。

【实训准备】

1.动物 动物医院患病动物。

2.器材 病历记录本、听诊器、体温表、叩诊器等。

【实训方法与步骤】

一、一般的检查程序

一般在门诊的条件下，对个体病畜，大致按下列步骤进行：病畜登记；问诊；现症的临床检查。

1.病畜登记　登记的目的，在于了解患病家畜的个体特征，在这些登记事项中，会给诊断工作提供一些参考信息，主要的登记事项和意义如下：

动物的种类和品种　动物的种属不同，所患的疾病和疾病的性质也可能不同。因为：

(1)某些疾病是某种动物所固有的，如牛瘟，只侵害牛；猪瘟只侵害猪等。

(2)对某种动物的传染特性不同，如骡驴的鼻疽；猪的结核多取急性经过且预后不良。

(3)某种动物对某种毒物高度敏感，如牛对汞，猫对石炭酸敏感。

(4)不同种类动物的常见多发病也不同，如马属动物多发疝痛，而牛则多发前胃病。

(5)品种　品种与动物的抵抗力和其体质类型有一定关系，如高产奶牛易患营养代谢病，家养的土犬较观赏犬耐病等。

(6)性别　性别关系到生理和解剖特性，因此在某些疾病的发生上具有重要意义，如母畜在分娩前后有特定的围产期疾病，公畜因腹股沟环较宽，易患腹股沟阴囊疝；公牛、羊比其他动物更易患尿道结石。

(7)年龄　有些疾病与动物的年龄密切相关，不同年龄阶段的动物有固有的常发病，如仔猪白痢、鸡白痢、仔猪红痢、驹腺疫、幼畜肺炎和羔羊痢疾等。

(8)毛色　既是个体特征的标志之一，也关系到疾病的趋向。乳白色皮毛的猪易患感光性皮炎(灰菜中毒和荞麦中毒等)，青毛马好发黑色素瘤。此外，白色皮肤的动物，发疹性疾病有一定的诊断意义，如猪瘟和丹毒。

作为个体的标志，应注明畜名，号码，烙印，特征等事项，为便于联系，更应登记畜主的姓名、住址、联系方式等。

2.问诊　在病畜登记后与临床检查前，通常应进行必要的问诊。

问诊的主要内容包括：既往史，现病史，平时的饲养、管理、使役和利用情况。这在探索病因，了解发病情况及经过具有十分重要的意义。

当疾病表现有群发，传染与流行现象时，详细调查发病情况，既往史，检疫结果，预防措施等有关流行病学资料，在综合分析、建立诊断上具有十分重要的意义。

3.现症的临床检查　对个体病畜的临床检查，通常按以下程序进行：

现症检查包括一般检查、各系统检查及根据需要而选用的实验室检验或特殊检查。最后综合分析前述检查结果，建立初步诊断。并拟定治疗方案，予以实施，以验证和充实诊断，直至获得确切的诊断结果。

(1)一般检查　体温、脉搏及呼吸数测定；整体状况的观察(如精神、食欲、饮水、咀嚼、吞咽、营养、体格、姿势、运动等)；被毛、皮肤、可视黏膜以及浅表淋巴结的检查。

(2)心血管系统的检查。

(3)呼吸(器官)系统检查。

(4)消化(器官)系统检查。

(5)泌尿、生殖(器官)系统检查。

(6)神经系统检查。

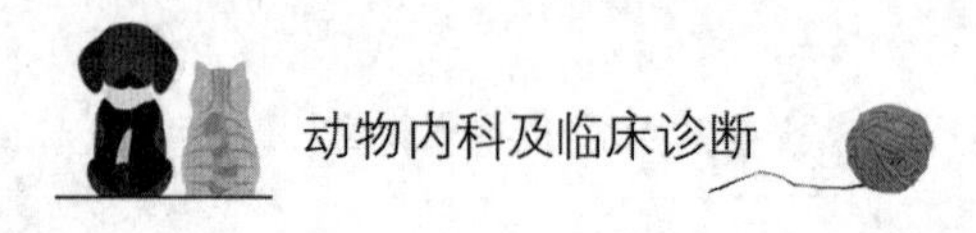

(7)特殊检查　根据临床检查的需要并在条件允许的情况下，必要时进行实验室检验，特殊仪器检查。

技能 2　建立诊断

【训练目标】

学会建立诊断的方法，为今后临床工作奠定基础。

【实训准备】

1.动物　动物医院病例。

2.器材　病历记录本。

【实训方法与步骤】

一、建立诊断步骤

首先通过病史调查、一般检查和分系统检查，并根据需要进行必要的实验室检验或 X 线检查，系统全面地收集症状和有关发病经过资料；

然后，对所收集到的症状、资料进行综合分析、推理、判断，初步确定病变部位、疾病性质、致病原因及发病机理，建立初步诊断；

最后依据初步诊断实施防治，以验证、补充和修改，对疾病作出确切诊断。

搜集病料、综合分析、验证诊断是诊断疾病的三个基本步骤。三者互相联系，相辅相成，缺一不可。其中搜集症状是认识疾病的基础，分析症状是建立初步诊断的关键，而实施防治、观察效果则是验证和完善诊断的必由之路。

二、建立诊断方法

(一)论证诊断法

论证诊断法是根据可以反映某疾病本质的特有症状提出该病的假定诊断，并将实际所具有的症状、资料与假定的疾病加以比较和分析，若大部分主要症状及条件都相符合，所有现象和变化均可用该病予以解释，则这一诊断成立，即可建立初步诊断的方法。

论证诊断是以丰富而确切的病史、症状资料为基础。同一疾病的不同类型、程度或时期，所表现的症状不尽相同。动物的种类、品种、年龄、性别及个体的营养条件和反应能力不一，会使其呈现的症状发生差异。所以，论证诊断时，不能机械地对照书本或只凭经验而主观臆断，应对具体情况具体分析。

论证诊断应以病理学为基础，从整个疾病考虑，以解释所有现象，并找出各个变化之间的关系。对并发症与继发症、主要疾病与次要疾病、原发病与继发病要有明确认识，以求深入认识疾病本质和规律，制定合理的综合防治措施。

(二)鉴别诊断法

鉴别诊断法是根据某一个或某几个主要症状提出一组可能的、相近似的而有待区别的疾病，并将它们从病因、症状、发病经过等方面进行分析和比较，采用排除法逐渐排除可能性较小的疾病，最后留下一个或几个可能性较大的疾病，作为初步诊断结果，并根据治疗实践的验证，最后作出确切诊断的方法。

在鉴别诊断时，应以主要症状及其综合症候群是否符合，具体的致病因素和条件是否存在，疾病的发生情况和特点与一般规律是否一致，防治的效果是否能予以验证等条件作为基础，对提出的一组疾病实行肯定或否定。

如缺少假定疾病应具有的特殊或主要症状，以及引起该病明确的致病因素，或假定疾病不能解释其全部症状，则该病可暂被否定。如病牛呈现慢性消化不良、反复瘤胃臌气、瘦弱等症状，但同时粪中混有潜血、白细胞总数增多，可暂时排除前胃弛缓。因为单纯的前胃弛缓，不能解释后两个症状。如具有某一疾病所应具备的特殊症状或综合症候群，以及已查明足以引起该病的具体致病原因，发病情况符合其一般规律，通常即可肯定。

论证诊断法和鉴别诊断法在疾病诊断中互相补充，相辅相成。一般当提出某一种疾病的可能性诊断时，主要通过论证方法，并适当与近似的疾病加以区别，进而作出肯定或否定。但当提出有几种疾病的可能性诊断时，则首先应进行比较、鉴别，经逐个排除，对最后留有的可能性疾病加以论证。如此经过论证与鉴别或鉴别与论证的过程，假定的可能性诊断即成为初步诊断。

三、预后判断

预后是对动物所患疾病发展趋势及结局的估计与推断。

1. 预后良好　指估计不仅能被完全治愈，而且保持原有的生产能力和经济价值；

2. 预后不良　指估计死亡或丧失其生产能力和经济价值；

3. 预后慎重　指结局良好与否不能判定，有可能在短时内完全治愈，也有可能转为死亡或丧失其生产能力和经济价值；

4. 预后可疑　指材料不全，或病情正在发展变化之中，结局尚难推断，一时不能作出肯定的预后。可靠的预后判断，必须建立在正确诊断的基础上，这不仅要求具有丰富的临床经验和一定的专业理论水平，还要充分考虑具体病例的个体条件和有无并发症，并且随时注意疾病发展过程中出现的新变化。对重症病例应注意心脏、呼吸、体温、血象等的变化。

【学习评价】

评价内容	评价方式			评价等级
	自我评价	小组评价	教师评价	
课前搜集有关的资料				A. 充分；B. 一般；C. 不足
知识和技能掌握情况				A. 熟悉并掌握；B. 初步理解；C. 没有弄懂
团队合作				A. 能；B. 一般；C. 很少
思维条理性（有条理地表达自己的意见，解决问题的过程清楚）				A. 强；B. 一般；C. 不足
思维创造性（提出和别人不同的问题，或用不同的方法解决问题）				A. 强；B. 一般；C. 很少
学习态度（操作活动、听讲、作业）				A. 认真；B. 一般；C. 不认真
信息科技素养				A. 强；B. 一般；C. 很少
总　评				

【技能训练】

一、复习与思考

1.简述建立诊断的步骤。

2.什么是预后,预后可分为哪几种?

二、操作训练

对实训牧场的某一动物进行一次模拟诊断训练,写出诊断报告。

任务二 病历记录及其填写

技能 病历记录及填写

【训练目标】

学会病历记录及其填写的方法,为今后临床工作奠定基础。

【实训准备】

1.动物 动物医院病例。

2.器材 病历记录本。

【实训方法与步骤】

一、建立病历

1.病历格式 一份完整的病历包括以下几个部分(表 2-1)。

(1)病畜登记事项;

(2)病史资料的记载;

(3)临床检查记载(包括实验室和临床辅助检查结果);

(4)诊断意见(初步诊断,最后诊断);

(5)治疗和护理措施;

(6)总结 治疗结束时,以总结方式,概括诊断、治疗结果,并对今后生产能力加以评定,并指出在饲养管理上应注意事项。

如发生死亡转归时,应进行尸体剖检并附病理剖检报告。

最后整理、归纳诊疗过程中的经验、教训或附病历讨论。

2.病历日志

(1)逐日记载体温、脉搏、呼吸数。

(2)各器官系统症状、变化(一般只记载与前日不同之处)。

(3)各种辅助、特殊检查结果。

表 2-1　病历记录格式

年　月　日　门诊编号________

<table>
<tr><td>畜主</td><td colspan="3"></td><td colspan="2">住址</td><td colspan="4"></td></tr>
<tr><td>畜种</td><td></td><td>年龄</td><td></td><td>性别</td><td></td><td>毛色</td><td></td><td>特征</td><td></td></tr>
<tr><td rowspan="2">诊
断</td><td colspan="2">月　日</td><td colspan="2"></td><td rowspan="2">转
归</td><td colspan="2">年　月　日</td><td rowspan="2">兽医师
签名</td><td rowspan="2"></td></tr>
<tr><td colspan="2">月　日</td><td colspan="2"></td><td colspan="2"></td></tr>
<tr><td colspan="10">主诉及病史：</td></tr>
<tr><td colspan="10"></td></tr>
<tr><td colspan="10">检查所见：　体温(℃)　　脉搏(次/min)　　呼吸(次/min)</td></tr>
<tr><td colspan="10"></td></tr>
<tr><td colspan="2">月　日</td><td colspan="7">检　查　所　见　及　处　置</td><td>兽医师签名</td></tr>
<tr><td colspan="2"></td><td colspan="7"></td><td></td></tr>
<tr><td colspan="2">分　　析</td><td colspan="8"></td></tr>
<tr><td colspan="2">治疗及护理</td><td colspan="8"></td></tr>
<tr><td colspan="2">小　　结</td><td colspan="8"></td></tr>
</table>

(4)治疗原则、方法、处方、护理，以及改善饲养管理方面的措施。

(5)会诊人员、意见及决定。

二、填写病历的原则

(1)全面而详细　应将所有关于问诊、临床检查、特殊检验的所见及结果，都详尽地记入。某些检查项目的阴性结果，亦应记入(如肺脏听诊未见异常声音)，其目的是可作为排除某诊断的根据。

(2)系统而科学　所有内容应按系统或检查部位有顺序地记载，以便于归纳、整理各种症状和所见，应以通用名词或术语加以客观描述，不宜以病名概括所见的现象。

(3)具体而肯定　各种症状的表现和变化，力求真实具体，最好以数字、程度标明或用实物加以恰当的比喻，必要时附上简图，进行确切地形容和描述。避免用可能、似乎、好像等模棱两可的词句，至于一时无法确定的，可在词语后加一“?”，以便继续观察和确定之。

(4)通俗而易懂　记录词句应通俗、简明，有关主诉内容，可用畜主自述话语记录之。

(5)在治疗及护理栏内，应依次列出处方、处理方法及护理的原则和具体措施。最后医生签上自己的姓名，以示负责。

【学习评价】

评价内容	评价方式			评价等级
	自我评价	小组评价	教师评价	
课前搜集有关的资料				A. 充分;B. 一般;C. 不足
知识和技能掌握情况				A. 熟悉并掌握;B. 初步理解;C. 没有弄懂
团队合作				A. 能;B. 一般;C. 很少
思维条理性(有条理地表达自己的意见,解决问题的过程清楚)				A. 强;B. 一般;C. 不足
思维创造性(提出和别人不同的问题,或用不同的方法解决问题)				A. 强;B. 一般;C. 很少
学习态度(操作活动、听讲、作业)				A. 认真;B. 一般;C. 不认真
信息科技素养				A. 强;B. 一般;C. 很少
总　评				

【技能训练】

一、复习与思考

1. 病畜登记的基本内容和目的是什么?
2. 如何正确填写病历记录,注意事项有哪些?

二、操作训练

去动物医院跟踪观察一动物病例,结合动物主治医生的诊断、医嘱,填写一份动物病历报告。

项目三

动物内科疾病的诊治

【学习目标】

知识目标

◆ 了解动物常见内科疾病的发病机理及预防措施。

◆ 理解动物内科疾病的基本概念。

◆ 掌握动物常见内科疾病的病因、症状、诊断要点、治疗原则及治疗技术。

能力目标

◆ 掌握动物内科疾病的基本知识和基本技能。

◆ 对常见的危害严重的动物内科疾病,能作出临床诊断,并能提出合理的防治措施。

◆ 对一些具有类似症状的内科疾病能够作出鉴别诊断。

素质目标

◆ 自我分析、解决问题的能力。

◆ 爱岗敬业、认真负责的工作态度。

◆ 吃苦耐劳、开拓创新的职业精神。

任务一　消化系统疾病的诊治

【知识目标】

1.了解动物消化系统疾病的发生、发展规律。

2.熟悉动物常见消化系统疾病的诊疗技术要点。

3.掌握反刍动物前胃及皱胃疾病的发生原因、发病机制、临床症状、治疗方法及预防措施。

4.掌握犬、猫主要消化系统疾病的发生原因、发病机制、临床症状、治疗方法及预防措施。

5.了解马属动物消化系统疾病的特点及诊治方法。

【技能目标】

通过对本任务内容的学习，让学生具备能够正确诊断和治疗反刍动物前胃弛缓、瘤胃积食、瘤胃臌气、皱胃变位、胃肠炎、犬胃扭转扩张综合征、犬胃食道套叠、急性实质性肝炎、腹膜炎等常见消化系统疾病的能力。

技能 1　口炎的诊治

一、任务资讯

（一）了解概况

口炎是指口腔黏膜的炎症，包括舌炎、腭炎和齿龈炎。按临床表现分为卡他性口炎、水泡性口炎、溃疡性口炎等。

发病动物：各种家畜，以年老体弱者多发。

（二）认识病因

（1）机械损伤　如粗硬的饲料（麦芒、草茎等），尖锐的牙齿，异物（钉子、铁丝等），或粗暴地使用口嚼与整牙器械等，可直接损伤口腔黏膜，继发感染而发生口炎。

（2）化学因素　误服刺激性或腐蚀性药物（石灰水、醋酸、碱水等），饲养管理不当（误食不良、发霉饲料或有毒植物），饲喂过热饲料或过热药物（未冷却的煮制饲料、过热中药）。

（3）另外，口炎还可继发于舌伤、咽炎等邻近组织器官的炎症，或维生素 A 缺乏症以及某些传染病的病程中。

（三）识别症状

任何一种类型的口炎，都具有采食、咀嚼缓慢甚至不敢咀嚼，只采食柔软饲料，而拒食粗硬饲料；流涎，口角附着白色泡沫；口黏膜潮红、肿胀、疼痛、口温增高等共同症状。每种类型的口炎还有其特有的临床症状。

1. 卡他性口炎　口黏膜弥漫性或斑块状潮红，硬腭肿胀；唇部黏膜的黏液腺阻塞时，则有散在的小结节和烂斑；舌苔为灰白色或草绿色。重剧病例，唇、齿龈、颊部、腭部黏膜肿胀甚至发生糜烂，大量流涎。

2. 水泡性口炎　在唇部、颊部、腭部、齿龈、舌面的黏膜上有散在或密集的粟粒大至蚕豆大的透明水疱，2～4 d 后水泡破溃形成鲜红色烂斑。间或有轻微的体温升高。

3. 溃疡性口炎　首先表现为门齿和犬齿的齿龈部分肿胀，呈暗红色，疼痛，出血。1～2 d 后，病变部变为苍黄色或黄绿色糜烂性坏死。炎症常蔓延至口腔其他部位，导致溃疡、坏死甚至颌骨外露；流涎，混有血丝带恶臭。

注意：牛、马因异物损伤口腔黏膜，流涎混有血液，局部红肿。

二、任务实施

（一）诊断

原发性口炎，根据病史及口腔黏膜炎症变化，可作出诊断。但唾液腺炎、咽炎、食管阻塞、农药中毒、有机磷亚硝酸盐中毒等，都有流涎和采食下降现象，应注意临床鉴别诊断。

在临床还要特别注意与下列传染性疫病做鉴别。

(1)牛、马传染性水泡性口炎　病毒性疾病,黏膜发生水泡。呈地方性流行,蹄肢之间也有水泡形成。

(2)猪水泡病　只有猪易得,病毒性疾病,呈地方性流行,体温升高,精神沉郁,舌、颊、唇、硬腭、口角和蹄肢之间发生水泡。

(3)口蹄疫　常见于偶蹄动物,病毒病,口黏膜、舌背和蹄爪间发生水泡,大量流涎,咂嘴,发热,食欲不振,迅速传播蔓延。

(4)牛恶性卡他热　是一种散发的病毒性传染病,表现高热稽留,全身水肿,淋巴结肿大,眼症状明显(脓性分泌物,视觉丧失),伴口炎。

(5)犬瘟热　猫细小病毒病等传染病,流涎,也具有一定口黏膜炎性反应。

(二)治疗

原则:消除病因,加强护理,净化口腔,收敛和消炎。

(1)加强护理　给予病畜柔软而易消化的饲料,以维持其营养。对于不能采食或咀嚼的动物,应及时补糖输液,或者经胃导管给予流质食物。

(2)净化口腔、消炎、收敛　可用1%食盐水或2%硼酸溶液,0.1%高锰酸钾溶液洗涤口腔;不断流涎时,则用1%明矾溶液或1%鞣酸溶液,0.1%氯化苯甲烃铵溶液,0.1%黄色素溶液冲洗口腔。溃疡性口炎,病变部可涂擦10%硝酸银溶液后,用灭菌生理盐水充分洗涤,再涂擦碘酊甘油(5%碘酊1份、甘油9份)或2%硼酸甘油,1%磺胺甘油;并肌肉注射核黄素和维生素C。重剧口炎,除口腔的局部处理外,还应使用磺胺类药物或抗生素。

(3)中兽医疗法　中兽医称口炎为口舌生疮,治以清火消炎,消肿止痛为主。牛、马宜用青黛散:青黛15 g,薄荷5 g,黄连、黄柏、桔梗、儿茶各10 g,研为细末,装入布袋内,在水中浸湿,噙于口内,给食时取下,吃完后再噙上,每日或隔日换药一次;也可在蜂蜜内加冰片和复方新诺明(SMZ+TMP)各5 g噙于口内。

(三)预防

搞好平时的饲养管理,合理调配饲料,防止尖锐的异物、有毒的植物混于饲料中;不喂发霉变质的饲草、饲料;服用带有刺激性或腐蚀性的药物时,一定按要求使用;正确使用口衔和开口器;定期检查口腔,牙齿磨灭不齐时,应及时修整。

技能2　咽炎的诊治

一、任务资讯

(一)了解概况

咽炎是指咽黏膜、软腭、扁桃体、咽淋巴结滤泡、黏膜下组织、肌肉以及咽后淋巴结的炎症。临床上以吞咽障碍和流涎为特征。

(二)认识病因

(1)采食粗硬的饲料或霉败的饲料;

(2)采食过冷或过热的饲料,或者刺激性强的药物,强烈的烟雾、刺激性气体的刺激和损伤;

(3)受寒或过劳时,机体抵抗力降低,防卫能力减弱,受到链球菌、大肠杆菌、巴氏杆菌、沙

门氏菌、葡萄球菌、坏死杆菌等条件性致病菌的侵害。继发性咽炎，常继发于口炎、鼻炎、喉炎、马腺疫、炭疽、巴氏杆菌病、口蹄疫、恶性卡他热、犬瘟热、猪瘟等疾病。

(三)识别症状

任何一种类型的咽炎，都具有不同程度的头颈伸展，吞咽困难，流涎；牛呈现哽噎运动，猪、犬、猫出现呕吐或干呕，马则有饮水或嚼碎的饲料从鼻孔返流于外；当炎症波及喉时，病畜咳嗽；触诊咽喉部，病畜敏感。

各型咽炎还有其特有的症状：

卡他性咽炎　病情发展较缓慢，最初不引起注意，经 3～4 d 后，头颈伸展、吞咽困难等症状逐渐明显。全身症状较轻；视诊，咽部的黏膜、扁桃体潮红、肿胀。

格鲁布性咽炎　起病较急，体温升高，精神沉郁，厌忌采食，颌下淋巴结肿胀，鼻液中混有灰白色伪膜；咽部视诊，扁桃体红肿，咽部黏膜表面覆盖有灰白色伪膜，将伪膜剥离后，见黏膜充血、肿胀，有的可见到溃疡。

化脓性咽炎　病畜咽痛拒食，高热，精神沉郁，脉率增快，呼吸急促，鼻孔流出脓性鼻液。咽部视诊，咽部黏膜肿胀、充血，有黄白色脓点和较大的黄白色突起；扁桃体肿大，充血，并有黄白色脓点。血液检查，白细胞数增多，嗜中性白细胞显著增加，核左移。咽部涂片检查，可发现大量的葡萄球菌、链球菌等化脓性细菌。

二、任务实施

(一)诊断

根据病畜头颈伸展、流涎、吞咽障碍以及咽部视诊的特征病理变化明显，可作出诊断。但须与咽腔内异物、咽腔内肿瘤、腮腺炎、喉卡他等疾病进行鉴别。

(1)咽腔内异物，吞咽困难，可胸腔检查，或 X 线透视。

(2)咽腔内肿瘤，咽部无炎性变化，触诊无疼痛，病程缓慢，经久不愈。

(3)腮腺炎，多发一侧，局部肿胀明显。

(4)喉卡他，病畜咳嗽明显，流鼻涕，吞咽无异常，多发一侧，局部肿胀。

(5)食管阻塞，吞咽障碍，饮水不进，易继发瘤胃臌胀，触诊食管部可摸到阻塞异物。

(二)治疗

原则是加强护理，抗菌消炎，利咽喉。

(1)加强护理　停喂粗硬饲料，对于拒食的动物，应及时补糖输液。同时注意保持畜舍卫生、干燥。

(2)抗菌消炎　青霉素为首选抗生素，并与磺胺类药物或其他抗生素联合应用。适时用解热止痛剂，如水杨酸钠或安乃近、氨基比林。

(3)局部处理　病初，咽喉部先冷敷，后热敷，每日 3～4 次，每次 20～30 min。也可涂抹樟脑酒精或鱼石脂软膏，止痛消炎膏，或用复方醋酸铅散做成膏剂外敷。同时用复方新诺明10～15 g，碳酸氢钠 10 g，碘喉片(或度米芬喉片)10～15 g，研磨混合后装于布袋，衔于病畜口内。小动物可用碘酊甘油涂布咽黏膜或用碘片 0.6 g，碘化钾 1.2 g，薄荷油0.25 mL，甘油30 mL，制成擦剂，直接涂抹于咽黏膜。封闭疗法：用 0.25%普鲁卡因注射液(牛、马 50 mL，猪、羊 20 mL)稀释青霉素(牛、马 240 万～320 万 IU，猪、羊40 万～80 万 IU)，咽喉部封闭。

（三）咽炎的预防

搞好平时的饲养管理工作，注意饲料的质量和调制；搞好圈舍卫生，防止受寒、过劳，增强防卫机能；对于咽部邻近器官炎症应及时治疗，防止炎症的蔓延；应用诊断与治疗器械如胃管、投药管等时，操作应细心，避免损伤咽黏膜，以防本病的发生。

技能3　食管阻塞的诊治

一、任务资讯

（一）了解概况

食管阻塞，俗称“草噎”，是食管被食物或异物阻塞的一种严重食管疾病。按阻塞程度分为完全阻塞与不完全阻塞；按阻塞部位分为颈部食管阻塞、胸部食管阻塞、腹部食管阻塞。本病常见于牛、马、猪和犬，羊偶尔发生。临床上常以突然发生吞咽障碍和病畜苦闷不安，口流大量白色黏液为特征。

（二）认识病因

牛采食未切碎的萝卜、甘薯、甜菜、苹果、西瓜皮、玉米穗、大块豆饼、花生饼等时，因咀嚼不充分，吞咽过急而引起，或因误咽毛巾、破布、塑料薄膜、毛线球、木片或胎衣而发病。猪和羊多因抢食甘薯、萝卜、马铃薯块、未拌湿均匀的粉料，咀嚼不充分就吞咽而引起。猪采食混有骨头、鱼刺的饲料，常发生食管阻塞。犬多见于群犬争食软骨、骨头和不易嚼烂的肌腱而引起。幼犬常因嬉戏，误咽瓶塞、煤块、小石子等异物而发病。

继发性食管阻塞，常继发于食管狭窄或食管憩室、食管麻痹、食管炎等疾病。

（三）识别症状

共同症状是采食中突然发病，停止采食，恐惧不安，头颈伸展，张口伸舌，大量流涎，呈现吞咽动作，呼吸急促。颈部食管阻塞时，外部触诊可感阻塞物；胸部食管阻塞时，在阻塞部位上方的食管内积满唾液，触诊能感到波动并引起哽噎运动。用胃导管进行探诊，当触及阻塞物时，感到阻力，不能推进。X线检查，在完全性阻塞时，阻塞部呈块状密影；食管造影检查，显示钡剂到达该处则不能通过。

牛　瘤胃臌胀及流涎是其特征性症状。臌胀的程度随阻塞的程度及时间而变化，完全性阻塞时，则迅速发生瘤胃臌胀。

猪　垂头站立，流涎，时而试图饮水、采食，但饮进的水立即逆出口腔。

犬　流涎、干呕和吞咽困难。完全性阻塞的病犬采食或饮水后，出现食物反流。部分阻塞时，液体和流质食物可通过食管入胃。

二、任务实施

（一）诊断

根据突发病史、流涎和吞咽障碍、胃管探诊和食道X线检查，易诊断。

鉴别诊断

（1）食道阻塞　突然发病，频频做吞咽或呕吐动作，反刍动物可见瘤胃臌气。视诊、触诊、探诊和X线检查可确定阻塞部位。

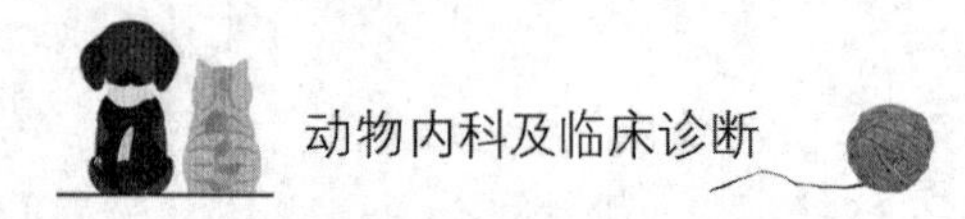

(2)食管痉挛　症状相似,呈阵发性,发作时食管硬如索状,缓解期探诊可通过,应用解痉剂效果良好。

(3)食管狭窄　慢性经过,吞咽障碍,食物不进,但饮水和液体饲料可通;粗管不通,细管可过,X线造影检查可发现狭窄部位。

(4)咽炎　头颈伸展、流涎、吞咽障碍,但其咽部症状明显。注意病史和临床观察,鉴别不难。

(二)治疗

治疗原则是解除阻塞,疏通食管,消除炎症,加强护理和预防并发症的发生。反刍动物继发瘤胃臌胀,容易引起窒息,在疏通时应先进行瘤胃穿刺放气,并向瘤胃内注射消毒防腐剂,然后采取必要的治疗措施,进行急救。

(1)疏导法　牛、马可先用水30 mL,再用植物油或液体石蜡油50～100 mL;或用0.5%～1%普鲁卡因配合少量植物油或液体石蜡油灌入食管,然后插入胃管将阻塞物徐徐向胃内疏导,多数治愈。

(2)打气法　应用疏导法经1～2 h不见效时,可插入胃管,装上胶皮球,吸出唾液和食糜,并灌入少量温水,将病畜保定好,再将打气管连接在胃管上,使病畜低头,适量打气,并趁势推动胃管,将阻塞物导入胃内。但不能推动过猛,以免损伤食管。

(3)挤压法　牛、马采食马铃薯、甘薯、胡萝卜等块状饲料,颈部食管发生阻塞参照疏导法,先灌入少量解痉剂和润滑剂,再将病畜横卧保定,控制其头部和前肢,用砖块垫在颈部食管阻塞部位,然后用手掌抵住阻塞物的下端,朝向咽部挤压到口腔取出。

(4)通噎法　是中兽医传统的治疗方法,主要用于治疗马的食管阻塞,即头部用绳拴在左前肢系凹部,使马头尽量低下,然后驱逐病马快速前进,或上下坡运动20～30 min,借助颈部肌肉收缩,往往能将阻塞物推入胃内,如果先灌入少量植物油,经鼻吹入芸苔散(芸苔子、瓜蒂、胡椒、皂角各等份,麝香少许,研为细末)即能增加效果。

此外,尚可先灌入液体石蜡油或植物油100～200 mL,然后用3%盐酸毛果芸香碱(或新斯的明)注射液,牛、马3 mL,皮下注射,促进食管肌肉收缩和分泌,有时经3～4 h可奏效。为了缓解阻塞部位食管剧烈痉挛,牛、马可用硫酸阿托品0.03 g,或盐酸阿扑吗啡0.05 g,皮下注射,促使阻塞物外移。

采取上述方法仍不见效时,即应采用手术疗法,切开食管,取出阻塞物。牛、羊食管阻塞,常常继发瘤胃臌胀,容易引起窒息,应及时施行瘤胃穿刺放气,并向瘤胃注入防腐消毒剂,然后采取必要的治疗措施,进行急救。

在治疗中还应加强护理。病程较长的,应及时强心,输糖补液,维持机体营养,增加治疗效果。

(三)预防

加强饲养管理,定时饲喂,防止饥饿;过于饥饿的牛、马,应先喂草,后喂料,少喂勤添;饲喂块根、块茎饲料时,应切碎后再喂;豆饼、花生饼等饼粕类饲料,应经水泡制后,按量给予;堆放马铃薯、甘薯、胡萝卜、萝卜、苹果、梨的地方,不能让牛、马、猪等家畜通过或放牧,防止骤然采食;施行全身麻醉者,在食管机能未复苏前,更应注意护理,以防发生食管阻塞。

技能4 前胃弛缓的诊治

一、任务资讯

(一)了解概况

前胃弛缓是由各种病因导致前胃神经兴奋性降低,肌肉收缩力减弱,瘤胃内容物运转缓慢,微生物区系失调,产生大量发酵和腐败的物质,引起消化障碍,食欲、反刍减退,乃至全身机能紊乱的一种疾病。

(二)认识病因

1.原发性前胃弛缓　又称单纯性消化不良,其病因主要是饲养与管理不当。

(1)饲养不当

①精饲料喂量过多或突然食入过量的适口性好的饲料,如青贮玉米;

②食入过量不易消化的粗饲料,如麦糠、秕壳、豆秸等;

③饲喂变质的青草、豆渣、山芋渣等饲料或冰冻饲料;

④饲料突然发生改变,日粮中突然加入不适量的尿素或使牛群转向茂盛的禾谷类草地;

⑤误食塑料袋、化纤布或分娩后的母牛食入胎衣;

⑥在严冬早春,水冷草枯,牛、羊被迫食入大量的稿秆、垫草或灌木,或者日粮配合不当,矿物质和维生素缺乏。

(2)管理不当

①由放牧迅速转变为舍饲或舍饲突然转为放牧;

②劳役与休闲不均,受寒,圈舍阴暗、潮湿;

③经常更换饲养员和调换圈舍或牛床,都会破坏前胃正常消化反射,造成前胃机能紊乱,导致单纯性消化不良的发生;

④由于严寒、酷暑、饥饿、疲劳、断乳、离群、恐惧、感染与中毒等因素或手术、创伤、剧烈疼痛的影响,引起应激反应,而发生单纯性消化不良。

2.继发性前胃弛缓　常继发于口炎、齿病、创伤性网胃腹膜炎、腹腔脏器粘连、瓣胃阻塞、皱胃阻塞、骨软症、酮病、乳腺炎、子宫内膜炎、牛流行热、结核、布鲁氏菌病、前后盘吸虫病、血孢子虫病和锥虫病等疾病。

3.医源性前胃弛缓　临床上,治疗用药不当,如长期大量服用抗生素或磺胺类等抗菌药物,瘤胃内正常微生物区系受到破坏,而发生消化不良,会造成医源性前胃弛缓。

(三)识别症状

1.急性型　病畜食欲减退或废绝,反刍减少、短促、无力,时而嗳气并带酸臭味;奶牛和奶山羊泌乳量下降;瘤胃蠕动音减弱,蠕动次数减少。触诊瘤胃,其内容物黏硬或呈粥状。病初粪便变化不大,随后粪便变为干硬、色暗,被覆黏液。如果伴发前胃炎或酸中毒时,病情急剧恶化,呻吟、磨牙,食欲废绝,反刍停止,排棕褐色糊状恶臭粪便;精神沉郁,黏膜发绀,皮温不整,体温下降,脉率增快,呼吸困难,鼻镜干燥,眼窝凹陷。

2.慢性型　通常由急性型前胃弛缓转变而来。病畜食欲不定,有时减退或废绝;常常虚嚼、磨牙,发生异嗜;反刍不规则,短促、无力或停止;嗳气减少、嗳出的气体带臭味。病情弛张,时而好转，时而恶化，日渐消瘦；被毛干枯、无光泽；精神不振，体质虚弱。瘤胃蠕动音减弱或消失，内容物黏硬或稀软。腹部听诊，肠蠕动音微弱。病畜便秘，粪便干硬、暗褐色，附有黏液；有时腹泻，粪便呈糊状，腥臭，或者腹泻与便秘交替发生。

二、任务实施

(一)诊断

原发性前胃弛缓的诊断，可根据饲养管理失调和临床症状以及瘤胃液 pH 的下降，纤毛虫活力降低、数量减少，糖发酵能力降低等实验室检查指标的变化可建立诊断。但须与奶牛酮病、创伤性网胃腹膜炎、皱胃左方变位、瘤胃积食等疾病进行鉴别。

鉴别诊断

(1)酮血症，发生于产后 1～2 个月内小牛，尿中酮体明显增加，呼出气带酮味(大葱味)，粪便黑油色带黏液。

(2)创伤性网胃腹膜炎，泌乳减少，姿势异常，体温升高，活动异常，不愿意上下坡或转圈运动，腹壁触诊疼痛反应。

(3)迷走神经消化不良，无热症，肚腹肿胀，瘤胃蠕动减弱。

(4)皱胃变位，奶牛通常于分娩后突然发作，左侧肩关节和膝关节的连线与第 11 肋间交点处听到砰砰声或类似叩击钢管的铿锵音。

(5)瘤胃积食，腹部膨胀，便秘，粪便干硬，色暗。

注意：感染中毒，生产瘫痪，变态反应等，也伴发前胃弛缓。瘤胃内容物停滞，但无消化不良，除去病因，即可康复。

(二)治疗

治疗原则是除去病因，加强护理，增强前胃机能，改善瘤胃内环境，恢复正常微生物区系，防止脱水和自体中毒。

(1)除去病因　立即停止饲喂发霉变质的饲料等。

(2)加强护理　病初禁食 1～2 d(但给予充足的清洁饮水)，再饲喂适量易消化的青草或优质干草。轻症病例可在 1～2 d 内自愈。

(3)清理胃肠　为了促进胃肠内容物的运转与排除，可用硫酸钠(或硫酸镁)300～500 g，鱼石脂 20 g，酒精 50 mL，温水 6 000～10 000 mL，一次灌服，或用液体石蜡 1 000～3 000 mL、苦味酊 20～30 mL，一次灌服。对于采食多量精饲料而症状又比较重的病牛，可采用洗胃的方法，排除瘤胃内容物；洗胃后应向瘤胃内接种纤毛虫。重症病例应先强心、补液，再洗胃。

(4)增强前胃机能　应用“促反刍液”(5%葡萄糖生理盐水注射液 500～1 000 mL，10%氯化钠注射液 100～200 mL，5%氯化钙注射液 200～300 mL，20%苯甲酸钠咖啡因注射液 10 mL)，一次静脉注射；并肌肉注射维生素 B_1。此外还可皮下注射新斯的明(牛 10～20 mg，羊 2～5 mg)，但病情重剧，心脏衰弱，老龄和妊娠母牛则禁用，以防虚脱和流产。

(5)应用缓冲剂　应用缓冲剂的目的是调节瘤胃内容物的 pH，改善瘤胃内环境，恢复正常微生物区系，增进前胃功能。在应用前，必须测定瘤胃内容物的 pH，然后再选用缓冲剂。当瘤胃内容物 pH 降低时，宜用氢氧化镁(或氢氧化铝)200～300 g，碳酸氢钠 50 g，常水适量，牛一次灌服；当 pH 升高时，宜用稀醋酸(牛 30～100 mL，羊 5～10 mL)或常醋(牛 300～1 000 mL，羊 50～100 mL)，加常水适量，一次灌服。继发性臌胀的病牛，可灌服鱼石脂、松节

油等制酵剂。

(6)防止脱水和自体中毒　当病畜呈现轻度脱水和自体中毒时,应用25%葡萄糖注射液500~1 000 mL,40%乌洛托品注射液20~50 mL,20%安钠咖注射液10~20 mL,静脉注射;并用胰岛素100~200 IU,皮下注射。此外还可用樟脑酒精注射液(或撒乌安注射液)100~200 mL,静脉注射;并配合应用抗生素。

(7)继发性前胃弛缓　着重治疗原发病,并配合前胃弛缓的相关治疗,促进病情好转。

(8)中兽医治疗　根据辨证施治原则,对脾胃虚弱,水草迟细,消化不良的牛,着重健脾和胃,补中益气。宜用加味四君子汤:党参100 g,白术75 g,茯苓75 g,炙甘草25 g,陈皮40 g,黄芪50 g,当归50 g,大枣200 g,共研为末,灌服,每日一剂,连服2~3剂。

针刺:舌底、脾俞、百会、关元俞等穴。

(三)预防

注意饲料的选择、保管,防止霉败变质;奶牛和奶羊、肉牛和肉羊都应依据日粮标准饲喂,不可任意增加饲料用量或突然变更饲料;耕牛在农忙季节,不能劳役过度,而在休闲时期,应注意适当运动;圈舍须保持安静,避免奇异声音、光线和颜色等不利因素刺激和干扰;注意圈舍卫生和通风、保暖,做好预防接种工作。

技能5　瘤胃积食的诊治

一、任务资讯

(一)了解概况

瘤胃积食又称急性瘤胃扩张,是反刍动物贪食大量粗纤维饲料或容易膨胀的饲料引起瘤胃扩张,瘤胃容积增大,内容物停滞和阻塞以及整个前胃机能障碍,形成脱水和毒血症的一种严重疾病。

(二)认识病因

(1)主要是由于贪食大量富含粗纤维的饲料,如豆秸、山芋藤、老苜蓿、花生蔓、紫云英、谷草、稻草、麦秸、甘薯蔓等,缺乏饮水,难以消化所致。过食麸皮、棉籽饼、酒糟、豆渣等,也能引起瘤胃积食。

(2)长期舍饲的牛、羊,运动不足,当突然变换可口的饲料,常常造成采食过多,或者由放牧转舍饲,采食难于消化的干枯饲料而发病。耕牛常因采食后立即犁田、耙地或使役后立即饲喂,影响消化功能,引起本病的发生。

(3)当饲养管理和环境卫生条件不良时,奶牛与奶山羊,肉牛与肉羊容易受到各种不利因素的刺激和影响,如过度紧张、运动不足、过于肥胖或因中毒与感染等,产生应激反应,也能引起瘤胃积食。此外在前胃弛缓、创伤性网胃腹膜炎、瓣胃秘结以及皱胃阻塞等病程中,也常常继发瘤胃积食。

(三)识别症状

常在饱食后数小时内发病,病畜不安,目光凝视,拱背站立,回顾腹部或后肢踢腹,不断起卧;食欲废绝、反刍停止、虚嚼、磨牙、时而努责,常有呻吟、流涎、嗳气。瘤胃蠕动音减弱或消失;触诊,病畜不安,内容物坚实或黏硬,有的病例呈粥状;腹部膨胀,瘤胃背囊有一层气体,穿刺时可排出少量气体和带有臭味的泡沫状液体。病畜便秘，粪便干硬，色暗；间或发生腹泻。直肠检查：瘤胃扩张，容积增大，充满坚实或黏硬内容物。瘤胃内容物检查：内容物 pH 一般由中性逐渐趋向弱酸性；后期，纤毛虫数量显著减少，瘤胃内容物呈粥状，恶臭时，表明继发中毒性瘤胃炎。

晚期病例，病情恶化，奶牛、奶山羊泌乳量明显减少或停止。腹部胀满，瘤胃积液，呼吸急促，心悸动增强，脉率增快；皮温不整，四肢下部、角根和耳冰凉；全身战栗，眼窝凹陷，黏膜发绀。

二、任务实施

(一)诊断

根据病史和临床症状可以确诊。注意与下列疾病鉴别。

(1)前胃弛缓：食欲反刍减退，瘤胃内容物呈粥状，不断嗳气，并且呈间歇性瘤胃臌胀。

(2)急性瘤胃臌胀，病情发展剧烈，腹壁紧张而有弹性，叩诊呈鼓音，血液循环障碍，呼吸困难。

(3)创伤性网胃炎，泌乳减少，姿势异常，体温升高，活动异常，不愿意上下坡或转圈运动，腹壁触诊疼痛反应，周期性瘤胃臌胀。

(4)皱胃阻塞，瘤胃积液，左肷部显著膨隆，冲击式触诊，病牛疼痛反应，在左肷部听诊，叩击右侧倒数第一、二肋骨，即可听到类似叩击钢管的铿锵音。

(5)牛黑斑病甘薯中毒，病症与瘤胃积食很相似，但呼吸用力而困难，鼻翼翕动，喘气，皮下气肿特别明显。

(二)治疗

治疗原则是增强瘤胃蠕动机能，促进瘤胃内容物排出，调整与改善瘤胃内生物学环境，防止脱水与自体中毒。

(1)一般病例，首先禁食，并进行瘤胃按摩，每次 5～10 min，每隔 30 min 一次。也可先灌服酵母粉 250～500 g(或神曲 400 g，干酵母 200 片，红糖 500 g)，再按摩瘤胃。

(2)清肠消导，牛可用硫酸镁(或硫酸钠)300～500 g，液体石蜡(或植物油)500～1 000 mL，鱼石脂 15～20 g，酒精 50～100 mL，常水 6～10 L，一次灌服。应用泻剂后，可皮下注射新斯的明，促进瘤胃内容物运转与排除。

(3)改善中枢神经系统调节功能，促进反刍，防止自体中毒，可静脉注射 10%氯化钠注射液 100～200 mL，或者先用 1%温食盐水 20～30 L 洗涤瘤胃后，用 10%氯化钙注射液100 mL，10%氯化钠注射液 100 mL，20%安钠咖注射液 10～20 mL，静脉注射。

(4)对病程长的病例，除反复洗胃外，宜用 5%葡萄糖生理盐水注射液 2 000～3 000 mL、20%安钠咖注射液 10～20 mL，5%维生素 C 注射液 10～20 mL，静脉注射，每日 2 次，达到强心护体，促进新陈代谢，防止脱水的目的。

(5)酸碱平衡失调时，先用碳酸氢钠 30～50 g，常水适量，灌服，每日 2 次。再用 5%碳酸氢钠注射液 300～500 mL 或 11.2%乳酸钠注射液 200～300 mL，静脉注射。

(6)对危重病例，药物治疗效果不佳，且病畜体况尚好时，应及早施行瘤胃切开术，取出内容物。接种健畜瘤胃液。

(7)中兽医称为宿草不转，以健脾开胃，消食行气，泻下为主。牛用加味大承气汤：大黄 60～

90 g,枳实 30～60 g,厚朴 30～60 g,槟榔 30～60 g,芒硝 150～300 g,麦芽 60 g,藜芦 10 g,共为末,灌服,服用 1～3 剂。过食者加青皮、莱菔子各 60 g;脾胃虚弱者加党参、黄芪各 60 g,神曲、山楂各 30 g,去芒硝、藜芦,大黄、枳实、厚朴均减至 30 g。

(三)预防

加强饲养管理,防止突然变换饲料或过食;奶牛、奶山羊、肉牛和肉羊按日粮标准饲喂;耕牛不要劳役过度;避免外界各种不良因素的影响和刺激。

技能 6　创伤性网胃腹膜炎的诊治

一、任务资讯

(一)了解概况

创伤性网胃腹膜炎又称金属器具病或创伤性消化不良。是由于金属异物混杂在饲料内,被误食后进入网胃,导致网胃和腹膜损伤及炎症的一种疾病。

本病主要发生于舍饲的奶牛和肉牛以及半舍饲半放牧的耕牛,间或发生于羊。草原、草场上放牧的牛、羊则很少发生。特征:食欲减退,肘头外展,运步异常,触诊网胃有疼痛感,瘤胃弛缓。

(二)认识病因

耕牛多因饲养管理不当,随意舍饲和放牧所致。由于不具备饲养管理常识的人员,常将碎铁丝、铁钉、笔尖、回形针、大头针、缝针、发卡、废弃的小剪刀、指甲剪、铅笔刀和碎铁片等,混杂在饲草、饲料中,散在村前屋后、城郊路边或工厂作坊周围的垃圾与草丛中,被耕牛采食或舔食吞咽后,造成本病的发生。

奶牛主要因饲料加工粗放,饲养粗心大意,对饲料中的金属异物的检查和处理不细致而引起。在饲草、饲料中的金属异物最常见的是饲料粉碎机与铡草机上的铁钉,其他如碎铁丝、铁钉、缝针、别针、注射针头、发卡及各种有关的尖锐金属异物等。

(三)识别症状

根据金属异物刺穿胃壁的部位、造成创伤深度、波及其他内脏器官等因素,临床症状也有差异。急性局限性网胃腹膜炎的病例,病畜食欲急剧减退或废绝,泌乳量急剧下降;体温升高,但部分病例几天后降至常温,呼吸和心率正常或轻度加快;肘外展,不安,拱背站立,不愿移动,卧地、起立时极为谨慎;牵病牛行走时,不愿上下坡、跨沟或急转弯。瘤胃蠕动减弱,轻度臌气,排粪减少;网胃区进行触诊,病牛疼痛不安。发病 24 h 内检查,典型病例易于诊断,但不同个体,其症状差异大。一些病例只有轻度的食欲减退,泌乳量减少,粪便稍干燥;瘤胃蠕动减弱,轻度臌气和网胃区疼痛。

二、任务实施

(一)诊断

(1)X 线检查　可确定金属异物损伤网胃壁的部位和性质。根据 X 线影像、临床检查结果和经验,可作出诊断,确定可否进行手术及手术方法,并作出较准确的预后。

(2)金属异物探测器检查　可查明网胃内金属异物存在的情况,但须将探测的结果结合病情分析才具有实际意义，不少牛的网胃内存有金属异物，但无临床症状。

(3)实验室检查　病的初期，白细胞总数升高，可达(11～16)×10^9个/L；嗜中性白细胞增至45%～70%、淋巴细胞减少至30%～45%，核左移。慢性病例，血清球蛋白升高，白细胞总数中度增多，嗜中性白细胞增多，单核细胞持久地升高达5%～9%，嗜酸性粒细胞缺乏。

(二)治疗

治疗原则是及时摘除异物，抗菌消炎，加速创伤愈合，恢复胃肠功能。

(1)急性病例一般采取保守疗法，经治疗后48～72 h内若病畜开始采食、反刍，则预后良好；如果病情没有明显改善，则根据动物的经济价值，可考虑实施瘤胃切开术，从瘤胃将网胃内的金属异物取出。保守疗法包括用金属异物摘除器从网胃中吸取胃中金属异物或投服磁铁笼，以吸附固定金属异物；将牛拴在栏内，牛床前部垫高25 cm，10 d不准运动，同时应用抗生素(如青霉素、四环素等)与磺胺类药物；补充钙剂，控制腹膜炎和加速创伤愈合。抗生素治疗必须持续3～7 d及以上，以确保控制炎症和防止脓肿的形成。若发生脱水时，可进行输液。

(2)亚急性和慢性病例，应根据病情采用保守疗法或施行瘤胃切开术。

(三)预防

在创伤性网胃腹膜炎多发地区或牛群，应预防性地给所有已达1岁的青年公牛和母牛投服磁铁笼是目前预防本病的主要手段，购置磁铁笼时，应对磁铁笼进行检查，选择优质的磁铁笼；在大型奶牛场和肉牛场的饲料自动输送线或青贮塔卸料机上安装大块电磁板，以除去饲草中的金属异物；不在村前屋后，铁工厂、垃圾堆附近放牧和收割饲草；定期应用金属探测器检查牛群，并应用金属异物摘除器从瘤胃和网胃中摘除异物。

技能7　瓣胃阻塞的诊治

一、任务资讯

(一)了解概况

瓣胃阻塞又称瓣胃秘结，主要是因前胃弛缓，瓣胃收缩力减弱，瓣胃内容物滞留，水分被吸收而干涸，致使瓣胃秘结、扩张的一种疾病。本病常见于牛。

(二)认识病因

原发性瓣胃阻塞，主要因长期饲喂糠麸、粉渣、酒糟等含有泥沙的饲料或饲喂甘薯蔓、花生蔓、豆秸、青干草、紫云英等含坚韧粗纤维的饲料(特别是铡得过短后喂牛)而引起。其次，放牧转为舍饲或突然变换饲料，饲料中缺乏蛋白质、维生素以及微量元素，或者因饲养不正规，饲喂后缺乏饮水以及运动不足等都可引起瓣胃阻塞。

继发性瓣胃阻塞，常继发于前胃弛缓、瘤胃积食、皱胃阻塞、皱胃变位、皱胃溃疡、腹腔脏器粘连、生产瘫痪、黑斑病甘薯中毒、牛恶性卡他热和血液原虫病等疾病。

(三)识别症状

(1)病的初期，食欲减退、反刍稀少、短促或停止，有的病畜则喜饮水；瘤胃蠕动音减弱，瓣胃音低沉，腹围无明显异常；尿量短少，粪便干燥。

(2)随着病情发展，病畜精神沉郁，被毛逆立，鼻镜干燥或干裂，但体温通常正常；食欲废

绝，反刍停止，腹围显著增大，瘤胃内容物充满或积有大量液体，瘤胃与瓣胃蠕动音消失，肠音微弱；常常呈现排粪姿势，有时排出少量糊状、棕褐色的恶臭粪便，混杂少量黏液或紫黑色血丝和血凝块；尿量少而浓稠，呈黄色或深黄色，具有强烈的臭味。

(3)当瘤胃大量积液时，冲击式触诊，呈现振水音。在左肷部听诊，同时以手指轻轻叩击左侧倒数第1至第5肋骨或右侧倒数第1、2肋骨，即可听到类似叩击钢管的铿锵音。

(4)重剧的病例，右侧中腹部到后下方呈局限性膨隆，在肋骨弓的后下方皱胃区做冲击式触诊，病牛躲闪、蹴踢或抵角等表现，同时感触到皱胃体显著扩张而坚硬。

(5)病的末期，病牛精神极度沉郁，虚弱，皮肤弹性减退，鼻镜干燥，眼窝凹陷；结膜发绀，舌面皱缩，血液黏稠，心率100次/min以上，呈现严重的脱水和自体中毒症状。

(6)犊牛由牛乳引起的皱胃阻塞，表现持续腹泻，瘦弱，腹部臌胀而下垂，腹部做冲击式触诊，可听到一种类似流水音的异常声响。

二、任务实施

(一)诊断

(1)临床检查　根据右腹部皱胃区局限性膨隆，在左肷部结合叩诊肋骨弓进行听诊，呈现类似叩击钢管的铿锵音以及皱胃穿刺测定其内容物的pH为1～4，即可确诊。但须与前胃疾病、皱胃变位、肠变位等疾病进行鉴别。

鉴别诊断

前胃弛缓，食欲反刍减退，瘤胃内容物呈粥状，不断嗳气，并且呈间歇性瘤胃臌胀。

创伤性网胃炎，泌乳减少，姿势异常，体温升高，活动异常，不愿意上下坡或转圈运动，腹壁触诊有疼痛反应，周期性瘤胃臌胀。

皱胃变位，左方变位，在左侧肋弓下进行冲击式触诊时听诊，可闻皱胃内液体的振荡音。右方变位，在听诊右腹部的同时进行叩诊，可听到高亢的鼓音(砰砰声)，鼓音的区域向前可达第8肋间，向后可延伸至第12肋间或肷窝。

肠扭转与肠套叠，呈急性发作，直肠检查，肠系膜，手伸入骨盆腔，有阻力感，病情急剧变化。

(2)直肠检查　直肠内有少量粪便和黏液，混有坏死黏膜组织。体形较小牛，手伸入骨盆腔前缘右前方，瘤胃的右侧，于中下腹区，能摸到向后伸展扩张呈捏粉样硬度的部分皱胃体。体形大的牛，直肠内不易触诊。

(3)实验室检查　皱胃液pH为1～4；瘤胃液pH多为7～9，纤毛虫数减少；血清氯化物降低(正常为5.96 g/L)。

(二)治疗

原则是消积化滞，防腐止酵，缓解幽门痉挛，促进皱胃内容物排除，防止脱水和自体中毒，增进治疗效果。

(1)病的初期，可用硫酸钠300～400 g、液体石蜡500～1 000 mL、鱼石脂20 g、酒精50 mL、常水6～10 L，灌服。

(2)皱胃内注射生理盐水1 500～2 000 mL。注射部位为右腹部皱胃区第12～13肋骨后下缘。

(3)在病程中，为了改善中枢神经系统调节作用，提高胃肠机能，增强心脏活动，可应用

10%氯化钠注射液 200～300 mL,20%安钠咖注射液 10 mL,静脉注射。发生脱水时,应根据脱水程度和性质进行输液,通常应用 5%葡萄糖生理盐水 2 000～4 000 mL,20%安钠咖注射液10 mL,40%乌洛托品注射液 30～40 mL,静脉注射。用 10%维生素 C 注射液 30 mL,肌肉注射。此外可适当地应用抗生素或磺胺类药物,防止继发感染。

(4)由于皱胃阻塞,多继发瓣胃秘结,药物治疗效果不好。因此,在确诊后,要及时施行瘤胃切开术,取出瘤胃内容物,然后用胃管插入网-瓣孔,通过胃管灌注温生理盐水,冲洗皱胃,减轻胃壁的压力,以改善胃壁的血液循环,恢复运动与分泌机能,达到疏通的目的。

(5)中兽医治疗以宽中理气,消坚破满,通便泻下为主。早期病例可用加味大承气汤,或大黄、郁李仁各 120 g,牡丹皮、川楝子、桃仁、白芍、蒲公英、金银花各 100 g,当归 160 g,一次煎服,连用 3～4 剂。如积食过多,可加川厚朴 80 g,枳实 140 g,莱菔子 140 g,生姜 150 g。

(三)预防

加强经常性的饲养管理,按合理的日粮饲喂牛、羊,特别是应注意粗饲料和精饲料的调配,饲草不能铡得过短,精料不能粉碎过细;注意清除饲料中异物,防止发生创伤性网胃炎,避免损伤迷走神经;农忙季节,应保证耕牛充足的饮水和适当的休息。

技能 8　皱胃炎的诊治

一、任务资讯

(一)了解概况

皱胃炎是指各种病因所致皱胃黏膜及黏膜下层的炎症。皱胃炎多见于犊牛和成年牛。

(二)认识病因

原发性皱胃炎多因饲喂粗硬的饲料、冰冻饲料、发霉变质的饲料或长期饲喂糟粕、粉渣等引起;当饲喂不定时,时饱时饥,突然变换饲料或劳役过度,经常调换饲养员,或者因长途运输,过度紧张,引起应激反应,因而影响到消化机能,导致皱胃炎的发生。

继发性皱胃炎,常继发于前胃疾病、营养代谢疾病、口腔疾病、肠道疾病、肝脏疾病、寄生虫病(如血矛线虫病)和某些传染病(如牛病毒性腹泻、牛沙门氏菌病等)。

(三)识别症状

急性或慢性皱胃炎,都呈现消化障碍,并往往发生呕吐。但都有其特点。

(1)急性皱胃炎　病畜精神沉郁,鼻镜干燥,皮温不整,结膜潮红、黄染,泌乳量降低甚至完全停止。食欲减退或废绝,反刍减少、短促、无力或停止,有时空嚼、磨牙;口黏膜被覆黏稠唾液,舌苔白腻,口腔散发甘臭,有的伴发糜烂性口炎;瘤胃轻度臌气,收缩力减弱;触诊右腹部皱胃区,病牛疼痛不安;便秘,粪呈球状,表面覆盖多量黏液,间或腹泻。有的病牛还表现腹痛不安。病的末期,病情急剧恶化,往往伴发肠炎,全身衰弱,脉率增快,脉搏微弱,精神极度沉郁甚至昏迷。

(2)慢性皱胃炎　病畜呈长期消化不良,异嗜。口腔干臭,黏膜苍白或黄染,唾液黏稠,有舌苔,瘤胃收缩力量减弱;便秘,粪便干硬。后期,病畜衰弱,贫血,腹泻。

二、任务实施

（一）诊断

本病的特征不明显，临床诊断困难。根据病牛消化不良，触诊皱胃区敏感，听诊皱胃蠕动音增强，呈含漱音，结膜和口腔黏膜黄染，具有便秘或腹泻现象，有时伴有呕吐现象，结合临床观察，得出初步诊断。

确诊需要病例剖检。临床上要与前胃弛缓、瓣胃阻塞、皱胃阻塞及皱胃溃疡鉴别。

（二）治疗

原则　清理胃肠，消炎止痛。

(1)急性皱胃炎，在病的初期，先禁食1～2 d，并灌服植物油(500～1 000 mL)。

(2)犊牛，禁食1～2 d，在禁食期间，喂给温生理盐水。禁食结束后，先给温生理盐水，再给少量牛奶，逐渐增量。离乳犊牛，可饲喂易消化的优质干草和适量精料，补饲少量微量元素。瘤胃内容物发酵、腐败时，可用四环素10～25 mg/kg，投服，每日1～2次，或者用链霉素1 g，投服，每日1次，连续应用3～4次。必要时给予新鲜牛瘤胃液0.5～1 L，更新瘤胃内微生物，增进其消化机能。对病情严重，体质衰弱的成年牛应及时用抗生素，防止感染；同时用5%葡萄糖生理盐水2 000～3 000 mL，20%安钠咖注射液10～20 mL，40%乌洛托品注射液20～40 mL，静脉注射。病情好转时，可投喂复方龙胆酊60～80 mL，橙皮酊30～50 mL等健胃剂。用缓泻剂清理胃肠。

(3)中兽医认为本病是胃气不和，食滞不化，应以调胃和中，导滞化积为主。宜用加味保和丸：焦三仙200 g，莱菔子50 g，鸡内金30 g，延胡索30 g，川楝子50 g，厚朴40 g，焦槟榔20 g，大黄50 g，青皮60 g，水煎去渣，灌服。

(4)若脾胃虚弱，消化不良，皮温不整，耳鼻发凉，应以强脾健胃，温中散寒为主。宜用加味四君子汤：党参100 g，白术120 g，茯苓50 g，肉豆蔻50 g，广木香40 g，炙甘草40 g，干姜50 g，共为末，开水冲，候温灌服。

(5)康复期间，应注意护理，保持安静，尽量避免各种不良因素的刺激和影响；加强饲养，给予优质干草，加喂富有营养、容易消化、含有维生素的饲料，并注意适当运动。

（三）预防

加强饲养管理，给予质量良好的饲料，饲料搭配合理；搞好畜舍卫生，减少应激因素；对能引起皱胃炎的原发性疾病应做好防治工作，防止皱胃炎的发生。

技能9　急性胃扩张的诊治

一、任务资讯

（一）了解概况

急性胃扩张是马属动物由于胃排空机能障碍和贪食过多，使胃急剧膨胀而引起的一种急性腹痛病。急性胃扩张按病因分为原发性胃扩张和继发性胃扩张；按内容物性状分为食滞性胃扩张、气胀性胃扩张和液胀性胃扩张(积液性胃扩张)。

特征症状　腹痛剧烈，急起急卧，打滚，犬坐，脉搏、呼吸加快，呕吐，有时呈喷射状。

(二)认识病因

原发性胃扩张主要是由于采食过量难消化和容易膨胀的饲料(如燕麦、大麦、豆类、豆饼、谷物的渣头及稿秆等),或采食了易于发酵的嫩青草、蔫青草或堆积发热变黄的青草以及发霉的草料而发病,或者由于偷食大量精料或饱食后,突然喝大量冰冷的水而发病。在过度劳役后喂饮,饱食后立即使役和突然变换饲料等情况下,更易发病。

继发性胃扩张,主要继发于小肠阻塞、小肠变位等疾病。当大肠阻塞或大肠臌气的肠管压迫小肠使小肠闭塞不通时,亦可引起继发性胃扩张。

(三)识别症状

原发性　常在采食后不久或数小时内突然发病。病畜食欲废绝,精神沉郁,眼结膜发红甚至发绀,嗳气,呕吐。

(1)腹痛,病畜快步急走或向前直冲,急起急卧,卧地滚转,有时出现犬坐姿势。

(2)病初口腔湿润,随后发黏,重症干燥,味奇臭,出现黄腻苔;肠音逐渐减弱,最后消失。呼吸急促,脉搏由强转弱。重症病畜的皮肤弹性减退,眼窝凹陷;胸前、肘后、股内侧、颈侧、耳根和眼周围等局部出汗,个别则全身出汗。

二、任务实施

(一)诊断

(1)临床检查　了解草、料和使役情况,原发性急性胃扩张发展快,病情急剧,间歇性腹痛很快转为持续性腹痛。

(2)胃管检查　从胃管排出少量酸臭气体,腹痛症状并不减轻,则为食滞性胃扩张。有大量气体从胃管排出,病畜随气体排出而转为安静,则为气胀性胃扩张。

(3)直肠检查　胃壁紧张而富有弹性,为气胀性胃扩张;当触之胃壁有黏硬感,压之留痕,则是食滞性胃扩张。继发性:在原发病的基础上病情很快转重。其特点是大多数病畜经鼻流出少量粪水;插入胃管后,间断或连续地排出大量具有酸臭气味、淡黄色或暗黄绿色的液体,并混有少量食糜和黏液,其量可达 5～10 L,随着液体的排出,病畜逐渐安静。经一定时间后,又复发,再次经胃管排出大量液体,病情又有所缓解,如此反复发作。两次发作的间隔时间越短,表示小肠不通的部位距离胃越近。胃液检查:胃液中的胆色素,呈阳性反应。

(二)治疗

原则　以解除扩张状态,缓解幽门痉挛,镇痛止酵和恢复胃功能为主,补液强心,加强护理为辅。

(1)气胀性胃扩张　用胃管排出胃内气体后,经胃管灌入水合氯醛酒精合剂(水合氯醛 15～25 g、酒精 50 mL、福尔马林 10～20 mL、温水 500 mL)、鱼石脂酒精溶液(鱼石脂 15～20 g、酒精 80～100 mL、温水 500 mL),或者灌服鱼石脂 15～25 g、酒精 80～100 mL、芳香氨醑80～100 mL、温水 1 000 mL。

(2)食滞性胃扩张　因采食了大量细粒状或粉状饲料所致的胃扩张可进行洗胃,每次灌服温水 1～2 L,反复灌吸,直至吸出液基本无酸臭味为止。若洗胃效果不佳,可用液体石蜡 500～1 000 mL、稀盐酸(或乳酸)15～20 mL、普鲁卡因粉 3～4 g、温水 500 mL,一次灌服。

(3)液胀性胃扩张　均系继发性胃扩张,导胃减压只能治标,还应查明并治疗原发病。当

排出胃内的大量液体之后，应立即用乳酸 15～20 mL、酒精 100～200 mL、液体石蜡 500～1 000 mL，加水适量，一次灌服。当使用酸性药物治疗不能奏效，反而加重病情时，应改用碱性药物，灌服碳酸氢钠 100～200 g、液体石蜡 500～1 000 mL。镇痛可静脉注射 5%水合氯醛酒精注射液 100～200 mL。

(4)此外应根据病情及时强心补液，维持正常血容量，改善心血管机能，增强机体抗病力。

(5)中兽医称急性胃扩张为大肚结，治疗以消积破气、化谷宽肠为主。宜用调气攻坚散：藿香、丁香、广木香、醋三棱、醋莪术、大腹皮、泽泻各 24 g，醋香附、醋青皮、炒枳壳各 30 g，炒神曲、焦山楂、炒麦芽各 45 g，半夏、焦大白各 21 g，水煎 2 次，得药液 2 000～3 000 mL，加入食醋 0.5 kg，香油 500 mL，导胃后灌服。

(三)预防

本病的预防在于加强日常的饲养管理，饮食规律，防止受凉。特别是在劳役过度、极度饥饿时，应注意饲料调理，少喂勤添，避免采食过急。

技能 10　肠阻塞的诊治

一、任务资讯

(一)了解概况

肠阻塞又称肠便秘、肠秘结、肠内容物停滞、便秘疝，是马属动物由于肠管运动机能和分泌机能紊乱，内容物滞留不能后移，致使动物的一段或几段肠管完全或不完全阻塞的一种腹痛病。肠阻塞按阻塞的部位，分为小肠阻塞和大肠阻塞。

特征症状：腹痛，烦躁不安，排粪减少，口发黏而干燥，食欲废绝。

(二)认识病因

引起肠阻塞的原因尚不完全清楚，但与下列因素有关：

(1)饲喂过多的粗硬饲料，如花生蔓、老苜蓿、豌豆蔓、麦秸、谷草、糜草等，特别是当其受潮、发霉、变湿而柔韧、切铡不够碎时，牲畜不易嚼细，难于消化。也有因吞食了异物，如干草网，阻塞于骨盆曲或横结肠的。

(2)日粮的突然改变，可以引起肠内容物 pH 变化、肠内菌群改变等一系列肠道内环境急剧变动，胃肠的植物神经控制失去平衡，肠的蠕动由最初的增强变为减弱，致使肠内容物停滞而发生阻塞。

(3)饮水不足，当供水不足或久渴失饮，大量出汗等引起机体缺乏水分，达到一定程度时，必然影响机体体液的动态平衡。这不仅引起消化液分泌不足，而且造成血浆水分向大肠内渗出减少而回收增加，以致肠蠕动机能减退，肠内容物在某段肠管内滞留，水分不断被吸收。当内容物愈来愈硬结时，移动更不易，逐渐形成肠阻塞。

(4)食盐不足，草食动物体内的钠和氯主要来源于食盐。如果饲喂食盐不足，特别是炎热季节或剧烈劳役，动物大量出汗，经汗液所排出的无机成分主要是钠、氯和钾。当食盐和其他无机物缺乏到一定程度，不仅引起胃肠蠕动变弱，而且增加肠内容物后移阻力，引起肠阻塞。

(5)气候突变，每当气候突变(如气温下降、降雨、降雪等)的前几天，马骡胃肠性腹痛病，尤其是肠阻塞的病畜增多。这些突变的气候因素，可使动物处于应激状态，即所谓的气象应激。

这与此时动物体内的儿茶酚胺分泌亢进，致使组织的血液通过量减少，血氧不足使平滑肌发生痉挛性收缩有关。

(6)其他因素，诸如马骡抢食或采食后咀嚼不充分、唾液混合不全、食团囫囵吞下，牙齿磨灭不整，消化不良，采食后立即使役，肠道寄生虫侵袭等因素都可导致肠阻塞。

(三)识别症状

根据不同部位肠阻塞的临床表现，大致可分为共同症状和特有症状。

1. 共同症状

(1)腹痛　表现为频频回头顾腹，甚至咬自己的腹部。腹痛严重程度，跟阻塞部位和阻塞的严重程度有关。

(2)口腔变化　随着疾病的发展，口色变红或红中带黄，或呈暗红甚至发绀；口发黏；舌苔灰白带黄，厚腻形成裂纹，口臭。

(3)肠音　病初肠音频繁而偏强，尤其在肠腔不完全阻塞的病畜，此现象持续时间较长，病畜排粪次数增多，甚至出现排软粪现象，而后则肠音变弱。

(4)全身反应　眼结膜颜色变化基本上与口色一致。饮食欲废绝。疾病初期，体温、呼吸和脉搏多无明显变化；当继发肠炎、蹄叶炎、腹膜炎等疾病时，可引起体温升高；若继发胃扩张和肠臌气时，则呼吸急促。脉搏在病危时则快而弱甚至脉不感于手。如机体脱水过程进一步发展，可引起循环衰竭，乃至发生休克。

2. 特有症状

(1)小肠阻塞　小肠阻塞分为十二指肠阻塞、空肠阻塞和回肠阻塞，多在采食中或采食后数小时内发病。发生阻塞的部位距离胃越近，发病越快、越重，越容易继发胃扩张。小肠阻塞多呈现剧烈腹痛，鼻流粪水，颈部食管出现逆蠕动波。直肠检查：在前肠系膜根后下方、右肾附近触到约有手腕粗、表面光滑、质地黏硬、呈块状或圆柱状的阻塞肠管，为十二指肠阻塞；在盲肠底部内侧摸到左右走向的香肠样硬固体，其左端游离，可被牵动，右端位置较为固定(因回肠末端与盲肠相连)，空肠普遍膨胀，为回肠阻塞；当摸到的阻塞部位是游离的，并有一段或部分空肠发生膨胀，为空肠阻塞。

(2)大肠阻塞　大肠阻塞常发生的部位是骨盆曲、小结肠、胃状膨大部和盲肠。前两个部位多为完全阻塞，后二者常为不完全阻塞。

①骨盆曲阻塞　病畜常呈现剧烈腹痛，但肠臌气多不严重。直肠检查：可在骨盆腔前缘下方摸到像肘样弯曲的粗肠管，内有硬结粪，而有时阻塞的骨盆曲伸向腹腔的右方或向后伸至骨盆腔内。

②小结肠阻塞　从发病起就呈现剧烈腹痛；当继发肠臌气时，腹围增大，腹痛加剧。病初盲肠音偏强，以后减弱或消失。直肠检查：通常于耻骨前缘的水平线上或体中线的左侧(有时偏向右侧)可触到拳头大的粪块。但由于小结肠系膜较长，游离性较大，位置多不固定，而且阻塞肠段往往因重力关系沉于肠管之间或压在左腹侧结肠侧下方，故有时不易摸到结粪所在的肠段。特别是发生肠臌气之后，腹压增加，直肠检查困难，宜先肠穿刺放气再进行检查，以被拉紧的肠系膜为线索，适当牵引，有时可寻摸到结粪肠段。

③胃状膨大部阻塞　不完全阻塞者，病情发展缓慢，病期较长，通常为 3～10 d；多为间歇性轻度腹痛，常呈侧卧、四肢伸展状，只排少量稀粪或粪水(热结旁流)。完全阻塞者，症状比不完全阻塞的病例发展快而严重，腹痛也较剧烈，病期亦短。直肠检查：可在腹腔右前方摸到随

呼吸而略有前后移动的半球状阻塞物。

④左侧大结肠阻塞　直肠检查：在左腹下部可摸到左腹侧结肠或左背侧结肠内的坚硬结粪，为该部位阻塞的特点。但同时也应注意检查骨盆曲和胃状膨大部有无结粪存在，以便区别原发性或继发性肠阻塞。

⑤全大结肠阻塞　病畜痴呆，呈慢性腹痛，肠音明显减弱，病情发展缓慢。直肠检查：凡能摸到的大结肠，其内都充满坚硬粪便。

⑥盲肠阻塞　它是发展较慢、病期较长(10～15 d)、腹痛轻微的一种大肠阻塞。饮食欲明显减退，但在排泄具有恶臭气味的稀粪时，饮水量有增加趋势；排粪量明显减少，干粪和稀粪交替出现；肠音减弱，尤其以盲肠音减弱最为明显。体温、呼吸和脉搏都无明显变化；病畜逐渐消瘦。直肠检查：盲肠内充满坚硬粪便。

⑦直肠便秘　多发生于老弱马、骡和驴，腹痛较轻微，仅表现摇尾、举尾，频频作排粪姿势，但排不出粪便。有时可继发肠臌气。手入直肠即可确诊。

⑧此外，两个部位同时发生阻塞的病例也较常见，如小结肠两个部位阻塞、小结肠与骨盆曲同时发生阻塞、骨盆曲和胃状膨大部同时阻塞以及小肠两个部位同时阻塞。当直肠检查时，应注意辨别上述情况，以便为判断预后和拟定治疗措施提供可靠依据。

二、任务实施

(一)诊断

因本病的发生多与饲养管理不当有关，如饲料突然更换，饲料品质不良，饲喂后突然过重使役等，所以应该注意动物临床症状的观察。肠阻塞的症状依阻塞部位和程度的不同而异。根据临床检查，大体上可以推断出疾病性质和发病部位。若确定诊断，必须结合直肠检查，进行综合分析，必要时剖腹探查，可明确诊断。

(二)治疗

根据病情灵活应用“镇静、疏通、补液强心、胃肠减压、护理”的治疗原则，做到“急则治其标，缓则治其本”，适时解决不同时期的突出问题。不同部位肠阻塞的主要疗法：

(1)小肠阻塞　小肠阻塞，尤其是十二指肠阻塞时，极易继发胃扩张，故应及时利用胃管排除胃内酸臭液体(有时需要多次排出)。然后灌服液体石蜡 1 000～2 000 mL、水合氯醛 15～25 g，鱼石脂 10～15 g，乳酸 10～15 mL。小肠阻塞禁用盐类泻剂。如结粪较长且坚硬，用上述泻剂尚不能破除时，应及早采取手术破结法，即剖腹隔肠破结或切开肠管取出结粪，或者切除该段肠管做吻合术。

(2)大肠阻塞　疏通肠道的常用方法有直肠破结法、药物泻法、碳酸盐缓冲剂法等。

(3)直肠便秘　应用掏结法，边掏边灌肠，往往可以迅速治愈。若直肠黏膜发炎肿胀者，用 0.1%高锰酸钾溶液和 5%硫酸镁溶液分别灌肠；并以 0.25%盐酸普鲁卡因注射液 30～50 mL、青霉素 80 万～160 万 IU，后海穴封闭。也可用液体石蜡灌肠，有助于排出结粪。

(4)多段肠阻塞　根据具体病例可采用压、捶等手法破除结粪，或者采用手术破结法。而单纯药物疗法效果欠佳，容易拖延病期，引起继发症，造成不良后果。

(5)关于各个部位肠阻塞，除上述一些主要疗法外，为提高疗效，缩短病期，尚可酌情选用下列辅助疗法：为促进肠蠕动和分泌机能，可用 10%氯化钠注射液 300～500 mL，静脉注射。灌服泻剂后出现肠音者，可皮下注射 2%毛果芸香碱注射液 2～5 mL 或 0.1%氨甲酰胆碱注射液1～2 mL。用肥皂水或1%食盐水灌肠。

（三）预防

坚持预防为主的方针，饲喂定时、定量，饮水清洁，供给及时并充足，饲料干净、质量好、多样化，草料配合适当，防止畜体突然遭受风寒、大雨，阴雨天气减少喂量，控制寄生虫的侵害等。

技能11　胃肠炎的诊治

一、任务资讯

（一）了解概况

胃肠炎是胃肠壁表层和深层组织的重剧性炎症。临床上很多胃炎和肠炎往往相伴发生，故合称为胃肠炎。胃肠炎按病程经过分为急性胃肠炎和慢性胃肠炎；按病因分为原发性胃肠炎和继发性胃肠炎；按炎症性质分为黏液性胃肠炎（以胃肠黏膜被覆多量黏液为特征的炎症）、出血性胃肠炎（以胃肠黏膜弥漫性或斑点状出血为特征的炎症）、化脓性胃肠炎（以胃肠黏膜形成脓性渗出物为特征的炎症）、纤维素性胃肠炎（以胃肠黏膜坏死和形成溃疡为特征的炎症）。胃肠炎是畜禽常见的多发病，尤其以马、牛和猪最为常见。

临床特征：精神沉郁，食欲不振，口臭，腹泻，脱水，尿量减少。

（二）认识病因

（1）原发性胃肠炎　①饲喂霉败饲料或不洁的饮水；②采食了蓖麻、巴豆等有毒植物；③误食了酸、碱、砷、汞、铅、磷等有强烈刺激或腐蚀性的化学物质；④食入了尖锐的异物损伤胃肠黏膜后被链球菌、金黄色葡萄球菌等化脓菌感染，导致胃肠炎的发生；⑤畜舍阴暗潮湿，卫生条件差，气候骤变，过劳，过度紧张等动物机体处于应激状态时，容易受到致病因素侵害，致使胃肠炎发生。此外，滥用抗生素一方面使细菌产生抗药性，另一方面使肠道菌群失调可引起二重感染，如犊牛、幼驹在使用广谱抗生素治愈肺炎后不久，由于胃肠道的菌群失调而引起的胃肠炎。

（2）继发性胃肠炎　常继发于急性胃肠卡他、肠便秘、肠变位、幼畜消化不良、化脓性子宫炎、瘤胃炎、创伤性网胃炎、牛瘟、牛结核、牛副结核、羔羊出血性毒血症、猪瘟、猪副伤寒、鸡新城疫和球虫病等疾病。

（三）识别症状

（1）急性胃肠炎　病畜精神沉郁，食欲减退或废绝，口腔干燥，舌苔重，口臭；反刍动物的嗳气和反刍减少或停止，鼻镜干燥；腹泻，粪便稀呈粥样或水样，腥臭，粪便中混有黏液、血液和脱落的黏膜组织，有的混有脓液；有不同程度的腹痛和肌肉震颤，肚腹蜷缩。本病初期，肠音增强，随后逐渐减弱甚至消失；当炎症波及直肠时，排粪呈现里急后重。病至后期，肛门松弛，排粪呈现失禁自痢。此外病畜体温升高，心率、呼吸加快，眼结膜暗红或发绀，眼窝凹陷，皮肤弹性减退，血液浓稠，尿量减少。随着病情恶化，病畜体温降至正常温度以下，四肢厥冷，出冷汗，脉搏微弱甚至脉不感于手，体表静脉萎陷，精神高度沉郁甚至昏睡或昏迷。

（2）炎症局限于胃和十二指肠的胃肠炎　病畜精神沉郁，体温升高，心率、呼吸加快，眼结膜颜色红中带黄。口腔黏腻或干燥，气味臭，舌苔黄厚；排粪迟缓、量少，粪干小、色暗，表面覆盖多量的黏液；常有轻度腹痛症状。

(3)慢性胃肠炎　病畜精神不振，衰弱，食欲不定，时好时坏，挑食；异嗜，往往喜爱舔食砂土、墙壁和粪尿；便秘，或者便秘与腹泻交替，并有轻微腹痛，肠音不整；体温、脉搏、呼吸常无明显改变。

二、任务实施

(一)诊断

根据病史和临床症状可获得初步诊断。全身症状重剧；口症明显；肠音初期增强，后期减弱或消失，腹泻明显；迅速出现的脱水与自体中毒体征。

胃　口症明显，肠音沉衰，粪球干小，主要病变可能在胃。

小肠　腹痛和黄染明显，腹泻出现较晚，且继发积液性胃扩张的，主要病变可能在小肠。

大肠　腹泻出现早，脱水体征明显，并有里急后重表现的，主要病变在大肠。

(二)治疗

原则是消除炎症、清理胃肠、预防脱水、维护心脏功能、解除中毒和增强机体抵抗力。

(1)抑菌消炎　牛、马一般可灌服 0.1%高锰酸钾溶液 2 000～3 000 mL，或者用磺胺脒 30～40 g、次硝酸铋 20～30 g、萨罗 10～20 g、常温水适量，灌服。各种家畜可内服诺氟沙星(10 mg/kg)或呋喃唑酮(8～12 mg/kg)，或者肌内注射庆大霉素(1 500～3 000 IU/kg)或环丙沙星(2.0～5 mg/kg)等抗菌药物。

(2)清理胃肠　常用液体石蜡 500～1 000 mL、鱼石脂 10～30 g、酒精 50 mL，灌服。也可用硫酸钠 100～300 g(或人工盐 150～400 g)、鱼石脂 10～30 g、酒精 50 mL，常温水适量，灌服。在用泻剂时，要注意防止剧泻。当病畜粪稀如水、频泻不止、腥臭气不重、不带黏液时，应止泻。可用药用炭 200～300 g(猪、羊 10～25 g)加适量常水，灌服。

(3)扩充血容量，纠正酸中毒　可用复方生理盐水注射液，25%葡萄糖注射液，维生素 C，5%碳酸氢钠注射液，静脉滴注，1～2 次/d。

(4)中兽医称肠炎为肠黄，治疗以清热解毒、消黄止痛、活血化瘀为主。宜用郁金散(郁金 36 g，大黄 50 g，栀子、诃子、黄连、白芍、黄柏各 18 g，黄芩 15 g)或白头翁汤(白头翁 72 g，黄连、黄柏、秦皮各 36 g)，灌服。

(5)护理　搞好畜舍卫生；当病畜 4～5 d 未进食时，可灌炒面糊、小米汤或麸皮大米粥。开始采食时，应给予易消化的饲草、饲料和清洁饮水，然后逐渐转为正常饲养。

(三)预防

搞好饲养管理工作，不用霉败饲料饲喂家畜，防止动物采食有毒物质和有刺激性、腐蚀性的化学物质；防止各种应激因素的刺激；搞好畜禽的定期预防接种和驱虫工作。

【学习评价】

评价内容	评价方式			评价等级
	自我评价	小组评价	教师评价	
课前搜集有关的资料				A. 充分；B. 一般；C. 不足
知识和技能掌握情况				A. 熟悉并掌握；B. 初步理解；C. 没有弄懂

续表

评价内容	评价方式			评价等级
	自我评价	小组评价	教师评价	
团队合作				A. 能;B. 一般;C. 很少
思维条理性(有条理地表达自己的意见,解决问题的过程清楚)				A. 强;B. 一般;C. 不足
思维创造性(提出和别人不同的问题,或用不同的方法解决问题)				A. 强;B. 一般;C. 很少
学习态度(操作活动、听讲、作业)				A. 认真;B. 一般;C. 不认真
信息科技素养				A. 强;B. 一般;C. 很少
总　评				

【技能训练】

一、复习与思考

1. 简述反刍动物前胃弛缓的症状特征及治疗措施。
2. 如何诊断急性瘤胃臌气,其治疗原则是什么,治疗过程中应注意哪些问题?
3. 胃肠炎的补液原则是什么?

二、案例分析

母马,10 岁,前一日上午见病马不安,食欲减退,粪便干硬而少,每隔 3 h 左右卧地 1 次。结膜轻度发绀,体温 38.2 ℃,脉搏 45 次/min,呼吸数 36 次/min,小肠音 4 次/min,大肠音减弱或消失,偶有举尾排粪动作,不见粪便排出。治疗:10%安乃近 30 mL 肌肉注射,液体石蜡油 500 mL 灌服。

问:

1. 初步诊断病名是什么?
2. 你如果当时在场,你是否同意这种处理方法?为什么?
3. 如果要进一步诊治本病,还需补充哪些检查项目?

任务二　呼吸系统疾病的诊治

【知识目标】

1. 了解呼吸系统疾病的发病特点。
2. 掌握呼吸系统常见疾病的发病原因、发病机制及诊疗技术。

3. 掌握常见呼吸系统疾病的鉴别诊断及用药原则。

【技能目标】

通过本任务内容的学习，让学生具备正确诊断和治疗畜禽感冒、支气管炎、肺炎、胸膜炎的能力，掌握呼吸系统疾病的重症护理技术。

技能1　鼻炎的诊治

一、任务资讯

（一）了解概况

鼻炎是鼻黏膜发生充血、肿胀而引起以流鼻液和打喷嚏为特征的急、慢性炎症。鼻液根据性质不同分为浆液性、黏液性和脓性。各种动物均可发生，但主要见于马、犬和猫等。

（二）认识病因

（1）原发性鼻炎主要是由于受寒感冒、吸入刺激性气体和化学药物等引起，如畜舍通风不良，吸入氨、硫化氢、烟雾以及农药、化肥等有刺激性的气体。也见于动物吸入饲草料或环境中的尘埃、霉菌孢子、昆虫及使用胃管不当或异物卡塞于鼻道对鼻黏膜的机械性刺激。犬可由支气管败血波氏杆菌或多杀性巴氏杆菌感染引起原发性细菌性鼻炎。过敏性鼻炎是一种很难确定的特异性反应，季节性发生与花粉有关，犬和猫常年发生可能与房舍尘土及霉菌有关。牛和绵羊的“夏季鼻塞”综合征是一种原因不明的变应性鼻炎。

（2）继发性鼻炎主要见于流感、马鼻疽、传染性胸膜肺炎、牛恶性卡他热、慢性猪肺疫、猪萎缩性鼻炎、猪包涵体鼻炎、绵羊鼻蝇蛆、犬瘟热、犬副流感、猫病毒性鼻气管炎、猫嵌杯样病毒感染等传染病。在咽炎、喉炎、副鼻窦炎、支气管炎和肺炎等疾病过程中常伴有鼻炎症状。犬齿根脓肿扩展到上颌骨隐窝时，也可发生鼻炎或鼻窦炎。

（三）识别症状

（1）急性鼻炎　因鼻黏膜受到刺激主要表现打喷嚏，流鼻液，摇头，摩擦鼻部，犬、猫抓挠面部。鼻黏膜充血、肿胀，敏感性增高，由于鼻腔变窄，小动物呼吸时出现鼻塞音或鼾声，严重者张口呼吸或发生吸气性呼吸困难。病畜体温、呼吸、脉搏及食欲一般无明显变化。鼻液初期为浆液性，继发细菌感染后变为黏液性，鼻黏膜炎性细胞浸润后则出现黏液脓性鼻液，最后逐渐减少、变干，呈干痂状附着于鼻孔周围。有的下颌淋巴结肿胀。急性单侧性鼻炎伴有抓挠面部或摩擦鼻部，提示鼻腔可能有异物。初期为单侧性流鼻液，后期呈双侧性，或鼻液由黏液脓性变为浆液血性或鼻出血，提示肿瘤性或霉菌性疾病。

（2）慢性鼻炎　病程较长，临床表现时轻时重，有的鼻黏膜肿胀、肥厚、凹凸不平，严重者有糜烂、溃疡或瘢痕。犬的慢性鼻炎可引起窒息或脑病。猫的慢性化脓性鼻炎可导致鼻骨肿大，鼻梁皮肤增厚及淋巴结肿大，很难痊愈。

牛的“夏季鼻塞”常见于春、夏季牧草开花时，突然发生呼吸困难，鼻孔流出黏脓性至干酪样不同稠度的橘黄色或黄色的大量鼻液。打喷嚏，鼻塞，因鼻腔发痒而使动物摇头，在地面擦鼻或将鼻镜在篱笆及其他物体上摩擦。严重者两侧鼻孔完全堵塞，表现呼吸困难，甚至张口呼吸。最严重的病例形成明显的伪膜，有的喷出一条完整的鼻腔管型。在慢性期，鼻孔附近的黏膜上有许多直径约 1 cm 的结节。

二、任务实施

(一)诊断

根据鼻黏膜充血、肿胀及打喷嚏和流鼻液等特征症状即可确诊。本病与鼻腔鼻疽、马腺疫、流行性感冒及副鼻窦炎等疾病有相似之处,应注意鉴别。

(1)鼻腔鼻疽　初期鼻黏膜潮红肿胀,一侧或两侧鼻孔流出灰白色、黏液性鼻液,其后鼻黏膜上形成小米粒至高粱粒大小的灰白色、圆形小结节,突出于黏膜面,结节迅速坏死、崩解,形成深浅不一的溃疡,有些病灶逐渐愈合,形成放射状或冰花状的瘢痕。下颌淋巴结肿大。鼻疽菌素试验阳性。

(2)马腺疫　主要表现体温升高,下颌淋巴结及其邻近淋巴结肿胀、化脓,脓肿内有大量黄色黏稠的脓汁。病马咳嗽,咽喉部知觉过敏。脓汁涂片染色镜检,可发现形成弯曲、波浪状长链的马腺疫链球菌,菌体大小不等。

(3)流行性感冒　传染性极强,发病率很高,体温升高,眼结膜水肿,黏膜卡他性炎症症状明显。从鼻液或咽喉拭子中在鸡胚内分离获得血凝性流感病毒。

副鼻窦炎多为一侧性鼻液,特别在低头时大量流出。

(二)治疗

(1)首先除去致病因素,轻度的卡他性鼻炎可自行痊愈。病情严重者可用温生理盐水,1%碳酸氢钠溶液,2%～3%硼酸溶液,1%磺胺溶液,1%明矾溶液,0.1%鞣酸溶液或0.1%高锰酸钾溶液,每日冲洗鼻腔1～2次。冲洗后涂以青霉素或磺胺软膏,也可向鼻腔内撒入青霉素或磺胺类粉剂。鼻黏膜严重充血肿胀时,为促进局部血管收缩并减轻鼻黏膜的敏感性,可用可卡因0.1 g,1∶1 000的肾上腺素溶液1 mL,加蒸馏水20 mL混合后滴鼻,每日2～3次,但这类血管收缩药只能暂时解除鼻黏膜的充血状况。也可用2%可辽林或2%松节油进行蒸汽吸入,每日2～3次,每次15～20 min。

(2)对体温升高、全身症状明显的病畜,应及时用抗生素或磺胺类药物进行治疗。对慢性细菌性鼻炎可根据微生物培养及药敏试验,选择有效的抗生素治疗3～6周。对霉菌性鼻炎应根据真菌病原体的鉴定结果,用抗真菌药物进行治疗。对小动物的鼻腔肿瘤,应通过手术将大块鼻甲骨切除,然后进行放射治疗。

(三)预防

防止受寒感冒和其他致病因素的刺激是预防本病发生的关键。对继发性鼻炎应及时治疗原发病。

技能2　喉炎及喉囊病的诊治

一、任务资讯

(一)了解概况

喉炎是喉头黏膜的炎症,导致剧烈咳嗽和喉头敏感为特征的一种上呼吸道疾病。各种动物均可发生,主要见于马、牛、羊和猪。喉囊病包括喉囊积脓、喉囊霉菌病和喉囊鼓胀等,是喉

囊黏膜及其周围淋巴结炎症的统称。本病仅发生于马、骡和驴。

（二）认识病因

(1)喉炎主要发生于受寒感冒引起的上呼吸道感染，吸入尘埃、烟雾或刺激性气体及异物等刺激均可致病。插管麻醉或插入胃管时，因技术不熟练而损伤黏膜可引起喉头水肿，过度吼叫也可引起本病。短头且肥胖的犬或喉麻痹的犬在兴奋或高温环境下，因严重喘气或用力呼吸可导致喉头水肿和喉炎。喉部手术也可引起喉水肿。马、牛和羊还可发生喉软骨基质的化脓性炎症，多见于幼龄的雌性动物，并且有明显的品种易感性，主要发生于杂交马、比利时兰牛及得克萨斯和兰岗羊。

(2)喉炎也可继发于一些疾病过程中，如鼻炎、气管和支气管炎、咽炎、犬瘟热、猫传染性鼻气管炎、牛传染性鼻气管炎、牛白喉、马腺疫、马传染性支气管炎、羊痘、羊坏死杆菌或化脓棒状杆菌感染、猪流感等。

(3)喉囊病主要继发于咽炎、喉炎、马腺疫、鼻疽、腮腺炎等疾病过程中，也可由曲霉菌在喉囊顶部引起局灶性或弥漫性真菌感染而发病。马上呼吸道感染，脓液积聚于喉囊可发生喉囊积脓。在病因的作用下，喉囊黏膜充血，并有大量黏液或黏液脓性渗出物，严重时黏膜形成溃疡。有的病畜渗出物腐败，产生大量气体，使喉囊内充满气体而扩张，引起呼吸困难。发展为慢性后，因结缔组织增生导致黏膜肥厚和粗糙。

（三）识别症状

(1)喉炎的主要表现为剧烈的咳嗽，病初为干而痛的咳嗽，声音短促强大，以后则变为湿而长的咳嗽，病程较长时声音嘶哑。按压喉部、吸入寒冷或有灰尘的空气、吞咽粗糙食物或冷水以及投服药物等均可引起剧烈的咳嗽。犬随着咳嗽可发生呕吐。病畜可能流浆液性、黏液性或黏液脓性的鼻液，下颌淋巴结肿大。一般体温升高，严重者体温可达 40 ℃以上。触诊喉部，病畜表现敏感、疼痛，肿胀，发热，可引起强烈的咳嗽。听诊喉部气管，有大水泡音或喉头狭窄音。

(2)喉头水肿可在数小时内发生，表现吸气性呼吸困难，喉头有喘鸣音。随着吸气困难加剧，呼吸频率减慢，可视黏膜发绀，脉搏增加，体温升高。犬在天气炎热时，由于呼吸道受阻，体温调节功能极度紊乱，可使体温显著上升。

(3)喉囊病的主要症状为一侧鼻孔流出黏液脓性污秽的分泌物，在低头、咀嚼或压迫喉囊时流出增多。喉囊内有大量渗出物时，可引起呼吸困难和吞咽障碍。触诊腮腺区肿胀、疼痛，严重时头部活动受限。当喉囊积脓时，可出现体温升高，精神沉郁，食欲降低。

二、任务实施

（一）诊断

根据临床症状可作出初步诊断，确诊则需要进行喉镜检查。本病应与咽炎相鉴别，咽炎主要以吞咽障碍为主，吞咽时食物和饮水常从两侧鼻孔流出，咳嗽较轻。

（二）治疗

(1)治疗原则为消除致病因素，缓解疼痛。首先将病畜置于通风良好和温暖的畜舍，供给优质松软或流质食物和清洁饮水。

(2)缓解疼痛主要采用喉头或喉囊封闭。喉头周围封闭，马、牛可用 0.25%普鲁卡因 20～30 mL，青霉素 40 万～100 万 IU 混合，每日 2 次。喉囊封闭用16 号注射针头于寰椎翼前外缘一横指(幼驹为半横指)处垂直刺入皮下,然后将针头转向对侧外眼角方向,缓慢刺入3~6 cm,将注射器活塞后抽,可见大量气泡,即为进入喉囊的确证。注入加青霉素80万IU的1%普鲁卡因30~40 mL,在注入的同时,将马头抬高并保持20 min,以免药液自咽鼓管前口流出。每日1~2次,两侧喉囊交替进行。对小动物可适当灌服一些镇痛药可促进饮食,有利于康复。

(3)为了促进喉囊内炎性渗出物排除,可压迫喉囊或将头部放低,也可让动物长时间低头采食使其自然排出。如喉囊内有大量浓稠的脓汁不易排出时,可通过喉囊穿刺或喉囊切开术,用消毒的生理盐水500~1 000 mL冲洗喉囊,然后再用手挤压喉囊,反复多次,使喉囊内的脓汁完全排出为止。然后注入5%磺胺溶液50~100 mL,或注射用水加入40万~80万IU青霉素50~100 mL。对顽固性病例可进行手术引流。先天性喉囊鼓气引起的喉囊积脓,只有通过手术方法治疗。

(4)对出现全身反应的病畜,可灌服或注射抗生素或磺胺类药物。喉炎病畜还可在喉部皮肤涂鱼石脂软膏,必要时可经鼻腔向喉内注入碘甘油。

频繁咳嗽时,应及时灌服祛痰镇咳药,常用人工盐20~30 g,茴香粉50~100 g,马、牛一次灌服;或碳酸氢钠15~30 g,远志酊30~40 mL,温水500 mL,一次灌服;或氯化铵15 g,杏仁水35 mL,远志酊30 mL,温水500 mL,一次灌服。小动物可投服复方甘草片、止咳糖浆等;也可投服羧甲基半胱氨酸片,犬0.1~0.2 g,猫0.05~0.1 g,每日3次。

(5)中药可选用《医方集解》中清热解毒、消肿利喉的普济消毒饮:黄芩、玄参、柴胡、桔梗、连翘、马勃、薄荷各30 g,黄连15 g,橘红、牛蒡子各24 g,甘草、升麻各8 g,僵蚕9 g,板蓝根45 g,水煎灌服。也可用消黄散加味:知母、黄芩、牛蒡子、山豆根、桔梗、花粉、射干各18 g,黄药子、白药子、贝母、郁金各15 g,栀子、大黄、连翘各21 g,甘草、黄连各12 g,朴硝60 g,共研为末,加鸡蛋清4个,蜂蜜120 g,开水冲调,或水煎灌服。另外,雄黄、栀子、大黄各30 g,冰片3 g,白芷6 g,共研为末,用醋调成糊状,涂于咽喉外部,每日2~3次。

技能3 支气管炎的诊治

一、任务资讯

(一)了解概况

支气管炎是各种原因引起动物支气管黏膜表层或深层的炎症,临床上以咳嗽、流鼻液和不定热型为特征。各种动物均可发生,但幼龄和老龄动物比较常见。寒冷季节或气候突变时容易发病。一般根据疾病的性质和病程分为急性和慢性两种。

(二)认识病因

(1)感染　主要是受寒感冒,导致机体抵抗力降低,一方面病毒、细菌直接感染,另一方面呼吸道寄生菌(如肺炎球菌、巴氏杆菌、链球菌、葡萄球菌、化脓杆菌、霉菌孢子、副伤寒杆菌等)或外源性非特异性病原菌乘虚而入,产生致病作用。也可由急性上呼吸道感染的细菌和病毒蔓延而引起。另外,犬副流感病毒、犬2型腺病毒(CAV-2)或犬瘟热病毒及支气管败血波氏杆菌等可引起犬传染性气管支气管炎(犬窝咳)。

(2)物理、化学因素　吸入过冷的空气、粉尘、刺激性气体(如二氧化硫、氨气、氯气、烟雾等)均可直接刺激支气管黏膜而发病。投药或吞咽障碍时由于异物进入气管,可引起吸入性支

气管炎。

(3)过敏反应　常见于吸入花粉、有机粉尘、真菌孢子等引起气管、支气管的过敏性炎症。主要见于犬，特征为按压气管容易引起短促的干而粗粝的咳嗽，支气管分泌物中有大量的嗜酸性细胞，无细菌。

(4)继发性因素　在马腺疫、流行性感冒、牛口蹄疫、恶性卡他热、家禽的慢性呼吸道病、羊痘、肺丝虫病等疾病过程中，常表现支气管炎的症状。另外，喉炎、肺炎及胸膜炎等疾病时，由于炎症扩展，也可继发支气管炎。

(5)诱因　饲养管理粗放，如畜舍卫生条件差、通风不良、闷热潮湿以及饲料营养不平衡等，致机体抵抗力下降，均可成为支气管炎发生的诱因。

(三)识别症状

(1)急性支气管炎主要的症状是咳嗽。在疾病初期，表现干、短和疼痛咳嗽，以后随着炎性渗出物的增多，变为湿而长的咳嗽。有时咳出较多的黏液或黏液脓性的痰液，呈灰白色或黄色。同时，鼻孔流出浆液性、黏液性或黏液脓性的鼻液。胸部听诊肺泡呼吸音增强，并可出现干啰音和湿啰音。通过气管人工诱咳，可出现声音高朗的持续性咳嗽。全身症状较轻，体温正常或轻度升高(0.5～1.0 ℃)。随着疾病的发展，炎症侵害细支气管，则全身症状加剧，体温升高1～2 ℃，呼吸加快，严重者出现吸气性呼吸困难，可视黏膜蓝紫色。胸部听诊肺泡呼吸音增强，可听到干啰音、捻发音及小水泡音。

(2)吸入异物引起的支气管炎，后期可发展为腐败性炎症，出现呼吸困难，呼出气体有腐败性恶臭，两侧鼻孔流出污秽不洁和有腐败臭味的鼻液。听诊肺部可能出现空瓮性呼吸音。病畜全身反应明显。血液检查，白细胞数增加，嗜中性粒细胞比例升高。

X线检查仅为肺纹理增粗，无明显异常。

二、任务实施

(一)诊断

根据病史，结合咳嗽、流鼻液和肺部出现干、湿啰音等呼吸道症状即可初步诊断。X线检查可为诊断提供依据。本病应与流行性感冒、急性上呼吸道感染等疾病相鉴别。

流行性感冒发病迅速，体温高，全身症状明显，并有传染性。

急性上呼吸道感染，鼻咽部症状明显，一般无咳嗽，肺部听诊无异常。

(二)治疗

治疗原则为消除病因，祛痰镇咳，抑菌消炎，必要时用抗过敏药，效果显著。

(1)祛痰镇咳　对咳嗽频繁、支气管分泌物黏稠的病畜，可灌服溶解性祛痰剂，如氯化铵，马、牛10～20 g，猪、羊0.2～2 g；吐酒石，马、牛0.5～3 g，猪、羊0.2～0.5 g，每日1～2次。分泌物不多，但咳嗽频繁且疼痛，可选用镇痛止咳剂，如复方樟脑酊，马、牛30～50 mL，猪、羊5～10 mL，灌服，每日1～2次；复方甘草合剂，马、牛100～150 mL，猪、羊10～20 mL，灌服，每日1～2次；杏仁水，马、牛30～60 mL，猪、羊2～5 mL，灌服，每日1～2次；磷酸可待因，马、牛0.2～2 g，猪、羊0.05～0.1 g，犬、猫酌减，灌服，每日1～2次；犬、猫等动物痛咳不止，可用盐酸吗啡0.1 g、杏仁水10 mL、茴香水300 mL，混合后灌服，每次一食匙，每日2～3次。

为了促进炎性渗出物的排除，可用克辽林、来苏儿、松节油、木馏油、薄荷脑、麝香草酚等蒸汽反复吸入，也可用碳酸氢钠等无刺激性的药物进行雾化吸入。生理盐水气雾湿化吸入或加溴己新、异丙托溴铵,可稀释气管中的分泌物,有利排除。对严重呼吸困难的病畜,应采用吸入氧气。

(2)抑菌消炎　可选用抗生素或磺胺类药物。如肌肉注射青霉素,剂量为:马、牛 4 000～8 000 IU/kg,驹、犊、羊、猪、犬 10 000～15 000 IU/kg,每日 2 次,连用 2～3 d。青霉素 100 万 IU,链霉素 100 万 IU,溶于 1%普鲁卡因溶液 15～20 mL,直接向气管内注射,每日 1 次,有良好的效果。病情严重者可用四环素,剂量为 5～10 mg/kg,溶于 5%葡萄糖溶液或生理盐水中静脉注射,每日 2 次。也可用 10%磺胺嘧啶钠溶液,马、牛 100～150 mL,猪、羊 10～20 mL,肌肉或静脉注射。

另外,可选用大环内酯类(红霉素等)、喹诺酮类(氧氟沙星、环丙沙星等)及头孢类(第一代头孢菌素、第二代头孢菌素等)。

(3)抗过敏　在使用祛痰止咳药的同时,每日内服溴樟脑,马、牛 3～5 g,猪、羊 0.5～1 g,或盐酸异丙嗪,马、牛 0.25～0.5 g,猪、羊 25～50 mg,效果更好。也有人用一溴樟脑粉和普鲁卡因粉,有较好的抗过敏作用。第一天,一溴樟脑粉 4 g,普鲁卡因粉 2 g,甘草、远志粉各 20 g,制成丸剂,早晚各 1 剂。第二天,一溴樟脑粉增加至 6 g,普鲁卡因粉增加至 3 g。第三、四天,分别增加至 8 g 和 4 g。

(4)消除病因　舍内通风良好且温暖,供给充足的清洁饮水和优质的饲草料。

(5)中药疗法　外感风寒引起者,宜疏风散寒,宣肺止咳。可选用荆防散合止咳散加减:荆芥、紫菀、前胡各 30 g,杏仁 20 g,苏叶、防风、陈皮各 24 g,远志、桔梗各 15 g,甘草 9 g,共研为末,马、牛(猪、羊酌减)一次开水冲服。也可用紫苏散:紫苏、荆芥、防风、陈皮、茯苓、桔梗各 25 g,姜半夏 20 g,麻黄、甘草各 15 g,共研为末,生姜 30 g、大枣 10 枚为引,马、牛(猪、羊酌减)一次开水冲服。

外感风热引起者,宜疏风清热,宣肺止咳。可选用款冬花散:款冬花、知母、浙贝母、桔梗、桑白皮、地骨皮、黄芩、金银花各 30 g,杏仁 20 g,马兜铃、枇杷叶、陈皮各 24 g,甘草 12 g,共研为末,马、牛(猪、羊酌减)一次开水冲服。也可用桑菊银翘散:桑叶、杏仁、桔梗、薄荷各 25 g,菊花、金银花、连翘各 30 g,生姜 20 g,甘草 15 g,共研为末,马、牛(猪、羊酌减)一次开水冲服。

(三)预防

本病的预防,主要是加强平时的饲养管理,圈舍应常保持清洁卫生,注意通风透光以增强动物的抵抗力。动物运动或使役出汗后,应避免受寒冷和潮湿的刺激。

技能 4　慢性支气管炎的诊治

一、任务资讯

(一)了解概况

慢性支气管炎是指气管、支气管黏膜及其周围组织的慢性非特异性炎症。临床上以持续性咳嗽为特征。

(二)认识病因

原发性慢性支气管炎通常由急性转变而来,常见于致病因素未能及时消除,长期反复作用,或未能及时治疗,饲养管理及使役不当,均可使急性转变为慢性。老龄动物由于呼吸道防

御功能下降,喉头反射减弱,单核吞噬细胞系统功能减弱,慢性支气管炎发病率较高。动物维生素C、维生素A缺乏,影响支气管黏膜上皮的修复,降低了溶菌酶的活力,也容易发生本病。另外,本病可由心脏瓣膜病、慢性肺脏疾病(如鼻疽、结核、肺蠕虫病、肺气肿等)或肾炎等继发引起。

(三)识别症状

(1)持续性咳嗽是本病的特征,咳嗽可拖延数月甚至数年。咳嗽严重程度视病情而定,一般在运动、采食、夜间或早晚气温较低时,常常出现剧烈咳嗽。痰量较少,有时混有少量血液,急性发作并有细菌感染时,则咳出大量黏液脓性的痰液。人工诱咳阳性。体温无明显变化,有的病畜因支气管狭窄和肺泡气肿而出现呼吸困难。肺部听诊,初期因黏膜有大量稀薄的渗出物,可听到湿啰音,后期由于支气管渗出物黏稠,则出现干啰音;早期肺泡呼吸音增强,后期因肺泡气肿而使肺泡呼吸音减弱或消失。由于长期食欲不良和疾病消耗,病畜逐渐消瘦,有的发生贫血。

(2)X线检查早期无明显异常。后期由于支气管壁增厚,细支气管或肺泡间质炎症细胞浸润或纤维化,可见肺纹理增粗、紊乱,呈网状或条索状、斑点状阴影。

二、任务实施

(一)诊断

根据持续性咳嗽和肺部啰音等症状即可诊断。X线检查可为确诊本病提供依据。

(二)治疗

(1)治疗原则基本同急性支气管炎。控制感染、祛痰止咳均可选用治疗急性支气管炎的药物。由于呼吸道有大量黏稠的分泌物,首先应用蒸汽吸入和祛痰剂稀释分泌物,有利于排出体外(见急性支气管炎)。也可用碘化钾,马、牛5～10 g,猪、羊1～2 g,或木馏油25 g,加入蜂蜜50 g,拌于500 g饲料中饲喂,有较好效果。

(2)根据临床经验,马、牛可用盐酸异丙嗪片10～20片(每片25 mg),盐酸氯丙嗪10～20片(每片25 mg),复方甘草合剂100～150 mL或复方樟脑酊30～40 mL,人工盐80～200 g,加赋形剂适量,做成丸剂,一次投服,每日一次,连服3日,效果良好。

(3)中药疗法 益气敛肺、化痰止咳,用参胶益肺散:党参、阿胶各60 g,黄芪45 g,五味子50 g,乌梅20 g,桑皮、款冬花、川贝、桔梗、罂粟壳各30 g,共研为末,开水冲服。

(三)预防

动物发生咳嗽应及时治疗,加强护理,以防急性支气管炎转为慢性。寒冷天气应保暖,供给营养丰富、容易消化的饲草料。改善环境卫生,避免烟雾、粉尘和刺激性气体对呼吸道的影响。

技能5 支气管肺炎的诊治

一、任务资讯

(一)了解概况

支气管肺炎或卡他性肺炎,是病原微生物感染引起的以细支气管为中心的个别肺小叶或

几个肺小叶的炎症。其病理学特征为肺泡内充满了由上皮细胞、血浆和白细胞组成的卡他性炎性渗出物，病变从支气管炎或细支气管炎开始，而后蔓延到邻近的肺泡。临床上以出现弛张热型、咳嗽、呼吸数增多、叩诊有散在的局灶性浊音区、听诊有啰音和捻发音等为特征。各种动物均可发病，幼畜和老龄动物尤为多发。

（二）认识病因

引起支气管肺炎的病因很多，主要有以下几方面：

（1）不良因素的刺激　受寒感冒，饲养管理不当，某些营养物质缺乏，长途运输，物理、化学因素，过度劳役等，使机体抵抗力降低，特别是呼吸道的防御机能减弱，导致呼吸道黏膜上的寄生菌大量繁殖及外源性病原微生物入侵，成为致病菌而引起炎症过程。能引起支气管肺炎的病原菌均为非特异性，已发现的有肺炎球菌、猪嗜血杆菌、坏死杆菌、副伤寒杆菌、绿脓杆菌、化脓棒状杆菌、沙门氏菌、大肠杆菌、链球菌、葡萄球菌、衣原体及腺病毒、鼻病毒、流感病毒、Ⅲ型副流感病毒和疱疹病毒等。

（2）血源感染　主要是病原微生物经血流至肺脏，先引起间质的炎症，而后波及支气管壁，进入支气管腔，即经由支气管周围炎、支气管炎，最后发展为支气管肺炎。血源性感染也可先引起肺泡间隔的炎症，然后侵入肺泡腔，再通过肺泡管、细支气管和肺泡孔发展为支气管肺炎。常见于一些化脓性疾病，如子宫炎、乳腺炎等。另外，鼻疽性支气管肺炎也是由血源感染途径而发生的。

继发或并发于许多传染病和寄生虫病的过程中。如仔猪流行性感冒、传染性支气管炎、结核病、犬瘟热、牛恶性卡他热、猪肺疫、副伤寒、肺线虫病等。

（三）识别症状

体温升高 1.5～2 ℃，弛张热型。脉搏数随体温升高而多，病初尚充实，以后变弱，有一定程度的混合性呼吸困难，呼吸浅表，呼吸数增加。初期为干性痛咳，随着渗出液增多，咳嗽转为湿性，疼痛也随之减轻。咳嗽时，可见一定量的鼻腔分泌物。在马，分泌物较少，牛、羊及猪分泌物呈黏液或黏液脓性。

肺部叩诊，病灶如位于肺表面，且直径在 3～4 cm 及以上，可叩出浊音区，浊音区周围常出现过清音。

听诊时，病灶区呼吸音减弱，听到捻发音及湿啰音。当渗出物阻塞了肺泡及支气管时，则肺泡呼吸音消失；当小叶性肺炎病灶相互融合时，可听到支气管呼吸音。在其他健康部位，则肺泡音增强。

X 线检查，显示肺纹理增强，伴有小片状模糊阴影。

血液学检查，可见白细胞总数增加，嗜中性粒细胞增多，核左移，单核细胞增多，嗜酸粒细胞缺乏。有并发症而转归不良的病畜，白细胞总数减少，嗜酸性粒细胞减少以至消失，单核细胞减少。当淋巴细胞增多，嗜酸性粒细胞出现，嗜中性粒细胞正常时，预示转归良好。

治疗不及时或继发肺脓肿，病程延长，不易痊愈。继发于传染病的，预后多不良。

二、任务实施

（一）诊断

根据咳嗽、弛张热型、叩诊浊音及听诊捻发音和啰音等典型症状，结合 X 线检查和血液学变化，即可诊断。本病与细支气管炎和大叶性肺炎有相似之处，应注意鉴别。

细支气管炎，呼吸极度困难，因继发肺气肿，叩诊呈过清音，肺界扩大。

大叶性肺炎，呈稽留热型，有时见铁锈色鼻液，叩诊有大片弓形浊音区，X线检查发现大片均匀的浓密阴影。

(二)治疗

治疗原则为加强护理，抗菌消炎，祛痰止咳，制止渗出和促进渗出物吸收及对症疗法。

(1)加强护理 将病畜置于光线充足、空气清新、通风良好且温暖的畜舍内，供给营养丰富、易消化的饲草料和清洁饮水。

(2)抗菌消炎 临床上主要应用抗生素和磺胺类药物进行治疗，用药途径及剂量视病情轻重及有无并发症而定。常用的抗生素为青霉素、链霉素，对青霉素过敏者，可用红霉素、林可霉素。也可选用氯霉素、四环素等广谱抗生素。肺炎双球菌、链球菌对青霉素敏感，一般青霉素和链霉素联合应用效果更好。多杀性巴氏杆菌用氯霉素，每日 10 mg/kg 体重，肌肉注射，疗效良好。诺氟沙星对大肠杆菌、绿脓杆菌、巴氏杆菌及嗜血杆菌等有效。对支气管炎症状明显的病畜(马、牛)，可将青霉素 200 万～400 万 IU、链霉素 1～2 g、1%～2%的普鲁卡因溶液 40～60 mL，气管注射，每日 1 次，连用 2～4 次，效果较好。病情严重者可用第一代或第二代头孢菌素，肌肉或静脉注射。抗菌药物疗程一般为 5～7 d，或在退热后 3 d 停药。

(3)祛痰止咳 咳嗽频繁，分泌物黏稠时，可选用溶解性祛痰剂。剧烈频繁的咳嗽，无痰干咳时，可选用镇痛止咳剂。

(4)制止渗出 10%氯化钙注射液，马、牛 100～150 mL，静脉注射，每日 1 次。促进渗出物吸收和排出，可用利尿剂，也可用 10%安钠咖注射液 10～20 mL，10%水杨酸钠注射液 100～150 mL 和 40%乌洛托品注射液 60～100 mL，马、牛一次静脉注射。

(5)对症疗法 体温过高时，可用解热药。常用复方氨基比林或安痛定注射液，马、牛 20～50 mL，猪、羊 5～10 mL，犬 1～5 mL，肌肉或皮下注射。呼吸困难严重者，有条件的可输入氧气。对体温过高、出汗过多引起脱水者，应适当补液，纠正水、电解质和酸碱平衡紊乱。输液量不宜过多，速度不宜过快，以免发生心力衰竭和肺水肿。对病情危重、全身毒血症严重的病畜，可短期(3～5 d)静脉注射氢化可的松或地塞米松等糖皮质激素。

(6)中药疗法 可选用加味麻杏石甘汤：麻黄 15 g，杏仁 8 g，生石膏 90 g，金银花 30 g，连翘 30 g，黄芩 24 g，知母 24 g，玄参 24 g，生地 24 g，麦冬 24 g，天花粉 24 g，桔梗 21 g，共研为末，蜂蜜 250 g 为引，马、牛一次开水冲服(猪、羊酌减)。

(三)预防

加强饲养管理，避免淋雨受寒、过度劳役等诱发因素。供给全价日粮，建立健全完善的免疫接种制度，减少应激因素的刺激，增强机体的抗病能力。及时治疗原发病。

技能 6 大叶性肺炎的诊治

一、任务资讯

(一)了解概况

大叶性肺炎是肺泡内以纤维蛋白渗出为主的急性炎症，又称纤维素性肺炎或格鲁布性肺炎。病变起始于局部肺泡，并迅速波及整个或多个大叶。临床上以稽留热型、铁锈色鼻液和肺部出现广泛性浊音区为特征。本病常发生于马,牛、猪、羔羊、犬、猫也可发生。

(二)认识病因

(1)本病主要由病原微生物引起,但真正的病因仍不十分清楚。多数研究表明,人和动物的大叶性肺炎主要由肺炎双球菌引起,并且常见于一些传染病过程中,如马和牛的传染性胸膜肺炎,主要表现大叶性肺炎的病理过程。巴氏杆菌可引起牛、羊和猪发病。此外,肺炎杆菌、金黄色葡萄球菌、绿脓杆菌、大肠杆菌、坏死杆菌、沙门氏菌、支原体、Ⅲ型副流感病毒、溶血性链球菌等对本病的发生也起重要作用。继发性大叶性肺炎见于马腺疫、血斑病、流行性支气管炎和犊牛副伤寒等,常呈非典型经过。

(2)过度劳役,受寒感冒,饲养管理不当,长途运输,吸入刺激性气体,使用免疫抑制剂等均可导致呼吸道黏膜的防御机能降低,成为本病的诱因。

(三)识别症状

(1)全身症状　精神沉郁,食欲减退或废绝,结膜潮红或发绀,体温升高 1.5～2 ℃,持续 2～3 d,体温降低,但高于常温,呈弛张热型,极个别衰弱动物体温不升高,脉搏加快,呼吸增数。

(2)呼吸系统症状

鼻液量不定　病初和末期鼻液量多,为浆液性或黏液脓性;

咳嗽性质　随病程及炎性产物的性质而变化,初期,呈现支气管炎时渗出物浓稠,常呈短干咳嗽,随炎性渗出物增多,炎性渗出物变稀薄,出现湿性咳嗽;

呼吸困难　非共有症状。程度取决于肺小叶病灶大小,越大,呼吸困难越明显,多呈混合性呼吸困难,呼吸增数。

二、任务实施

(一)诊断

根据稽留热型,铁锈色鼻液,不同时期肺部叩诊和听诊的变化,即可诊断。X 线检查肺部有大片浓密阴影,有助于诊断。本病应与小叶性肺炎和胸膜炎相鉴别:

小叶性肺炎多为弛张热型,肺部叩诊出现大小不等的浊音区,X 线检查表现斑片状或斑点状的渗出性阴影。

胸膜炎热型不定,听诊有胸膜摩擦音。当有大量渗出液时,叩诊呈水平浊音,听诊呼吸音和心音均减弱,胸腔穿刺有大量液体流出。传染性胸膜肺炎有高度传染性。

(二)治疗

治疗原则为加强护理,抗菌消炎,控制继发感染,制止渗出和促进炎性产物吸收。

(1)加强护理　将病畜置于通风良好,清洁卫生的环境中,供给优质易消化的饲草料。

(2)抗菌消炎　选用土霉素或四环素,剂量为每日 10～30 mg/kg 体重,溶于 5%葡萄糖溶液 500～1 000 mL,分 2 次静脉注射,效果显著。也可静脉注射氢化可的松或地塞米松,降低机体对各种刺激的反应性,控制炎症发展。大叶性肺炎并发脓毒血症时,可用 10%磺胺嘧啶钠注射液 100～150 mL,40%乌洛托品注射液 60 mL,5%葡萄糖注射液 500 mL,混合后,马、牛一次静脉注射(猪、羊酌减),每日 1 次。

(3)制止渗出和促进吸收　可静脉注射 10%氯化钙或葡萄糖酸钙注射液。促进炎性渗出物吸收可用利尿剂。当渗出物消散太慢,为防止机化,可用碘制剂,如碘化钾,马、牛 5～10 g;

或碘酊，马、牛 10～20 mL(猪、羊酌减)，加在流体饲料中喂服或灌服，每日 2 次。

对症治疗　体温过高可用解热镇痛药，如复方氨基比林、安痛定注射液等。剧烈咳嗽时，可选用祛痰止咳药。严重的呼吸困难可输入氧气。心力衰竭时用强心剂。

中药治疗　可用清瘟败毒散：石膏 120 g，水牛角 30 g，黄连 18 g，桔梗 24 g，淡竹叶 60 g，甘草 9 g，生地 30 g，栀子 30 g，丹皮 30 g，黄芩 30 g，赤芍 30 g，玄参 30 g，知母 30 g，连翘 30 g，水煎，马、牛一次灌服。

技能 7　肺充血和肺水肿的诊治

一、任务资讯

(一)了解概况

肺充血是肺毛细血管内血液过度充满。一般分主动性充血和被动性充血。主动性充血是流入肺内的血流量增多，流出量亦增多，导致肺毛细血管过度充满。被动性充血是肺的血液流出量减少，而流入量正常或增加，引起肺的淤血性充血。肺水肿是由于肺充血持续时间过长，血管内的液体成分渗漏到肺实质和肺泡。肺充血和肺水肿在临床上均以呼吸困难、黏膜发绀和泡沫状的鼻液为特征，严重程度与不能进行气体交换的肺泡数量有关。本病见于所有家畜，但常见于马，特别是炎热的季节可突然发病。

(二)认识病因

(1)主动性充血　常见于动物过度劳累，如马匹在炎热的天气下过度使役或奔跑，或驮挽马驮载量及挽曳量过重，并于泥泞或崎岖的道路上运输而发生。长时间用火车或轮船运输家畜，因过度拥挤和闷热，容易发病。吸入热空气、烟雾或刺激性气体及发生过敏反应时，均可使血管迟缓，导致血液流入量增多，从而发生主动性充血和炎症性充血。另外，在肺炎的初期或热射病的过程中也可发生肺充血。长期躺卧的病畜，血液停滞于卧侧肺脏，容易发生沉积性肺充血。

(2)被动性肺充血　主要发生于代偿机能减退期的心脏疾病，如心肌炎、心脏扩张及传染病和各种中毒性疾病引起的心力衰竭。有时也发生于左房室孔狭窄和二尖瓣闭锁不全。此外，心包炎时，心包内大量的渗出液影响了心脏的舒张；胃肠臌气时，胸腔内负压减低和大静脉管受压迫，肺内血液流出发生困难，均能引起淤血性肺充血。

肺水肿最常继发于急性过敏反应、再生草热或充血性心力衰竭。也发生于吸入烟尘和毒血症(如猪桑葚心病和有机磷农药中毒等)的经过中。此外，安妥中毒也能发生肺水肿。

(三)识别症状

动物突然发病，惊恐不安，呼吸加快而迫促，很快发展为高度的进行性、混合性呼吸困难，头颈平伸、鼻孔开张，甚至张口喘气。严重时，前肢开张、肘突外展。呼吸频率超过正常的 4～5 倍。结膜充血或发绀，眼球突出，静脉(尤其颈静脉)怒张，有窒息危象。

主动性肺充血时，脉搏快而有力，第二心音增强；体温升高达 39.0～40.0 ℃；呼吸浅快；听诊肺泡呼吸音粗粝，但无啰音；肺区叩诊音正常或呈过清音，肺的前下部可因沉积性充血而呈半浊音。被动性肺充血时，体温通常不升高，伴有耳鼻及四肢末端发凉等心力衰竭体征。

肺水肿时，两侧鼻孔流出多量浅黄色或白色甚至淡粉红色的细小泡沫样鼻液。胸部听诊，肺泡呼吸音减弱，出现广泛性的捻发音、湿啰音及支气管呼吸音，肺的中下部尤为明显。胸部叩诊,前下部肺泡充满液体呈浊音或半浊音;中上部肺泡内既有液体又有气体,呈鼓音或浊鼓音。

X线检查,肺野阴影普遍加重,但无病灶性阴影;肺门血管的纹理明显。

二、任务实施

(一)诊断

根据过度劳累、吸入烟尘或刺激性气体的病史,结合呼吸困难、鼻孔流泡沫状鼻液及X线检查,即可诊断。临床上应与下列疾病进行鉴别:

(1)热射病　全身衰弱,体温极度升高,呼吸困难,并有中枢神经系统机能紊乱。

(2)弥漫性支气管炎　缺乏泡沫状的鼻液。

(3)肺出血　特征为两侧鼻孔流出含泡沫的鲜红色血液,同时黏膜呈进行性贫血。

(二)治疗

治疗原则为保持病畜安静,减轻心脏负荷,制止液体渗出,缓解呼吸困难。

(1)将病畜安置在清洁、干燥和凉爽的环境中,避免运动和外界因素的刺激。

对极度呼吸困难的病畜,颈静脉大量的放血有急救功效。能减轻心脏负担,降低肺中血压,使肺毛细血管充血减轻,增加进入肺脏的空气。一般放血量为马、牛2 000～3 000 mL,猪250～500 mL。被动性充血吸入氧气有良好效果,马、牛每分钟10～15 L,共吸入100～120 L。也可皮下注射8～10 L。

(2)制止渗出,可静脉注射10%氯化钙注射液,马、牛100～200 mL,猪、羊20～50 mL,每日2次;或静脉注射20%葡萄糖酸钙注射液,马、牛500 mL,每日一次。因血管通透性增加引起的肺水肿,可适当应用大剂量的皮质激素,如强的松龙5～10 mg/kg体重,静脉注射。因弥漫性血管内凝血引起的肺水肿,可应用肝素或低分子右旋糖酐溶液。过敏反应引起的肺水肿,通常将抗组胺药与肾上腺素结合使用。有机磷农药中毒引起的肺水肿,应立即使用阿托品减少液体漏出。

对症治疗包括用强心剂加强心脏机能,对不安的病畜选用镇静剂。

(三)预防

本病的预防,主要是加强饲养管理,保持环境清洁卫生,避免刺激性气体和其他不良因素的影响,在炎热的季节应减轻运动或使役强度。长途运输的动物,应避免过度拥挤,并注意通风,供给充足的清洁饮水。对卧地不起的动物,应多垫褥草,并注意每日多次翻身。患心脏病的动物,应及时治疗,以免心脏功能衰竭而发生肺充血。

技能8　肺气肿的诊治

一、任务资讯

(一)了解概况

肺泡气肿是肺泡腔在致病因素作用下,发生扩张并常伴有肺泡隔破裂,引起以呼吸困难为特征的疾病。根据其发生的过程和性质,分为急性肺泡气肿和慢性肺泡气肿两种。本病主要的临床表现为呼吸困难,但肺泡结构无明显病理变化。常见于急剧过度劳役的动物,尤其多发

生于老龄动物。

（二）认识病因

1. 急性肺泡气肿　主要发生于过度使役、剧烈运动，长期挣扎和鸣叫等紧张呼吸所致。特别是老龄动物，由于肺泡壁弹性降低，更容易发生。呼吸器官疾病引起持续剧烈的咳嗽也可发生急性肺泡气肿。慢性支气管炎使管腔狭窄，也可发病。另外，肺组织的局灶性炎症或一侧性气胸使病变部肺组织呼吸机能丧失，健康肺组织呼吸机能相应增强，可引起急性局限性或代偿性肺泡气肿。

2. 慢性肺泡气肿　由于过度使役或运动，动物耗氧量增加，呼吸机能提高，呼吸运动加剧，肺泡长期处于高度扩张状态，导致肺泡壁毛细血管内腔狭窄，影响了血液循环，破坏了肺泡壁的营养供应，由此引发弹性纤维断裂，肺泡上皮细胞脂肪分解，肺泡壁萎缩，进而导致结缔组织增生。由于肺泡壁弹性减弱，肺组织失去了正常的回缩能力，于是发生慢性肺泡气肿。

（三）识别症状

1. 急性肺泡气肿　发病突然，主要表现呼吸节律显著加快，高度呼吸困难至张口呼吸。心跳加快，第二心音增强。体温正常，结膜发绀。有的病例出现低弱的咳嗽、呻吟、磨牙等表现。胸部叩诊呈广泛性过清音，叩诊界后移扩大。胸部听诊，病初肺泡呼吸音增强，后期减弱，可伴有干啰音或湿啰音。X线检查，肺野透明度增高，膈肌后移，且动性减弱，肺的透明度不随呼吸而发生明显改变。

2. 代偿性肺泡气肿　发病缓慢，呼吸困难逐渐加剧，特别在运动和卧下时更为明显，肺泡呼吸音减弱或消失。肺部叩诊时，过轻音仅限于浊音区周围。X线检查可见局限性肺大或一侧性肺野透明度增高。

二、任务实施

（一）诊断

根据病史，结合呼吸困难，肺部的叩诊和听诊变化，及X线检查，即可确诊。

（二）治疗

治疗原则为加强护理，缓解呼吸困难，治疗原发病。病畜应置于通风良好和安静的畜舍，供给优质饲草料和清洁饮水。

缓解呼吸困难，可用1%硫酸阿托品、2%氨茶碱或0.5%异丙肾上腺素雾化吸入，每次2～4 mL。也可用1%硫酸阿托品注射液，大动物1～3 mL，小动物0.2～0.3 mL，皮下注射。如出现窒息危险时，有条件的情况下应及时输入氧气。

（三）预防

加强饲养管理，避免过度劳役，注意畜舍通风换气和冬季保暖。对呼吸器官疾病应及时治疗。

技能9　胸膜炎的诊治

一、任务资讯

（一）了解概况

胸膜炎是胸膜发生以纤维蛋白沉着和胸腔积聚大量炎性渗出物为特征的一种炎症性

疾病。临床表现为胸部疼痛、体温升高和胸部听诊出现摩擦音。根据病程可分为急性和慢性;按病变的蔓延程度,可分为局限性和弥漫性;按渗出物的多少,可分为干性和湿性;按渗出物的性质,可分为浆液性、浆液-纤维蛋白性、出血性、化脓性、化脓-腐败性等。各种动物均可发病。

(二)认识病因

原发性胸膜炎比较少见,肺炎、肺脓肿、败血症、胸壁创伤或穿孔、肋骨骨折、食道破裂、胸腔肿瘤等均可引起发病。剧烈运动、长途运输、外科手术及麻醉、寒冷侵袭及呼吸道病毒感染等应激因素可成为发病的诱因。

胸膜炎常继发或伴发于某些传染病的过程中,如多杀性巴氏杆菌和溶血性巴氏杆菌引起的吸入性肺炎、纤维素性肺炎、结核病、鼻疽、流行性感冒、马腺疫、牛肺疫、猪肺疫、马传染性贫血、反刍动物创伤性网胃心包炎、支原体感染等。在这些疾病过程中,均可伴发胸膜炎。

(三)识别症状

体温升高 1.5～2 ℃,弛张热型。脉搏数随体温升高而增多,病初尚充实,以后变弱。有一定程度的混合性呼吸困难,呼吸浅表,呼吸数增加。初期为干性痛咳,随着渗出物的增多,转为湿性咳嗽,疼痛也随之减轻。咳嗽时,可见一定量的鼻腔分泌物。在马,分泌物较少,牛、羊及猪分泌物呈黏液或黏液脓性。

肺部叩诊,病灶如位于肺表面,且直径在 3～4 cm 及以上,可叩出浊音区,浊音区周围常出现过清音。

听诊时,病灶区呼吸音减弱。听到捻发音及湿啰音。当渗出物阻塞了肺泡及支气管时,肺泡呼吸音消失;当小叶性肺炎病灶相互融合时可听到支气管呼吸音。在其他健康部位,则肺泡音增强。

X 线检查,显示肺纹理增强,伴有小片状模糊阴影。

血液学检查,可见白细胞总数增加,嗜中性粒细胞增多,核左移,单核细胞增多,嗜酸性粒细胞缺乏。有并发症而转归不良的病畜,白细胞总数减少,嗜酸性粒细胞减少以至消失,单核细胞减少。当淋巴细胞增多,嗜酸性粒细胞出现,嗜中性粒细胞正常时,预示转归良好。

治疗不及时或继发肺脓肿,病程延长,不痊愈。继发于传染病的,预后多不良。

二、任务实施

(一)诊断

根据胸膜摩擦音和叩诊出现的水平浊音等典型症状,结合 X 线和超声波检查,即可诊断。胸腔穿刺对本病与胸腔积水的鉴别诊断有重要意义,穿刺部位为胸外静脉之上,马在左侧第 7 肋间隙或右侧第 6 肋间隙,反刍动物多在左侧第 6 肋间隙,猪在左侧第 8 肋间隙或右侧第 6 肋间隙,犬在 5～8 肋间隙。对抽取的胸腔积液进行理化性质和细胞学检查。渗出液的细胞组成主要是白细胞,中性粒细胞常发生变性,特别是当病原微生物产生毒素时,白细胞出现核浓缩、溶解和破碎的现象。也有一些吞噬性巨噬细胞,常常吞噬有细菌和其他病原体,有时可发现吞噬细胞胞浆内有中性粒细胞和红细胞的残余。在慢性感染性胸膜炎,渗出液中可发现大量淋巴细胞及浆细胞。在某些肉芽肿性疾病,可发现单核细胞的集聚与巨细胞。

(二)治疗

治疗原则为抗菌消炎,制止渗出,促进渗出物的吸收和排除。

(1)加强护理　将病畜置于通风良好、温暖和安静的畜舍,供给营养丰富、优质易消化的饲

草料，并适当限制饮水。

(2)抗菌消炎　可选用广谱抗生素或磺胺类药物，如青霉素、链霉素、氯霉素、庆大霉素、四环素、土霉素等。也可根据细菌培养后的药敏试验结果，选用更有效的抗生素。支原体感染可用四环素，某些厌氧菌感染可用甲硝唑(灭滴灵)。

(3)制止渗出　可静脉注射5%氯化钙注射液或10%葡萄糖酸钙注射液，每日1次。

(4)促进渗出物吸收和排除　可用利尿剂、强心剂等。当胸腔有大量液体存在时，穿刺抽出液体可使病情暂时改善，并可将抗生素直接注入胸腔。胸腔穿刺时要严格按操作规程进行，以免针头在呼吸运动时刺伤肺脏；如穿刺针头或套管被纤维蛋白堵塞，可用注射器缓慢抽取。化脓性胸膜炎，在穿刺排出积液后，可用0.1%雷佛奴尔溶液、2%～4%硼酸溶液或0.01%～0.02%呋喃西林溶液反复冲洗胸腔，然后直接注入抗生素。

(5)中药治疗　干性胸膜炎可用：银柴胡30 g、瓜蒌皮60 g、薤白18 g、黄芩24 g、白芍30 g、牡蛎30 g、郁金24 g、甘草15 g，共研为末，马、牛一次开水冲服。

渗出性胸膜炎可用归芍散：当归30 g、白芍30 g、白及30 g、桔梗15 g、贝母18 g、麦冬15 g、百合15 g、黄芩20 g、花粉24 g、滑石30 g、木通24 g，共研为末，马、牛一次开水冲服。

加减：治疗热盛加金银花、连翘、栀子；喘甚加杏仁、枇杷叶、葶苈子；治疗胸水加猪苓、泽泻、车前子；痰多加前胡、半夏、陈皮；胸痛甚加没药、乳香；后期气虚加党参、黄芪等。

(三)预防

加强饲养管理，供给平衡日粮，增强机体的抵抗力。防止胸部创伤，及时治疗原发病。

【学习评价】

评价内容	评价方式			评价等级
	自我评价	小组评价	教师评价	
课前搜集有关的资料				A. 充分；B. 一般；C. 不足
知识和技能掌握情况				A. 熟悉并掌握；B. 初步理解；C. 没有弄懂
团队合作				A. 能；B. 一般；C. 很少
思维条理性(有条理地表达自己的意见，解决问题的过程清楚)				A. 强；B. 一般；C. 不足
思维创造性(提出和别人不同的问题，或用不同的方法解决问题)				A. 强；B. 一般；C. 很少
学习态度(操作活动、听讲、作业)				A. 认真；B. 一般；C. 不认真
信息科技素养				A. 强；B. 一般；C. 很少
总　评				

【技能训练】

一、复习与思考

1. 呼吸系统疾病治疗应遵循哪些原则？
2. 吸入性肺炎早期应采取哪些急救措施？

二、案例分析

某狐场饲养了近1 000头狐，近期因转群、周围有施工等因素，狐群出现零星发病，体温升高达40 ℃以上，持续数天。脉搏增快，呼吸困难，有的呈现混合性呼吸困难。咳嗽，个别的有铁锈色鼻液。叩诊部有广泛性浊音，听诊有湿性啰音。

1.该病狐可能患有何种疾病？诊断依据是什么？

2.请你制定一个具体的治疗方案。

任务三　心血管系统疾病的诊治

【知识目标】

1.了解心血管系统与血液疾病的发病原因、发病特点、常见疾病、致病原理及临床症状。

2.掌握常见心血管系统疾病的诊断与鉴别诊断及中西医治疗原则。

3.掌握心血管系统疾病常用药物的临床应用。

【技能目标】

通过本任务内容的学习，让学生具备能够正确诊断和治疗犬、牛、羊、马等动物的心力衰竭、循环衰竭、贫血和动物的输血疗法等技能，并具备心血管系统危重症的现场救治能力和技术。

技能1　心力衰竭的诊治

一、任务资讯

(一)了解概况

心力衰竭又称心脏衰弱、心功能不全，是指心肌收缩力减弱或衰竭，引起外周静脉过度充盈，使心脏排血量减少，动脉压降低，静脉回流受阻等引起的呼吸困难，皮下水肿、发绀，甚至心搏骤停和突然死亡的一种全身血液循环障碍综合征。此病可发生于各种动物，但马和犬居多。心力衰竭的表现形式视其病程长短而异，可分为急性心力衰竭和慢性心力衰竭；视其发病起因而异，可分为原发性心力衰竭和继发性心力衰竭。

(二)认识病因

(1)急性原发性心力衰竭　①发生于使役过重和不当。长期休闲的家畜，突然使役过重，在坡陡、崎岖道路上载重或挽车等，猪长途驱赶等；②由于容量负荷过重而引起的心力衰竭往往是在治疗过程中，静脉输液量超过心脏的最大负荷量，尤其是向静脉过快地注射对心肌有较强刺激性药液，如钙制剂或砷制剂等。此外见于麻醉意外、雷击、电击等。

(2)急性继发性心力衰竭　多继发于急性传染病(马传染性贫血、马传染性胸膜肺炎、口蹄疫、猪瘟等)、寄生虫病(弓形虫病、住肉孢子虫病)、内科疾病(如肠便秘、急性心脏病、胃肠炎、日射病等)以及各种中毒性疾病的经过中。这多由病原菌或毒素直接侵害心肌所致。

(3)急性应激性心力衰竭　未成年的警犬开始调教时，由于环境突变，惩戒过严和训练量过大，易发生急性应激性心力衰竭。

(4)慢性心力衰竭(充血性心力衰竭)　除长期重役造成外，常继发于心包炎、心肌炎(心肌变性)、慢性心内膜炎、慢性肺气肿和慢性肾炎。

(三)识别症状

(1)急性心力衰竭的初期，病畜精神沉郁，食欲不振，动物易于疲劳、出汗，呼吸加快，肺泡呼吸音增强，可视黏膜轻度发绀，体表静脉怒张；心搏动亢进，第一心音增强，脉搏细数。有时出现心内杂音和节律不齐。进一步发展，各症状全部加重。精神极度沉郁，食欲废绝，黏膜极度发绀，体表静脉怒张，全身出汗，呼吸高度困难，肺水肿。胸部听诊有广泛的湿啰音，两侧鼻孔流出细小泡沫状鼻液。心搏动增强，甚至震动胸壁和全身，第一心音极为高朗，常带有金属音，第二心音弱。脉搏：100 次/min，伴发阵发性心动过速，脉呈现不整脉。有的眩晕，倒地痉挛，体温下降，死亡。

(2)慢性心力衰竭(充血性心力衰竭)，病程长达数周、数月或数年。精神沉郁，食欲减退，多不愿走动，不耐使役，易于疲劳、出汗。黏膜发绀，体表静脉怒张。垂皮、腹下和四肢下端水肿，触诊有捏粉样感觉，无热无痛。病畜站立一夜，腹下出现局限水肿，适当使役或运动后，水肿消失。心音减弱，脉数增多，脉性微弱，经常出现机能性杂音和节律不齐，心脏叩诊浊音界扩大。心力衰竭，特别是右心衰竭，静脉系统淤血，除发生胸、腹腔和心包腔积液外，还常引起脑、胃肠、肝、肺和肾脏等实质器官的淤血。脑淤血可引起脑组织缺氧，呈现脑贫血症状，如意识障碍，反应迟钝，眩晕或知觉丧失以及跌倒，痉挛等症状。

①胃肠道淤血，由于胃肠黏膜水肿，发生便秘和下痢等慢性消化不良，病畜逐渐消瘦。肝脏淤血多发生于右心衰竭，肝肿大，肝功能也发生异常，呈现黄疸。重症时门脉循环障碍，引起心源性肝硬化，发生腹水。

②肺脏淤血，主要发生于左心衰竭，呈现呼吸困难、慢性支气管炎，听诊有各种性质啰音，并发咳嗽。

③肾脏淤血，主要发生于慢性右心衰竭，肾脏血流量不足，尿量减少，尿液浓稠色暗；肾曲细尿管上皮缺氧而发生颗粒变性，出现尿蛋白，尿沉渣中有肾上皮细胞和管型等。

二、任务实施

(一)诊断

心力衰竭，主要根据发病原因，静脉怒张，脉搏增数，呼吸困难，垂皮和腹下水肿以及心率加快，第一心音增强，第二心音减弱等症状可作出诊断。

心电图、X 线检查和 M 型超声心动图检查资料有助于判定心脏肥大和扩张，对本综合征的诊断有辅助意义。应注意与其他伴有水肿(寄生虫病、肾炎、贫血、妊娠等)、呼吸困难(有机磷农药中毒、急性肺气肿、牛再生草热、过敏性疾病等)和腹水(腹膜炎、肝硬化等炎症)等疾病进行鉴别。同时，也要注意急性或慢性，原发性或继发性的鉴别诊断。

(二)治疗

(1)原则是加强护理，减轻心脏负担，缓解呼吸困难，增强心肌收缩力和排血量以及对症疗法等。

对于急性心力衰竭，往往来不及救治，病程较长的可参照慢性心力衰竭使用强心苷药物。麻醉时发生的心室纤颤或心搏骤停，可采用心脏按压或电刺激起搏，也可试用极小剂量肾上腺素心内注射。

对于慢性心力衰竭，首先应将病畜置于安静厩舍休息，给予柔软易消化的饲料，以减少机体对心脏排血量的要求，减轻心脏负担。同时也可根据病畜体质，静脉淤血程度以及心音、脉搏强弱，酌情放血 1 000～2 000 mL(贫血病畜切忌放血)，放血后呼吸困难迅即解除，此时缓慢静脉注射 25%葡萄糖 500～1 000 mL，增强心脏机能，改善心肌营养。

(2)为消除水肿和钠、水滞留，最大限度地减轻心室容量负荷，应限制钠盐摄入，给予利尿剂，常用双氢克尿噻或速尿。为缓解呼吸困难，可用樟脑兴奋心肌和呼吸中枢，在马、牛发生某些急性传染病及中毒经过中的心力衰竭时，常用 10%樟脑磺酸钠注射液 10～20 mL，皮下或肌肉注射。为增加心肌收缩力，增加心排血量，习惯上用洋地黄类强心苷制剂，但要注意蓄积中毒。此外，应针对出现的症状，给予健胃，缓泻，镇静等制剂，还可使用 ATP、辅酶 A、细胞色素 C、维生素 B_6 和葡萄糖等营养合剂，做辅助治疗。

(3)中兽医对心力衰竭，多用“参附汤”和“营养散”治疗。参附汤：党参 60 g，熟附子 32 g，生姜 60 g，大枣 60 g，水煎两次，候温灌服于牛、马。营养散：当归 16 g，黄芪 32 g，党参 25 g，茯苓 20 g，白术 25 g，甘草 16 g，白芍 19 g，陈皮 16 g，五味子 25 g，远志 16 g，红花 16 g，共研为末，开水冲服，每日一剂，7 剂为一疗程。

(三)预防

对役畜应坚持经常锻炼与使役，提高适应能力，同时也应合理使役，防止过劳。在输液或静脉注射刺激性较强的药液时，应掌握注射速度和剂量。对于其他疾病而引起的继发性心力衰竭，应及时根治其原发病。

技能 2　急性心肌炎的诊治

一、任务资讯

(一)了解概况

急性心肌炎是伴发心肌兴奋性增强和心肌收缩机能减弱为特征的心肌局灶性或弥漫性心脏肌肉炎症。临床呈现交替脉，病理变化以虎斑心为特征。本病很少单独发生，多继发或并发于其他各种传染性疾病，脓毒败血症或中毒性疾病过程中。

按炎症的病程，心肌炎可分为急性和慢性两种；按病变范围又可分为局灶性和弥漫性心脏肌肉炎症；按病因又可分为原发性和继发性两种；按炎症的性质又可分为化脓性和非化脓性两种，临床上以急性非化脓性心肌炎为常见。

(二)认识病因

急性心肌炎通常继发或并发于某些传染病、寄生虫病、脓毒败血症和中毒病。

(1)牛的急性心肌炎并发于传染性胸膜肺炎、牛瘟、恶性口蹄疫、布鲁氏菌病、结核病的经过中。局灶性化脓性心肌炎多继发于菌血症、败血症以及瘤胃炎-肝脓肿综合征、乳腺炎、子宫内膜炎等伴有化脓灶的疾病以及网胃异物刺伤心肌。

(2)马的急性心肌炎多见于炭疽、传染性胸膜肺炎、急性传染性贫血、传染性支气管炎、大叶性肺炎、支气管性肺炎、马腺疫、脑脊髓炎、血孢子虫病、幼驹脐炎、败血症和脓毒败血症的经过中。也可发生于植物性的夹竹桃中毒和汞、砷、磷、锑、铜中毒等的经过中。

(3)猪的急性心肌炎常见于猪的脑心肌炎、伪狂犬病、猪瘟、猪丹毒、猪口蹄疫和猪肺疫等经过中。犬的心肌炎主要见于犬细小病毒、犬瘟热病毒、流感病毒、传染性肝炎病毒等感染;棒状杆菌、葡萄球菌、链球菌等细菌感染;锥形虫、弓形虫、犬恶心丝虫等寄生虫感染;及曲霉菌等真菌感染。

另外,风湿病的经过中,往往并发心肌炎;某些药物,如磺胺类药物及青霉素的变态反应,也可诱发本病。

(三)识别症状

(1)急性非化脓性心肌炎多以心肌兴奋的症状开始,表现为脉搏急速而充实,心搏动亢进,心音高朗。当病畜稍做运动后,心搏动加快,即使运动停止,仍可持续较长时间。这种心肌机能的反应现象,是确诊本病的依据之一。当心肌细胞变性为特征的心肌炎,多以心力衰竭为主,表现为脉搏增速和交替脉。有时听第一心音强盛伴有混浊或分裂;第二心音显著减弱,多伴有因心脏扩张、房室孔相对闭锁不全而引起的缩期性杂音。心脏代偿能力丧失时,呈现黏膜发绀,呼吸高度困难,体表静脉怒张和下颌、垂皮和四肢下端水肿等症状。

(2)脉搏于病初呈紧张、充实,随病势发展脉性变化显著,心跳与脉搏非常不对应,心跳强盛而脉搏甚微。当心肌病变严重时,出现明显的期前收缩,心律不齐。重症心肌炎的病畜,精神极度沉郁,食欲废绝,全身虚弱无力,战栗,运步踉跄,甚至出现神志昏迷、眩晕,终因心力衰竭而死亡。心电图变化:因心肌的兴奋性增高,R 波增大,收缩及舒张的间隔缩短,T 波增高以及 P-Q 和 S-T 间期缩短。严重期,R 波降低,变钝,T 波增高以及缩期延长,舒张期缩短,使 P-Q 和 S-T 间期延长。致死期,R 波更变小,T 波更增高,S 波更变小。

二、任务实施

(一)诊断

(1)根据病史(是否同时伴有急性感染或中毒病)和临床表现进行诊断。临床表现应注意心率增速与体温升高不相对应,心动过速,心律异常、心脏增大、心力衰竭等。心功能试验也是诊断本病的一项指标。这是因为心肌兴奋性增高,往往导致心脏收缩次数发生变化。首先测定病畜安静状态下的脉搏次数,后令其步行 5 min,再测其脉搏数。病畜突然停止运动后,甚至 2～3 min 以后,其脉搏仍会增加,经过较长时间脉搏才能恢复。

(2)应注意急性心肌炎与下列疾病区别:心包炎:多伴发心包拍水音和摩擦音。心内膜炎:多呈现各种心内杂音。缺血性心脏病:多发生于年龄较大的动物,多为慢性经过,多数伴有动脉硬化的表现,且无感染史和实验室证据。心肌营养不良:临床诊断,命病畜做 100～200 m 距离的跑步运动,运动停止后,脉搏立刻减缓,再经 1～2 min 后恢复正常则为心肌变性。若跑 10 min 后,心脏功能实验为阴性,则为心肌纤维变性。

(二)治疗

原则　减少心脏负担,增加心脏营养,提高心脏收缩机能和防治其原发病等。应尽早安排病畜休息,给予良好的护理,进行精细的管理,且避免过度的兴奋和运动。

病初不能用强心药,同时应注意原发病的治疗,可应用磺胺类药物,抗生素、血清和疫苗等特异性疗法。促使心肌代谢,可静脉滴注 ATP 15～20 mg,辅酶 A 35～50 IU,细胞色素 C 15～30 mg。对尿少而明显水肿的病畜,可内服利尿素进行利尿消肿,马、牛为 5～10 g,或用 10%汞撒利注射液 10～20 mL 静脉注射。心力衰竭者,为维护心脏的活动,改善血液循环,可用 20%安钠咖注射液 10～20 mL，皮下注射，每 6 h 重复一次（病初，不宜用强心剂）。也可在用0.3%硝酸士的宁注射液（牛 10～20 mL 皮下注射）的基础上，用 0.1% 肾上腺素注射液 3～5 mL 皮下注射。

（三）预防

此病的预防措施，在于平时对家畜的饲养管理和使役等方面，给予足够的关心和注意，使家畜增强抵抗力，防止发病和根治其原发病。当病畜基本痊愈后，仍需加强护理，慎重地逐渐用于使役，以防复发，甚至突然死亡。

技能 3　急性心内膜炎的诊治

一、任务资讯

（一）了解概况

急性心内膜炎是指心内膜及其瓣膜的炎症，临床上以血液循环障碍，发热和心内器质性杂音为特征。本病发生于各种动物。犬、猪发生较多，牛和马次之。

（二）认识病因

原发性心内膜炎多数是由细菌感染引起的。牛主要是由化脓性放线菌、链球菌、葡萄球菌和革兰氏阴性菌引起；马是由马腺疫链球菌和其他化脓性细菌引起；猪是由猪丹毒杆菌和链球菌引起；羔羊是由埃希氏大肠杆菌和链球菌引起。

继发性心内膜炎多数继发于牛的创伤性网胃炎、慢性肺炎、乳腺炎、子宫炎和血栓性静脉炎。也可由心肌炎、心包炎等蔓延而发病。此外，新陈代谢异常、维生素缺乏、感冒、过劳等，也易诱发本病。

（三）识别症状

(1)由于致病菌的种类和毒性强弱不同，炎症的性质以及有无全身感染的情况不同，其临床症状也不一样。有的家畜无任何前兆症状而突然死亡。有的病畜体重下降，伴发游走性跛行和关节性强拘，滑膜炎和关节触疼。大多数病畜表现为持续或间歇性发热，心动过速，收缩期杂音；牛有时也出现“高亢”心音或心音强度增强，有时甚至减弱。病初，心率增加，心搏动增强，心区震颤，继而出现心内器质性杂音，脉搏微弱，脉律不齐。有的出现食欲废绝，瘤胃臌气，腹泻或便秘，黄疸等症状。后期，发生充血性心力衰竭，出现水肿，腹水，浅表静脉怒张和搏动。心区浊音区增大。呼吸困难，触压心区，病畜出现疼痛反应。马病初有疝痛表现。如发生转移性病灶，则可出现化脓性肺炎、肾炎、脑膜炎、关节炎等。母猪常在产后 2～3 周出现无乳，继而体重下降，不愿运动，休息时呼吸困难。

(2)血液检查　嗜中性粒细胞增多和核左移，病畜血液培养病原菌，血清球蛋白升高，伴有轻度心脏衰竭的病牛血浆心房尿钠肽升高。心电图描记：荷斯坦奶牛的心电图特征为窦性心动过速，Ⅱ导联的 Qs 波加深，心电轴极度右偏。有的出现室性期前收缩，A-B 导联 QRS 综合波的电压增高。心脏超声显像和 M 型超声心动图检查：超声束通过增厚的瓣膜及其赘生物时，出现多余的回波，在舒张期，正常时的菲薄线状回波变为复合的粗钝回波，瓣膜震颤而使其真正径宽模糊不清，多数病例可见心腔扩大。

二、任务实施

(一)诊断

根据病史和血液循环障碍、心动过速、发热和心内器质性杂音等可以作出诊断。血液培养阳性和心回声检查可确诊,心脏超声显像和 M 型超声心动图检查能确立病变部位。必须注意本病与急性心肌炎、心包炎、败血症、脑膜脑炎、血斑病等鉴别。

(二)治疗

控制感染是治疗本病的关键,需长期应用抗生素治疗。应通过血液培养和药物敏感实验,选择最小抑菌浓度的最佳药物。青霉素和氨苄青霉素是抑制化脓性放线菌和链球菌的首选药物,无革兰氏阴性菌或抗青霉素的革兰氏阳性菌感染时,可直接应用青霉素(22 000～33 000 IU/kg 体重)或氨苄青霉素(10～20 mg/kg 体重),一日 2 次,连用 1～3 周。

对慢性化脓性放线菌感染,用青霉素配合利福平(每次 5 mg/kg 体重,灌服),一日 2 次。当出现静脉扩张,腹下水肿时,除用抗生素外,还应用速尿,0.5 mg/kg 体重,一日 2～3 次。当病畜出现疼痛或跛行时,灌服阿司匹林 15.6～31.0 g,一日 2 次。为维持心脏机能,可应用洋地黄、毒毛旋花子苷 K 等强心剂;对于继发性心内膜炎,应治疗原发病。

(三)预防

平时应加强传染病的预防,发现感染性疾病应及早治疗。此外,应加强饲养管理,避免兴奋或运动。

技能 4　心脏瓣膜病的诊治

一、任务资讯

(一)了解概况

心脏瓣膜病是心脏瓣膜、瓣孔(包括内膜壁层)发生各种形态或结构上器质性变化,导致血液循环障碍的一种慢性心内膜疾病。以心内器质性杂音和血液循环紊乱为特征。本病多发生于马和犬,猫、猪、牛、鹿、火鸡等动物都有本病的记载。

(二)认识病因

由急性心内膜炎演变,引起瓣膜瓣孔发生形态学变化。急性多发性关节炎,猪丹毒,猪链球菌病,传染性胸膜肺炎,流感,慢性心肌炎,心脏衰弱、心脏扩张的经过中,瓣膜自身虽无形态学变化,但由于瓣孔相对的扩大,或乳头肌紧张性短缩或腱索紧张度减退,可发生相对性闭锁不全。先天性心脏瓣膜病主要有心房和心室间隔缺损、先天性瓣膜病、心脏或心内膜发育异常等。

(三)识别症状

由于病畜的品种和侵害部位不同,病情有一定差异,其临床症状也较为复杂。

(1)心房间隔缺损　此病为犬、猫常见的先天性心脏病,它可单独存在,也可与其他类型并存。单发此病时,临床症状不十分明显,只是健康检查时偶然发现。听诊在肺动脉瓣口处有最强点的驱出性杂音,第一心音亢进,有时分裂,第二心音分裂。X 线检查可见肺动脉干及其主分支明显扩张。并发动脉导管未闭时,可出现早期心功能不全。当发生于静脉窦时,X 线检查可见前腔静脉阴影突出。

(2)心室间隔缺损　在犬、猫等动物易发。其症状根据缺损大小和肺动脉压高低而不同。缺损小时，生长发育和运动无异常；仅剧烈运动时，耐力较差。听诊有较粗糙的收缩期杂音；X线检查，心脏阴影有轻度扩张，肺血管阴影稍增强。缺损较大时，心电图可见R波增高，出现"双向分流"，肺动脉压增高使右心室肥厚时，可见右束支完全或不完全性传导阻滞，临床上可视黏膜发绀；收缩期杂音和第二心音高亢。

(3)二尖瓣闭锁不全和狭窄　这是马、犬、猫和猪常见的疾病。左心室收缩，左心室一部分血液还流左心房，与肺静脉流入的血液相冲击产生旋涡运动，引起瓣膜游离缘震颤，发生收缩期杂音。心房内血液量增加，血压升高，致使左心房扩张；心房经常驱出较正常为多的血液量，因而发生代偿性左心房肥大。肺静脉淤血，发生呼吸困难，淤血影响肺动脉和右心房导致右心室肥大，最后使右心衰竭。主要症状：左侧心搏动强盛，触诊心区可感到收缩期心壁震颤。代偿减弱时，脉搏减弱。胸壁左侧可听到全收缩期心内杂音，牛、猪最佳听诊点为第四肋间，肘头上方1～2指。由于肺动脉压升高，第二心音增强，于左侧第三肋与肋骨和肋软骨交界处可听到。由于左心房和左右心室均发生肥大，使左右两侧心脏绝对浊音界都扩大。

(4)当左心室代偿机能减弱时，因肺静脉淤血，出现呼吸急速和支气管卡他。也可发生肺水肿。当右心室代偿机能减弱时，则发生体循环淤血，呈现黏膜发绀，颈静脉怒张和水肿等，脉搏减弱。左房室孔狭窄：左心室舒张时，左心房的血液流入左心室受到一定抵抗，致使部分血液流入左心室。这时左心室的血液形成旋涡运动，引起瓣膜游离缘的颤动，产生舒张期杂音。由于左心房的淤血，除使左心房发生扩张外，并延及肺静脉、肺动脉；同时波及右心室，使右心室扩张、肥大，最后导致右心衰竭。由于肺淤血，使肺动脉压升高，肺动脉第二音增强。主要症状：心搏动强盛，心区触诊感到胸壁震颤。听诊第一心音正常或较强，第二心音多被杂音所覆盖，或在舒张期后听取最明显。牛最佳听诊点第四肋间，均在肘头上方1～2指处。有时出现第二心音分裂或重复。由于肺淤血，导致右心室扩张、肥大，右侧心脏浊音界扩大，患病动物出现呼吸困难，黏膜发绀，易患慢性支气管肺炎。

(5)三尖瓣闭锁不全　右心室收缩期由于三尖瓣闭锁不全，则右心室的血液还流入右心房，与由前后腔静脉流入血液相冲击，引起旋涡运动，发生收缩期杂音。逆流血液引起静脉系统淤血。由于右心房被血液所充满，发生扩张，终至右心室扩张，有时也发生肥大。由于门脉循环障碍，内脏各器官，如肝、脾、胃、肠等发生淤血和水肿。主要症状：听诊胸壁右侧可听到收缩期性杂音，牛最佳听诊点为第三肋间，肘头前上方1～2指处。由于肺动脉缺血，所以第二心音减弱，脉搏微弱。右侧心脏浊音界扩大。颈静脉怒张呈索状，当心室收缩时，逆入右心房的部分血液，又可进入右心房的静脉中，因此发生阳性颈静脉搏动。这是三尖瓣闭锁不全的示病症状。逆行血液使大静脉血液排入右心房发生障碍，引起全身静脉淤血，导致黏膜发绀，各个器官发生水肿或体腔积液。

(6)右房室孔狭窄　本病牛、猪多发。心室舒张期，血液由心房流入右心室受到一定抵抗，致使部分血液流入右心室。血液形成旋涡运动，发生舒张期性杂音。该杂音于舒张期后听取较明显。第二心音被杂音所掩盖。主要症状：心区触诊心搏动减弱，脉搏减弱。听诊右侧有舒张期性杂音，牛、猪最佳听诊点为右侧第三肋间，肘头上方1～2指处。血液淤滞在右心房，引起右心房扩张，发生全身淤血，颈静脉怒张和阴性颈静脉波动。同时呼吸迫促和继发性水肿。因心力衰竭性血液循环障碍，患病动物较快死亡。

(7)法乐氏四联症　又称先天性紫绀四联症。其病变主要为:室间隔缺损,肺动脉狭窄,主动脉右位,右心室肥大。主要是因为主动脉干在胚胎期分化紊乱,未形成完整的室间隔所致。主动脉同时接受左右心室的血液,致使右心室流向肺动脉的血液明显受阻。动物由于缺氧发育迟缓、发绀。运动耐力差,极易疲劳;轻微运动则呼吸困难,甚至晕厥。心脏听诊可闻粗粝的收缩期杂音,但杂音位置和强度不定,肺动脉愈狭窄,杂音愈弱。X 线检查,可见右心室肥大。由于肺循环不足,肺野清晰。外周血液的血气分析,血氧分压降低。血液学检查,红细胞增多。

二、任务实施

(一)诊断

心脏瓣膜疾病,需要根据其产生时间、性质、强度及其最强听诊点进行诊断。要确诊时,最好借助于心脏超声显像或 M 型超声心动图检查,必要时还需进行心导管检查,X 线检查,心血管造影,心电图描记等特殊检查。心脏瓣膜病的临床症状表现多样化,应平时多注意,不断积累经验,以很好地掌握。

(二)治疗

当病畜的心脏瓣膜病处于代偿期间时,不可使用强心剂,否则会缩短代偿作用的期限,为使其发挥较长时期的心脏代偿作用,应限制使役,避免兴奋,注意营养。当代偿作用丧失后,还需应用适当的药物来维持心脏活动机能,在血液循环障碍和血压降低的情况下,酌情使用洋地黄、毒毛旋花子苷 K、咖啡因、硝酸士的宁、硫酸阿托品及水杨酸钠等各种强心药。但药物治疗不能使心脏形态学的病理变化痊愈,应从动物的经济价值,使用价值等方面考虑是否需要进行手术治疗。此外,对一些心脏瓣膜病应采取对症治疗,给予抗生素或利尿药等,有一定的效果。

(三)预防

患有先天性心脏瓣膜病的病畜需加强护理,后天性心脏瓣膜病应加强饲养管理,避免兴奋或运动,加强传染病的预防,发现其他炎性疾病应及早治疗。

技能 5　循环虚脱的诊治

一、任务资讯

(一)了解概况

循环虚脱又称外周循环衰竭,是血管舒缩功能紊乱或血容量不足引起心排血量减少,组织灌注不良的一系列全身性病理综合征。由血管舒缩功能引起的外周循环衰竭,称为血管性衰竭。由血容量不足引起的,称为血液性衰竭。循环虚脱的临床特征为心动过速、血压下降、体温低、末梢部厥冷、浅表静脉塌陷、肌肉无力乃至昏迷和痉挛。

(二)认识病因

循环虚脱的病因较为复杂,大致可分为以下几种:

(1)血容量突然减少　大手术失血过多,肝、脾等内脏破裂,胃肠道疾病较严重时引起的呕

吐和腹泻等导致严重脱水，大面积烧伤使血浆大量丧失，中毒过程中引起脱水，各类型的心脏病等，都可以发生心力衰竭，心脏输出血量减少，血压急剧下降，导致循环虚脱。

(2)剧痛和神经损伤　手术、外伤和其他伴有剧烈疼痛的疾病，脑脊髓损伤，麻醉意外等使交感神经兴奋或血管运动中枢麻痹，周围血管扩张，血容量相对降低。

(3)严重中毒和感染　出血性败血症，脓毒血症，穿孔性急性腹膜炎，大叶性肺炎，流行性脑炎以及感染创等。其中各种细菌毒素，特别是革兰氏阴性细菌、肠道细菌内毒素的侵害，以及霉形体、病毒、血液原虫、溶血性大肠杆菌、金色葡萄球菌，或继发感染等过程中，先是因肾上腺素分泌增多，内脏与皮肤等部分的毛细血管和小动脉收缩，血液灌注量不足，引起缺血、缺氧，产生组胺与5-羟色胺，继而毛细血管扩张或麻痹，形成淤血、渗透性增强、血浆外渗，导致微循环障碍，发生虚脱。

(4)过敏反应　注射血清和其他生物制剂，使用青霉素、磺胺类药物产生的过敏反应，血斑病和其他过敏性疾病的过程中，产生大量5-羟色胺、组织胺、缓激肽等物质，引起周围血管扩张和毛细血管床扩大，血容量相对减少。

(三)识别症状

(1)初期　精神轻度兴奋，烦躁不安，汗出如油，耳尖、鼻端和四肢下端发凉，黏膜苍白，口干舌红，心率加快，脉搏快弱，气促喘粗，四肢与下腹部轻度发绀，显示花斑纹状，呈玫瑰紫色，少尿或无尿。

(2)中期　随着病情的发展，病畜精神沉郁，反应迟钝，甚至昏睡，血压下降，脉搏微弱，心音浑浊，呼吸疾速，节律不齐，站立不稳，步态踉跄，体温下降，肌肉震颤，黏膜发绀，眼球下陷，全身冷汗黏手，反射机能减退或消失，昏迷，病势垂危。

(3)后期　血液停滞，血浆外渗，血液浓缩，血压急剧下降，微循环衰竭，第一心音增强，第二心音微弱，甚至消失。脉搏短缺，呼吸浅表疾速。出现陈-施二氏呼吸或间断性呼吸，呈现窒息状态。

二、任务实施

(一)诊断

根据失血、失水、严重感染、过敏反应或剧痛的手术和创伤等病史，再结合黏膜发绀或苍白，四肢厥冷，血压下降，尿量减少，心动过速，烦躁不安，反应迟钝，昏迷或痉挛等临床表现可以作出诊断。也可通过具有循环衰竭迹象而查不出心脏异常，但存在已知的原发性病因作出诊断，此时，应注意原发性病因所引起的特殊症状，从而确诊。

本病必须与心力衰竭进行鉴别诊断。循环虚脱是由静脉回心血量不足，使浅表大静脉充盈不良而塌陷，颈静脉压和中心静脉压低于正常值；心力衰竭时，因心肌收缩功能减退，心脏排空困难，使静脉血回流受阻而发生静脉系统淤血，浅表大静脉过度充盈而怒张，颈静脉压和中心静脉压明显高于正常值。

(二)治疗

本病的治疗，首先应根据病情发展过程，确定治疗原则，采取急救措施。一般治疗原则为：补充血容量，纠正酸中毒，调整血管舒缩机能，保护重要脏器的功能，及时采用抗凝血治疗。

(1)补充血容量　注射5%葡萄糖生理盐水，生理盐水，葡萄糖溶液等。同时注射右旋糖酐溶液1 500～3 000 mL，可维持血容量，防治血管内凝血。补液量可根据皮肤皱褶试验，眼球

凹陷程度、尿量、红细胞比容来判断和计算补液量。

(2)纠正酸中毒　用5%碳酸氢钠注射液，与补充血容量同时进行。

(3)调整血管舒缩机能　常用山莨菪碱100～200 mg静脉滴注，每隔1～2 h重复用药一次，连用3～5次，若病情严重，可按1～2 mg/kg体重静脉注射，待病畜黏膜变红，皮肤变温，血压回升时，可停药。硫酸阿托品，马、牛0.08 g，羊0.05 g，皮下注射，可缓解血管痉挛，增加心排出量，升高血压，兴奋呼吸中枢。氯丙嗪0.5～1.0 mg/kg体重肌肉或静脉注射，可扩张血管，镇静安神，适用于精神兴奋、烦躁不安、惊厥的病畜。如果病畜的血容量已补足，循环已改善，但血压仍低，可用异丙肾上腺素或多巴胺。异丙肾上腺素，马、牛2～4 mg，每1 mg混于5%葡萄糖注射液1 000 mL内，开始以30滴/min左右的速度静脉滴注，如发现心动过速、心律失常，必须减慢或暂停滴入。多巴胺，马100～200 mg，牛60～100 mg，加到5%葡萄糖溶液或生理盐水中静脉滴注。

(4)保护脏器功能　对处于昏迷状态且伴发脑水肿的病畜，为降低颅内压，改善脑循环，可用25%葡萄糖注射液，20%甘露醇注射液，当出现陈-施二氏呼吸时，可用25%尼可刹米注射液，马、牛10～15 mL，猪、羊1～4 mL，皮下注射，以兴奋呼吸中枢，缓解呼吸困难。当肾功能衰竭时，给予双氢克尿噻，马、牛0.5～2.0 g；猪、羊0.05～0.1 g；犬25～50 mg，灌服。此外，为了改善代谢机能，恢复各重要脏器的组织细胞活力，增进治疗效果，还应考虑应用三磷酸腺苷、细胞色素C、辅酶A、肌苷等制剂。

(5)抗凝血　为了减少微血栓的形成，减少凝血因子和血小板的消耗，可用肝素0.5～1.0 mg/kg体重，溶于5%葡萄糖注射液内静脉注射，每4～6 h一次。同时应用丹参注射液效果更佳。应用肝素后，如果发生出血加重时，可缓慢注射鱼精蛋白(1 mg肝素用1 mg鱼精蛋白)对抗。在发生弥漫性血管内凝血时，一般禁用抗纤维蛋白溶解制剂。但当纤维蛋白溶解过程过强，且与大出血有关时，可在使用肝素的同时，给予抗纤维蛋白溶酶制剂，如6-氨基己糖，马、牛5～10 g；猪、羊1～2 g，用5%葡萄糖注射液或生理盐水配成3.52%的等渗溶液后静脉滴注。

(6)按照中医辨证施治的原则，循环虚脱，如气阴两虚、心悸气促、口干舌红、无神无力、眩晕昏迷，宜用生脉散：党参80 g、麦冬50 g、五味子25 g，热重者加生地、丹皮；脉微加石斛、阿胶、甘草，水煎去渣，灌服。若因正气亏损、心阳暴脱，自汗肢冷，心悸喘促，脉微欲绝，病情危重，则应大补心阳，回阳固脱，宜用四逆汤：制附子50 g、干姜100 g、炙甘草25 g，必要时加党参，水煎去渣，灌服。目前，已将生脉散和四逆汤制成针剂，中西结合，起到协同功效。

(三)预防

应加强护理，避免受寒、感冒，保持安静，避免刺激，注意饲养，给温水，病情好转时给予大麦粥，麸皮或优质干草等增加营养。

技能6　急性出血性贫血的诊治

一、任务资讯

(一)了解概况

急性出血性贫血是由于血管，特别是动脉管被破坏，使机体发生严重出血之后，而血库及造血器官又不能代偿时所发生的贫血。

(二)认识病因

由于外伤或外科手术使血管壁受损,动脉管发生大出血后,机体血液丧失过多。如鼻腔、喉及肺受到损伤而出血,牛的皱胃溃疡和猪的胃出血,母畜分娩时损伤产道,公畜去势止血不良所引起的血管断端出血及发生于某些部位的肿瘤等引起的长期大量出血。内脏器官受到损伤引起的内出血,尤其是作为血库的肝和脾破裂时严重出血。曾见到乳牛放牧时,由于跌倒而造成脾破裂,引起大量内出血,在 1 h 内死亡。

(三)识别症状

(1)根据机体状态,出血量的多少及出血时间的长短,临床表现不尽相同。轻症时:病畜表现衰弱无力,呆立,四肢叉开,运步时不稳。严重时:休克,由于脑贫血,发生呕吐,视力减弱,肌肉痉挛和可视黏膜苍白。体温降低,排出黏稠冷汗,四肢厥冷,不随意排尿,瞳孔散大,反应迟钝。渴欲明显,食欲消失,心脏听诊时有收缩期杂音,呼吸加快,气喘。红细胞数及血红蛋白量降低,血沉加快。

(2)血液学变化　出血后由于血管内血液总量减少,引起血液动力学的应答性反应,所有代偿机能都起作用。首先是真正的血库(肝、脾等)及补充性的扩散性血库排出血液。其次是毛细血管网收缩,相应部分的动脉收缩,最后液体从组织中回流到血管,此时血液稀薄,红细胞数及血红蛋白量降低,血沉加快。出血后,骨髓开始再生活动,到第四、五天时达到最高峰。一般来说,幼畜比老畜强,单蹄动物比猪及部分牛的反应强。因此,在出血后血液中出现网织红细胞、多染性红细胞、嗜碱性颗粒红细胞增多,同时出现成红细胞。血液中未成熟的红细胞,其直径比正常的红细胞稍大一些。在红细胞中,血红蛋白的饱和度不足,血色指数低于 1.0。

二、任务实施

(一)诊断

根据临床症状,如黏膜苍白,不愿走动,低头呆立,排出黏稠冷汗,四肢厥冷,瞳孔散大,反应迟钝以及发病情况可作出诊断。对内出血所造成的贫血必须进行细致全面的检查才能作出诊断,最有价值的是进行腹腔穿刺,看是否有血液。当脾脏和肝脏破裂时,穿刺可见有血液。

(二)治疗

治疗原则是针对出血原因立即止血,增加血管充盈度,补充造血物质等,缓解休克状态。

(1)止血　出血性贫血时应立即止血,避免血液大量丧失,方法如下:

局部止血　外部出血时,具有损伤且能找到出血的血管时,可应用外科止血方法进行结扎或压迫止血。较好的方法是电热烧烙止血。

全身止血　对内出血及加强局部止血时应用。选用 5%的安络血注射液,马、牛 5～20 mL,猪、羊 2～4 mL,肌肉注射,一日 2～3 次。止血敏,马、牛 10～20 mL,猪、羊 2～4 mL,肌肉注射或静脉注射。4%的维生素 K_3 注射液,马、牛 0.1～0.3 g,猪、羊 8～40 mg,肌肉注射,一日 2～3 次。凝血质注射液,马、牛 20～40 mL,猪、羊 5～10 mL。10%的氯化钙注射液,马、牛 100～150 mL,静脉注射。

(2)输血　小量输血既能促进血液凝固,又能刺激血管运动中枢,反射性地引起血管的痉挛性收缩,加强血液凝固的作用。同种家畜的相合血液,马、牛 100 mL,静脉输入。大量输血不仅有止血作用,还可补充血液量和增加抗体,病畜输入异体血后,可兴奋网状内皮系统,促进造血机能,提高血压。马、牛可输 2 000～3 000 mL。

(3)补液　应用右旋糖酐和高渗葡萄糖溶液可补充血液量。右旋糖酐 30 g,葡萄糖 25 g,加水至 500 mL,静脉注射,马、牛 500～1 000 mL,猪、羊 250～500 mL。

(4)补充造血物质 硫酸亚铁,马、牛 2～10 g,猪、羊 0.5～2 g,内服。柠檬酸铁铵,马、牛 5～10 g,猪 1～2 g,内服,每日 2～3 次;维生素 B_{12} 等肌肉注射。

技能 7　血斑病的诊治

一、任务资讯

(一)了解概况

血斑病,也叫出血性紫癜。临床上以皮下组织广泛性水肿和出血性肿胀并伴发黏膜和内脏出血为特征。

本病多发生于马,也可见于牛和猪。患病马匹以皮下组织广泛性水肿和出血性肿胀为特征,并伴有黏膜和内脏出血。本病仅呈散发性,但在军马群中或航运期间(或之后),可有很高的发病率。近期发生过上呼吸道感染者,发病率和死亡率较高。

(二)认识病因

(1)病因尚不完全清楚,由于伴随上呼吸道等器官感染而发生,因此认为本病的发生是一种对病原菌蛋白质变态性反应的结果。本病是血管性出血性素质的疾病,毛细血管壁损伤而伴随血浆外渗和血液进入组织中是本病发生的基础,而损伤的根源尚无肯定结论。

(2)大多数学者认为,本病的发生是由于机体吸收化脓性和长期转移性坏死病灶的蛋白质分解产物而产生的一种过敏性反应;但也有人认为,该病是由于某种变态反应性素质重复感染或中毒,使已经致敏的机体出现了全身血管变态反应。有人给马多次连续注射链球菌提取液,一个月后再次注射这种提取液,该马于注射 7 d 后发生典型的出血性紫癜病而死亡。

(3)马的血斑病常发生于马腺疫链球菌感染后 1～3 周,以首次感染时的链球菌蛋白为抗原,持续地在循环血液中过剩存在,并与急性感染恢复后产生的抗体发生抗原-抗体反应,从而成为马急性非接触传染的一种变态反应性疾病,故视本病为马腺疫的一种后遗症或马传染性动脉炎或马传染性鼻炎的一种并发症。当广泛暴发马腺疫时,本病的发病率也达到最高。

(4)此外,还有自发性血斑病,即无原发病的病例,实际上可能是蛔虫、丝虫、絛虫等寄生虫侵袭,某种霉菌感染或抗生素等药物过敏所致。

(三)识别症状

(1)病初,鼻黏膜、眼结膜和其他部位出血,这种出血起初呈小点状,最后融合成淤血斑,同时黏膜表面分泌淡黄色黏液状浆液。浆液干燥时形成黄色、黄褐色或污秽色的干痂。病情严重时,出血的黏膜发生坏死并形成溃疡。发生血斑的同时,在皮肤和皮下结缔组织,可以出现小的浆液性出血性肿胀,进一步发展而融成大片。肿胀一般多数在面部及鼻镜,且不一定呈对称性。肿胀无热无痛,压迫有凹痕,并且压迫到接近正常组织时,凹痕就逐渐消失,因此在肿胀与健康组织之间没有明显的界线。

(2)肿胀的皮肤可能是紧张、膨胀的,甚至有血清漏出,但皮肤并不裂开。由于肿胀的发展呈弥漫性,扩展范围很大,可使马体轮廓变得模糊,甚至完全变形,形成河马头。轻症时体温接近正常。皮肤或黏膜有坏死或溃疡，或发生并发症时，可发生高热。病程通常1～2周，许多动物在血液丧失和继发细菌感染的末期死亡。在康复期可以复发。血液学检查：重症者由于出血，红细胞和血红蛋白减少，有明显的嗜中性白细胞增多症，但血小板数量的抑制不明显。不严重的病例有白细胞增多症，核左移；白细胞减少表示预后不良。

二、任务实施

（一）诊断

典型的血斑病，依据可视黏膜的出血斑块和体躯上部侧方的对称性肿胀，较易作出诊断。但非典型血斑病或病初黏膜出血和皮肤水肿不明显时，较难诊断。应根据血斑病的出血和水肿特点具体分析，参照发病情况、全身状态及其他体征，比较鉴别。

（二）治疗

治疗原则为加强护理、脱敏、制止漏出，防止并发症及对症治疗。给予病畜足量的清洁饮水和柔软易消化的全价饲料及青干草，并安置在宽敞、通风良好的厩舍内。脱敏用盐酸苯海拉明，牛0.6～1.2 g；猪、羊0.08～0.12 g，每日1～2次，灌服。异丙嗪，牛0.25～1.0 g，猪、羊0.1～0.5 g，每日1～2次，灌服。止血可用10%氯化钙注射液或10%葡萄糖酸钙注射液100～200 mL，5%抗坏血酸注射液20～40 mL，葡萄糖生理盐水500～1 000 mL，混合静脉注射，每日一次，连续使用。或用维生素K 0.3 g，加入饮水，一日两次。输血对本病有良好效果，牛每次1 000～2 000 mL，每日或隔日一次，连续数日。

【学习评价】

评价内容	评价方式			评价等级
	自我评价	小组评价	教师评价	
课前搜集有关的资料				A. 充分；B. 一般；C. 不足
知识和技能掌握情况				A. 熟悉并掌握；B. 初步理解；C. 没有弄懂
团队合作				A. 能；B. 一般；C. 很少
思维条理性（有条理地表达自己的意见，解决问题的过程清楚）				A. 强；B. 一般；C. 不足
思维创造性（提出和别人不同的问题，或用不同的方法解决问题）				A. 强；B. 一般；C. 很少
学习态度（操作活动、听讲、作业）				A. 认真；B. 一般；C. 不认真
信息科技素养				A. 强；B. 一般；C. 很少
总　评				

【技能训练】

一、复习与思考

1.简述心力衰竭的发生原因。

2.不同类型贫血的发病原因是什么?

二、案例分析

黄牛,6岁,近日来食欲不定,反刍减少,粪便干硬。本村兽医曾按消化不良治疗,病情未见好转,反而加重,于是到县兽医院求治。经检查,体温39 ℃,呼吸每分钟40次,脉搏每分钟115次;听诊肺中部混合性呼吸音增强,心区有拍水音,触诊瘤胃蠕动力减弱,颈静脉高度怒张呈绳索状。

1.根据以上症状资料,你怀疑牛得了什么病?

2.临床还应检查哪些内容,各有什么表现?

任务四　泌尿系统疾病的诊治

【知识目标】

1.了解动物泌尿系统疾病的发生、发展规律。

2.熟悉动物常见泌尿系统疾病的诊疗技术要点。

3.重点掌握动物肾炎、肾病、肾盂肾炎、膀胱炎、膀胱麻痹、尿道炎和尿结石等病的发病原因、发病机制、临床症状、治疗方法及预防措施。

【技能目标】

通过本任务的学习,使学生能够学会尿液的检查方法以及正确诊断和治疗肾炎、肾病和尿结石的技术。

技能1　肾炎的诊治

一、任务资讯

(一)了解概况

肾炎是指肾小球、肾小管或肾间质组织发生炎症的病理过程。临床上以水肿,肾区敏感与疼痛,尿量改变及尿液中含多量肾上皮细胞和各种管型为特征。按其病程分为急性和慢性肾炎两种;按炎症发生的部位可分为肾小球性和间质性肾炎;按炎症发生的范围可分为弥漫性和局灶性肾炎。

临床特征:肾区敏感,疼痛,尿液减少,尿液含有病理产物,临床上以急性和慢性及间质性肾炎为多发,各种动物均可发生,而间质性肾炎主要发生在牛。

(二)认识病因

肾炎的发病原因不十分清楚,但认为与感染、毒物刺激和变态反应有关。

(1)感染　多继发于某些传染病的经过之中,如炭疽、牛出败、口蹄疫、结核、传染性胸膜肺炎、败血症,猪和羊的败血性链球菌、猪瘟、猪丹毒及牛病毒性腹泻等。

(2)毒物作用　主要是有毒植物、霉败变质的饲料与被农药和重金属(如砷、汞、铅、镉、钼等)污染的饲料及饮水或误食有强烈刺激性的药物(如斑蝥,松节油等);内源性毒物主要是重剧性胃肠炎症,代谢障碍性疾病,大面积烧伤等疾病中所产生的毒素与组织分解产物,经肾脏排出时而致病。

(3)诱发　过劳,创伤,营养不良和受寒感冒均为肾炎的诱发因素。此外,本病也可由肾盂肾炎、膀胱炎、子宫内膜炎、尿道炎等邻近器官炎症的蔓延和致病菌通过血液循环进入肾组织而引起。据报道,肾间质对某些药物呈现一种超敏反应,可引起药源性间质性肾炎,已知的药物有:二甲氧青霉素、氨苄青霉素、先锋霉素、噻嗪类及磺胺类药物。犬的急性间质性肾炎多数发生在钩端螺旋体感染之后。慢性肾炎的原发性病因,基本上与急性肾炎相同,只是作用时间较长,性质较为缓和。

(三)识别症状

(1)急性肾炎　病畜食欲减退,精神沉郁,消化不良,体温微升。由于肾区敏感、疼痛,病畜不愿行动。站立时腰背拱起,后肢叉开或齐收腹下。强迫行走时腰背弯曲,发硬,后肢僵硬,步样强拘,小步前进,尤其向侧转弯困难。病畜频频排尿,但每次尿量较少,严重者无尿。尿色浓暗,相对密度增高,甚至出现血尿。肾区触诊,病畜有痛感,直肠触摸,手感肾脏肿大,压之敏感,病畜站立不安,甚至躺下或抗拒检查。由于血管痉挛,眼结膜显淡白色,动脉血压可升高达29.26 kPa(正常值15.96～18.62 kPa)。主动脉第二心音增高,脉搏强硬。

重症病例,见有眼睑、颌下、胸腹下、阴囊部及牛的垂皮处发生水肿。病的后期,病畜出现尿毒症,呼吸困难,嗜睡,昏迷。尿液检查,蛋白质呈阳性,镜检尿沉渣,可见管型、白细胞、红细胞及多量的肾上皮细胞。血液检查,血液稀薄,血浆蛋白含量下降,血液非蛋白氮含量明显增高。有资料报道,马的肾炎,血液蛋白含量下降,血液非蛋白氮可达1.785 mmol/L以上(正常值1.428～1.785 mmol/L)。

(2)慢性肾炎　病畜逐渐消瘦,血压升高,脉搏增数,硬脉,主动脉第二心音增强。疾病后期,眼睑、颌下、胸前、腹下或四肢末端水肿,重症者体腔积水。尿量不定,尿中有少量蛋白质,尿沉渣中有大量肾上皮细胞和各种管型。血中非蛋白氮含量增高,尿蓝母增多,最终导致慢性氮质血症性尿毒症,病畜倦怠,消瘦,贫血,抽搐及出血倾向,直至死亡。典型病例主要是水肿,血压升高和尿液异常。

二、任务实施

(一)诊断

根据病史(多发生于某些传染病或链球菌感染之后,或有中毒的病史),临床特征(少尿或无尿,肾区敏感,主动脉第二心音增强,水肿),和尿液化验(尿蛋白、血尿、尿沉渣中有多量肾上皮细胞和各种管型)进行综合诊断。本病应与肾病鉴别。肾病,临床上有明显水肿和低蛋白血症,尿中有大量蛋白质,但无血尿及肾性高血压现象。

(二)治疗

(1)消除炎症,控制感染　一般选用青霉素,按每千克体重,肌肉注射一次量为:牛、马1万～2万IU,猪、羊、马驹、犊牛2万～3万IU,每日3～4次,连用一周。其次链霉素、诺氟沙

星、环丙沙星合并使用可提高疗效。

(2)免疫抑制疗法　鉴于免疫反应在肾炎的发病学上起重要作用，而肾上腺皮质激素在药理剂量时具有很强的抗炎和抗过敏作用。所以，对于肾炎病例多采用激素治疗，一般选用氢化可的松注射液，肌肉注射或静脉注射，一次量：牛、马 200～500 mg，猪、羊 20～80 mg，犬 5～10 mg，猫 1～5 mg，每日一次；亦可选用地塞米松，肌肉注射或静脉注射，一次量：牛、马 10～20 mg，猪、羊 5～10 mg，犬 0.25～1 mg，猫 0.125～0.5 mg，每日一次。有条件时可配合使用超氧化物歧化酶(SOD)、别嘌呤及去铁敏等抗氧化剂，在清除氧自由基，防止肾小球组织损伤中起重要作用。

(3)促进排尿，减轻或消除水肿　可选用利尿剂，如双氢克尿噻，牛、马 0.5～2 g，猪、羊 0.05～0.2 g，加水适量灌服，每日一次，连用 3～5 d。中兽医称急性肾炎为湿热蕴结证，治法为清热利湿，凉血止血，代表方剂“秦艽散”加减。慢性肾炎属水湿困脾证，治法为燥湿利水，方用苍术、厚朴、陈皮各 60 g，泽泻 45 g，大腹皮、茯苓皮、生姜皮各 30 g，水煎灌服。

(三)预防

(1)加强管理，防止动物受寒、感冒，以减少病原微生物的感染。

(2)注意饲养，保证饲料的质量，禁止喂饲动物有刺激性或发霉、腐败、变质的饲料，以免中毒。

(3)对患急性肾炎的病畜，应及时采取有效的治疗措施，彻底消除病因以防复发或转为慢性肾炎。

技能 2　肾病的诊治

一、任务资讯

(一)了解概况

肾病又称肾变病，是一种肾小管上皮发生变性、坏死为主而无炎症性变化的肾脏疾病。其病理变化特征是肾小管上皮混浊肿胀、上皮细胞弥漫性脂肪变性与淀粉样变性及坏死。临床上以大量蛋白尿，明显水肿和低蛋白血症，但无血尿及血压升高现象为特征。各种动物均可发生，但以马为多见。

(二)认识病因

肾病的原因有多种，其中以中毒与缺氧为重要因素。

(1)中毒性肾病　常见家畜蛋白性与脂肪性肾病。蛋白性肾病通常发生在传染性胸膜肺炎、口蹄疫、结核病和猪丹毒等急、慢性传染病，以及重金属元素、霉菌毒素等中毒病的经过中。而脂肪性肾病则常见于严重的妊娠中毒，原发性酮病及某些传染病。

(2)低氧性肾病　发生于大的撞击伤，马的氮尿症，输血性贫血，大面积烧伤和其他引起大量游离血红蛋白与肌红蛋白的疾病。

(3)其他肾病　空泡性肾病，或称为渗透性肾病，与低血钾有关。犬和猫的糖尿病，常因糖沉着于肾小管上皮细胞，尤其是沉积于髓质外带与皮质的最内带时而导致糖原性肾病。在禽痛风时，因尿酸盐沉着于肾小管而导致尿酸盐肾病。

(三)识别症状

(1)一般症状与肾炎相似,与肾炎的根本区别是肾病没有血尿,尿沉渣中无红细胞及红细胞管型。轻症病例,仅呈现原发病固有的症状。尿中有少量的蛋白质和肾上皮细胞。当尿呈酸性反应时可见少量管型。严重病例,则出现不同程度的消化障碍,如食欲减退、周期性腹泻等,病畜逐渐消瘦,衰弱和贫血,并出现水肿和体腔积水。尿量减少,相对密度增高,尿中含有大量蛋白质,尿沉渣中见有大量肾小管上皮细胞及颗粒管型和透明管型。

(2)慢性肾病,尿量无显著改变,当肾小管上皮细胞严重变性或坏死时,重吸收功能降低,尿量增加,相对密度降低。血液学变化,轻症病例无明显变化,重症者红细胞数减少,白细胞数正常或轻度增加,血小板计数偏高。血红蛋白降低,血沉加快,血浆总蛋白降低至 20～40 g/L(低蛋白血症),血液中总脂、胆固醇和甘油三酯含量均明显增高。

二、任务实施

(一)诊断

肾病的诊断,主要根据尿液化验,尿液中含有大量蛋白质,肾上皮细胞,透明管型和颗粒管型,但无红细胞和红细胞管型,然后结合病史(中毒或缺氧等病史)及临床症状(水肿、无血尿等)建立诊断。

(二)防治

肾病的防治方法是在加强饲养管理的同时采取病因治疗和对症治疗。

(1)病因治疗　针对中毒性肾病、低氧性肾病及其他原因引起的原发性肾病,采取消除病因和控制治疗。注射抑菌消炎药以控制病原微生物的感染,采用清理体内毒物与毒素的方法来处理由毒性物质所致的原发病等。

(2)对症治疗　给病畜饲喂富含蛋白质的饲料,以补充机体漏失的蛋白质,纠正低蛋白血症。对肉食动物饲喂牛奶,草食家畜应饲喂优质豆科植物,配合少量块根饲料。

(3)利尿消肿　适当使用利尿剂,可以控制和消除水肿,改善病畜一般情况。胃肠道水肿消退后,病畜食欲增加,对防制感染有利。常用的利尿剂有:

髓袢利尿剂　可用速尿静脉注射或灌服。本药适用于肾功能减退者,其用量可根据水肿程度及肾功能情况而定,一般用量,犬、猫 5～10 mg/kg 体重,牛、马 0.25～0.5 g/kg 体重,每日 1～2 次,连用 3～5 d。

噻嗪类　一般病例可用双氢克尿噻,灌服,牛、马 0.5～2 g,猪、羊 0.05～0.1 g,每日 1～2 次,连用 3～4 d,同时应补充钾盐。

也可选用乙酰唑胺(成犬 100～150 mg,灌服,每日 3 次),氯噻嗪、利尿素等利尿药。促进蛋白质的生成,可应用丙酸诺龙,牛、马 0.2～0.4 g,猪、羊 0.05～0.1 g,肌肉注射。或丙酸睾丸素,牛、马 0.1～0.3 g,猪、羊 0.05～0.1 g,肌肉注射,2～3 d 一次。

(4)免疫抑制治疗　在治疗效果不满意时应用,可提高疗效。常用环磷酰胺,可作用于细胞内脱氧核糖核酸或信使核糖核酸,影响 B 淋巴细胞的抗体生成,减弱免疫反应。使用剂量可参考人的用量(200 mg/d 环磷酰胺置于生理盐水中)作静脉注射,5～7 d 为一疗程。

技能3　尿结石的诊治

一、任务资讯

（一）了解概况

尿结石又称尿石病，是指尿路中盐类结晶凝结成大小不一、数量不等的凝结物，刺激尿路黏膜而引起的出血性炎症和尿路阻塞性疾病。

临床上以腹痛、排尿障碍和血尿为特征。本病各种动物均可发生，主要发生于公畜。羊尿石病的发病率可达33.4%。犬的发病率为28%，住院猫发病率为10%。据临床观察，本病多呈地方性发生。

（二）认识病因

尿石的成因不十分清楚，但普遍认为是泌尿器官病理状态下的全身性矿物质代谢紊乱的结果，与下列因素有关。

（1）高钙、低磷和富硅、富磷的饲料　长期饲喂高钙低磷的饲料和饮水，可促进尿石形成。猪饲料中主要是甘薯及其副产品，经测定其干物质中含钙1.23%，磷0.12%。调查研究表明，尿石的形成与饲料、品种关系密切。例如产棉地区，棉饼是牛、羊的主要饲料，长期饲喂棉饼的牛、羊，极易形成磷酸盐尿结石。有些地区，习惯用甜菜根、萝卜、马铃薯为主要饲料喂猪，结果易产生硅酸盐尿石病。安徽皖北及其他小麦和玉米产区的动物易患尿石病，其原因是麸皮和玉米等饲料中富含磷。

（2）饮水缺乏　人工致病试验已证实，尿石的形成与机体脱水有关。因此，饮水不足是尿石形成的重要因素，如天气炎热，农忙季节过度使役，饮水不足，机体出现不同程度的脱水，使尿中盐类浓度增高，促使尿石的形成。

（3）维生素A缺乏　维生素A缺乏可导致尿路上皮组织角化，促进尿石形成。但实验性牛、羊维生素A缺乏病，未发生尿石病。

（4）感染因素　肾和尿路感染发炎时，炎性产物，脱落的上皮细胞及细菌聚积，可成为尿石形成的核心物质。

（5）其他因素　甲状旁腺机能亢进，长期周期性尿液潴留，大量应用磺胺类药物等均可促进尿石的形成。近十多年来，相继报道了鸡的肾结石和尿路结石的病例，分析其病因主要是饲养环境卫生条件差，维生素缺乏和高钙饲料引起。

（三）识别症状

尿结石病畜主要表现为：

（1）刺激症状　病畜排尿困难，频频作排尿姿势，叉腿，拱背，缩腹，举尾，阴户抽动，努责，嘶鸣，线状或点滴状排出混有脓汁和血凝块的红色尿液。

（2）阻塞症状　当结石阻塞尿路时，病畜排出的尿流变细或无尿排出而发生尿潴留。因阻塞部位和阻塞程度不同，其临床症状也有一定差异。结石位于肾盂时，多呈肾盂肾炎症状，有血尿。阻塞严重时，有肾盂积水，病畜肾区疼痛，运步强拘，步态紧张。当结石移行至输尿管并发生阻塞时，病畜腹痛剧烈。直肠内触诊，可触摸到其阻塞部近肾端的输尿管显著紧张而且膨胀。膀胱结石时，可出现疼痛性尿频，排尿时病畜呻吟，腹壁抽缩。尿道结石，公牛多发生于乙状弯曲或会阴部，公马多阻塞于尿道的骨盆中部。当尿道不完全阻塞时，病畜排尿痛苦且排尿时间延长，尿液呈滴状或线状流出，有时有血尿。当尿道完全被阻塞时，则出现尿闭或肾性腹痛现象，病畜频频举尾，屡作排尿动作但无尿排出。尿路探诊可触及尿石所在部位，尿道外部触诊，病畜有疼痛感。直肠内触诊时，膀胱内尿液充满，体积增大。若长期尿闭，可引起尿毒症或发生膀胱破裂。在结石未引起刺激和阻塞作用时，常不显现任何临床症状。

二、任务实施

(一)诊断

非完全阻塞性尿结石可能与肾盂肾炎或膀胱炎相混淆，只有通过直肠触诊进行鉴别。犬、猫等小动物可借助 X 线影像显示相区别，尿道探诊不仅可以确定是否有结石，还可判明尿石部位。还应注重饲料构成成分的调查，综合判断作出确诊。

(二)治疗

本病的治疗原则是消除结石，控制感染，对症治疗。常用下列方法和药物。

(1)中医药治疗　中医称尿路结石为“砂石淋”。根据清热利湿，通淋排石，病久者肾虚并兼顾扶正的原则，一般多用排石汤(石苇汤)加减：海金沙、鸡内金、石苇、海浮石、滑石、瞿麦、萹蓄、车前子、泽泻、生白术等。

(2)水冲洗　导尿管消毒，涂擦润滑剂，缓慢插入尿道或膀胱，注入消毒液体，反复冲洗。适用于粉末状或沙粒状尿石。

(3)尿道肌肉松弛剂　当尿结石严重时，可使用 2.5% 的氯丙嗪注射液肌肉注射，牛、马 10～20 mL，猪、羊 2～4 mL，猫、犬 1～2 mL。

(4)手术治疗　尿石阻塞在膀胱或尿道的病例，可实施手术切开，将尿石取出。据报道，对草酸盐尿石的病畜，应用硫酸阿托品或硫酸镁灌服。对磷酸盐尿结石的病畜，应用稀盐酸进行冲洗，可获得良好的治疗效果。

(三)预防

(1)地区性尿结石　应查清动物的饲料、饮水和尿石成分，找出尿石形成的原因，合理调配饲料，使饲料中的钙磷比例保持在 1.2∶1 或者 1.5∶1 的水平。并注意饲喂维生素 A 丰富的饲料。

(2)磁化饮水　家畜饮水通过磁化后，pH 升高，溶解能力增强，不仅能预防尿石的形成，而且能使尿石疏松破碎而排出。水磁化后放入水槽中，经过 1 h，让病畜自由饮水。

(3)及时治疗动物泌尿器官炎症性疾病，以免出现尿潴留。平时应适当增喂多汁饲料或增加饮水，以稀释尿液，减少对泌尿器官的刺激，并保持尿中胶体与晶体的平衡。

(4)在肥育犊牛和羔羊的日粮中加入 4% 的氯化钠对尿石的形成有一定的预防作用，同样，在饲料中补充氯化铵，对预防磷酸盐结石有效。

技能 4　膀胱炎的诊治

一、任务资讯

(一)了解概况

膀胱炎是膀胱黏膜及其黏膜下层的炎症。临床上以疼痛性频尿和尿中出现较多的膀胱上

皮细胞、炎性细胞、血液和磷酸铵镁结晶为特征。多发于母畜，以卡他性膀胱炎多见。在犬，常见化脓性、坏死性膀胱炎。

（二）认识病因

膀胱炎的发生与创伤，尿潴留，难产，导尿、膀胱结石等有关。常见病因有：

（1）细菌感染　除某些传染病的特异性细菌继发感染之外，主要是化脓杆菌和大肠杆菌，其次是葡萄球菌、链球菌、绿脓杆菌、变形杆菌等经过血液循环或尿路感染而致病。有人认为，膀胱炎是牛肾盂肾炎最常见的先兆，因此，肾棒状杆菌也是膀胱炎的病原菌。

（2）机械性刺激或损伤　导尿管过于粗硬，插入粗暴，膀胱镜使用不当以致损伤膀胱黏膜。膀胱结石、膀胱内赘生物、尿潴留时的分解产物以及带刺激性药物，如松节油、酒精、斑蝥等的强烈刺激。

（3）邻近器官炎症的蔓延　肾炎、输尿管炎、尿道炎，尤其是母畜的阴道炎、子宫内膜炎等，极易蔓延至膀胱而引起本病。毒物影响或某种矿物质元素缺乏。缺碘可引起动物的膀胱炎；牛蕨中毒时，因毛细血管的通透性升高，可发生出血性膀胱炎。

（三）识别症状

（1）急性膀胱炎　典型的临床表现是频频排尿，或屡作排尿姿势，但无尿液排出，病畜尾巴翘起，阴户区不断抽动，有时出现持续性尿淋漓，痛苦不安等症状。直肠检查，病畜抗拒，表现疼痛不安，触诊膀胱，手感空虚。若膀胱括约肌受炎性产物刺激，长时间痉挛性收缩时可引起尿闭，严重者可导致膀胱自发性穿孔破裂。尿液检查，终末尿为血尿。尿液混浊，尿中混有黏液、脓汁、坏死组织碎片和血凝块，并有强烈的氨臭味。尿沉渣镜检，可见到多量膀胱上皮细胞、白细胞、红细胞、脓细胞和磷酸铵镁结晶等。

（2）慢性膀胱炎　由于病程长，病畜营养不良，消瘦，被毛粗乱，无光泽，其排尿姿势和尿液成分与急性者略同。若伴有尿路梗阻，则出现排尿困难，但排尿疼痛不明显。

二、任务实施

（一）诊断

急性膀胱炎可根据疼痛性频尿，排尿姿势变化等临床特征以及尿液检查有大量的膀胱上皮细胞和磷酸铵镁结晶，进行综合判断。在临床上，膀胱炎与肾盂肾炎，尿道炎有相似之处，但只要仔细检查分析和全面化验是可区分的。肾盂肾炎，表现为肾区疼痛，肾脏肿大，尿液中有大量肾盂上皮细胞。尿道炎，镜检尿液无膀胱上皮细胞。

（二）治疗

本病的治疗原则是，加强护理，抑菌消炎，防腐消毒及对症治疗。

（1）抑菌消炎　与肾炎的治疗基本相同。对重症病例，可先用0.1%高锰酸钾或1%～3%硼酸，或0.1%的雷佛奴尔液，或0.02%呋喃西林，或0.01%新吉尔灭液，或1%亚甲蓝做膀胱冲洗，在反复冲洗后，膀胱内注射青霉素80万～120万IU，每日1～2次，效果较好。同时，肌肉注射抗生素配合治疗。

（2）尿路消毒　呋喃坦啶，灌服，或40%乌洛托品，马、牛50～100 mL，静脉注射。中兽医称膀胱炎为气淋。主证为排尿艰涩，不断努责，尿少淋漓。治宜行气通淋，治方可用沉香、石苇、滑石（布包）、当归、陈皮、白芍、冬葵子、知母、黄柏、枸杞子、甘草、王不留行，水煎灌服。对于出血性膀胱炎，可服用：秦艽50 g，瞿麦40 g，车前子40 g，当归、赤芍各35 g，炒蒲黄、焦山楂

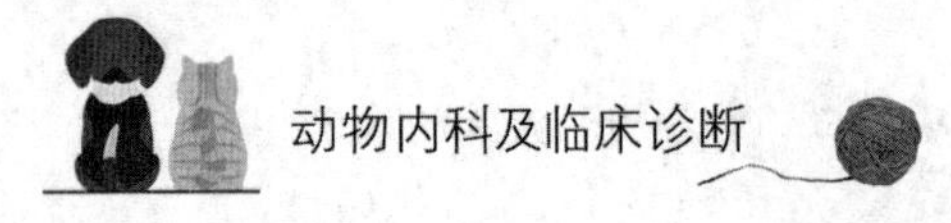

各 40 g,阿胶 25 g,研末,水调灌服。单胃动物膀胱炎或尿路感染时,用鲜鱼腥草打浆灌服,效果良好。

(三)预防

改善饲养管理,首先应使病畜适当休息,饲喂以无刺激性、富含营养且易消化的优质饲料为宜,并给予清洁的饮水。对高蛋白质饲料及酸性饲料,应适当地加以限制。为了缓解尿液对黏膜的刺激作用,可增加饮水或输液。

技能5　尿毒症的诊治

一、任务资讯

(一)了解概况

尿毒症是指肾功能衰竭发展到严重阶段、代谢产物和毒性物质在体内蓄积而引起机体中毒的全身综合症候群。

它不是一种独立的疾病,而是泌尿器官疾病晚期发生的临床综合征。

临床上可出现神经、消化、血液、循环、呼吸、泌尿和骨骼等系统的一系列症状和特征。各种动物均可发生。

(二)认识病因

尿毒症为继发综合征,主要是各种原因引起的急性或慢性肾衰竭,或者是由慢性肾炎、慢性肾盂肾炎等各种肾脏疾患所引起。

(三)识别症状

临床上将尿毒症分为真性尿毒症和假性尿毒症两种类型。

(1)真性尿毒症　主要是因含氮产物如胍类毒性物质在血液和组织内大量蓄积(氮质血症)。病畜表现精神沉郁,厌食,呕吐,意识障碍,嗜睡,昏迷,腹泻,胃肠炎,呼吸困难,严重时呈现陈-施二氏呼吸,呼气有尿味。还可见到出血性素质,贫血和皮肤瘙痒现象。血液非蛋白氮显著升高。

(2)假性尿毒症　是由其他(如胺类、酚类等)毒性物质在血液内大量蓄积,致使脑血管痉挛和由此引起的脑贫血所致,又称抽搐性尿毒症或肾性惊厥。临床上主要表现为突发性癫痫样抽搐及昏迷。病畜呕吐,流涎,厌食,瞳孔散大,反射增强,呼吸困难,并呈阵发性喘息,卧地不起,衰弱而死亡。

二、任务实施

(一)诊断

除临床症状外,可根据病史调查,血液和尿液的实验室生化检验结果,进行综合判断,作出确诊。

(二)治疗

治疗原发病,加强饲养管理,减少日粮蛋白和氨基酸的含量,补充维生素是防止尿毒症进一步发展的重要措施。为缓解酸中毒,纠正酸碱失衡,可静脉注射碳酸氢钠,一次注射量,牛、马 5~30 g,猪、羊 2~6 g,猫 0.5~1.5 g。为纠正水与电解质紊乱,应及时静脉输液。为促进蛋白质合成，减轻氮质血症，可采用透析疗法，以清除体内毒性物质。此外，还可采用对症治疗。

【学习评价】

评价内容	评价方式			评价等级
	自我评价	小组评价	教师评价	
课前搜集有关的资料				A. 充分；B. 一般；C. 不足
知识和技能掌握情况				A. 熟悉并掌握；B. 初步理解；C. 没有弄懂
团队合作				A. 能；B. 一般；C. 很少
思维条理性（有条理地表达自己的意见，解决问题的过程清楚）				A. 强；B. 一般；C. 不足
思维创造性（提出和别人不同的问题，或用不同的方法解决问题）				A. 强；B. 一般；C. 很少
学习态度（操作活动、听讲、作业）				A. 认真；B. 一般；C. 不认真
信息科技素养				A. 强；B. 一般；C. 很少
总　评				

【技能训练】

一、复习与思考

1. 临床上常见的肾炎有哪三种类型，如何将它们区别开来？
2. 肾病的发病原因有哪些，急性肾小球肾炎有哪些临床症状？
3. 试述尿石症的发生与哪些因素有关？

二、案例分析

某养殖场的一头奶牛，体温 40 ℃，脉搏 67 次/min，呼吸数为 20 次/min。精神沉郁，食欲减退，排尿次数增多，排尿时尾巴翘起，阴户区不断抽搐，痛苦不安。直肠检查，膀胱空虚，触压膀胱，病畜抗拒不安。尿液检查，尿中含有大量的红细胞、白细胞、膀胱上皮细胞。

1. 该病牛可能患有何种疾病？诊断依据是什么？
2. 请你制定一个具体的治疗方案。

任务五　神经系统疾病的诊治

【知识目标】

1. 了解动物神经系统疾病的发生、发展规律及致病因素。

2.熟悉一般脑症状和局部脑症状的概念。

3.掌握脑膜脑炎的病因、症状特征、诊断与治疗方法。

【技能目标】

通过本任务内容的学习,使学生具备诊断和治疗常见神经系统疾病的能力和技术,重点要具备能够诊断和治疗动物脑膜脑炎的能力。

技能1　脑膜脑炎的诊治

一、任务资讯

(一)了解概况

脑膜脑炎是脑膜及脑实质的一种炎性疾病。脑膜及脑实质受到传染性或中毒性因素的侵害,首先软脑膜及整个蛛网膜下腔发生炎性变化,继而通过血液和淋巴途径侵害到脑,引起脑实质的炎症;或者脑膜与脑实质同时发生炎症。本病临床上以高热、脑膜刺激症状、一般脑症状及局灶性脑症状为特征。

(二)认识病因

脑膜脑炎的发生主要由传染性因素和中毒性因素引起,同时也与邻近器官炎症的蔓延和自体抵抗能力有关。

(1)传染性因素　包括各种引起脑膜脑炎的传染性疾病,如狂犬病、新城疫、犬瘟热、结核、乙型脑炎、链球菌感染、葡萄球菌病、沙门氏菌病、巴氏杆菌病、大肠杆菌病、化脓性棒状杆菌病等,这些疾病往往发生脑膜和脑实质的感染,出现脑膜脑炎。

(2)中毒性因素　重金属毒物(如铅)、类金属毒物(如砷)、生物毒素(如黄曲霉毒素)、化学物质(如食盐)等发生中毒时,都具有脑膜脑炎的病理现象。

(3)寄生虫性因素　在脑组织受到脑包虫、羊鼻蝇蚴等的侵袭,亦可导致脑膜脑炎的发生。

(4)邻近器官炎症的蔓延　在动物发生中耳炎、化脓性鼻炎、额窦炎、腮腺炎以及褥疮、踢伤、角伤等发生感染性炎症时经蔓延或转移至脑部而发生本病。

(5)诱发性因素　饲养管理不当、受寒、感冒、过劳、中暑、脑震荡、长途运输、卫生条件不良、饲料霉败时,动物的机体抵抗力降低或脑组织局部的抵抗力降低,诱发条件性致病菌的感染,引起脑膜脑炎的发生。

(三)识别症状

神经系统和其他系统有着密切的联系,神经系统可影响其他系统、器官的活动,因此,脑膜脑炎的症状较为复杂,除表现出神经系统症状以外,还表现出体温、呼吸、脉搏、食欲等方面的症状。

脑膜脑炎的神经症状包括一般脑症状和局灶性脑症状。

(1)一般脑症状　脑膜脑实质充血、水肿,神经系统兴奋和抑制过程破坏,表现为过度兴奋或过度抑制或两者交替出现,往往为先过度抑制,突然发生过度兴奋的表现。

①过度兴奋　动物神志不清,狂躁不安,攀登饲槽,挣断缰绳,无目的冲撞,不避障碍物,常有攻击行为,严重时全身痉挛,以后转为高度抑制。

②过度抑制　精神抑制，意识障碍，闭目垂头，目光无神，不听使唤，站立不动，甚至呈现昏睡状态。

(2)局灶性脑症状　由于脑组织的病变部位不同，特别是脑干受到侵害时，所表现的局灶性症状也不一样。主要表现为缺失性症状和释放性症状两个方面。

①缺失性症状　包括以下几个方面：

咽及舌肌麻痹　吞咽困难，舌脱垂。

面神经和三叉神经麻痹　唇歪向一侧或弛缓下垂。

眼肌和耳肌麻痹　斜视，上眼睑下垂；耳弛缓下垂。

单瘫或偏瘫　一组肌肉或某一器官麻痹，或半侧机体麻痹。

②释放性症状　包括以下几个方面：

眼肌痉挛　眼球震颤，斜视，瞳孔左右不同(散大不均匀)，瞳孔反射机能消失。

咬肌痉挛　牙关紧闭(咬牙切齿)，磨牙。

唇、鼻、耳肌痉挛　唇、鼻、耳肌收缩。

项肌和颈肌痉挛　项和颈部的肌肉强直，头向后上方或一侧反张；倒地时，四肢作有节奏的游泳样运动。

二、任务实施

(一)诊断

根据一般脑症状、局灶性脑症状以及脑脊液检查，并结合病史调查和病情发展过程一般不难诊断。但应注意与流行性乙型脑炎、狂犬病、牛恶性卡他热等病毒性脑炎，维生素 A 缺乏症等代谢病，食盐中毒、铅中毒等疾病相鉴别。

(二)治疗

治疗原则　加强护理、消除病因、降低颅内压(控制脑膜及脑实质的充血和水肿)、杀菌消炎、解毒、控制神经症状和对症治疗。

(1)加强护理、消除病因　将动物置于安静、舒适的环境中，避免外界刺激，派专人监管，对一些运动功能丧失的患病动物应勤换垫草勤翻身，防止发生褥疮。根据发病情况，及时消除致病因素。

(2)降低颅内压

①颈静脉放血　马、牛可颈静脉放血 1 000～2 000 mL，再用 5%葡萄糖生理盐水 1 000～2 000 mL，静脉注射。

②冷水淋头　对体温升高，颅部灼热的动物，可用冷水淋头，以促进血管收缩，降低颅内压。

③使用脱水剂和利尿剂　20%甘露醇或 25%山梨醇注射液，静脉注射，应在 30 min 内注射完毕，以降低颅内压，改善脑循环，防止脑水肿。

(3)杀菌消炎　应选择能透过血脑屏障的抗菌药物。能够良好透过血脑屏障的抗菌药物包括氯霉素类药物和磺胺类药物，在炎症时能够通过血脑屏障的抗菌药物包括青霉素类和头孢菌素类药物。

(4)解毒　根据不同毒物及中毒时间选择解毒方法。

(5)控制神经症状

①对兴奋不安的动物应进行镇静。安溴注射液，水合氯醛，地西泮等。

②对过度神经抑制的可用20%安钠咖，当呼吸衰竭时，可用尼克刹米以兴奋呼吸中枢，肌肉、皮下或静脉注射，以病情需要决定给药次数。

(6)对症治疗

①心功能不全时可应用安钠咖、氧化樟脑等强心剂。

②对不能吮乳的幼畜，应适当补液，维持营养。

③如果大便迟滞，宜用硫酸钠或硫酸镁，加适量防腐剂，灌服，以清理肠道，防腐止酵，减少腐解产物吸收，防止发生自体中毒。

(三)预防

加强平时饲养管理，注意防疫卫生，防止传染性与中毒性因素的侵害。群体动物中动物相继发生本病时，应隔离观察和治疗，防止传播。

技能2 癫痫的诊治

一、任务资讯

(一)了解概况

癫痫是一种暂时性大脑皮层机能异常的神经机能性疾病。临床上以短暂反复发作，感觉障碍，肢体抽搐，意识丧失，行为障碍或植物性神经机能异常等为特征，俗称“羊癫风”。见于各种动物，但多见于猪、羊、犬和犊牛。

(二)认识病因

本病病因分原发性和继发性两种，临床上多见于继发性因素。

(1)原发性癫痫　又称真性癫痫或称自发性癫痫。其发生原因，一般认为是因病畜脑机能不稳定，脑组织代谢障碍，加之体内外的环境改变而诱发。有报道，真性癫痫与遗传有关。已证实，瑞典红牛和瑞士褐牛的癫痫由常染色体控制，呈隐性或显性遗传；德国牧羊犬的癫痫由常染色体隐性遗传；美国考卡犬癫痫的发病率高，也与遗传因素有关。

(2)继发性癫痫　又称症候性癫痫。常继发于以下疾病：

①颅脑疾病，如脑膜脑炎、颅脑损伤、脑血管疾病、脑水肿、脑肿瘤或结核性赘生物。

②传染性和寄生虫疾病，如传染性牛鼻气管炎、伪狂犬病、犬瘟热、狂犬病、猫传染性腹膜炎、脑囊虫病及脑包虫病等。

③某些营养缺乏病，如维生素A缺乏、维生素B缺乏、低血钙、低血糖、缺磷和缺硒等。据报道，土壤硒含量低于0.105 6 mg/kg，饲料硒低于0.057 mg/kg，动物易患腹泻，影响维生素A的吸收，导致癫痫的发生。

④中毒病，如铅、汞等重金属中毒及有机磷、有机氯等农药中毒。

⑤此外，惊吓、过劳、超强刺激、恐惧、应激等都是癫痫发作的诱因。

二、任务实施

(一)诊断

本病的诊断主要是根据病史和临床特征。但要作出明确的病因学诊断，需进行全面系统

的临床检查，包括对整个神经系统的仪器检查和实验室血、粪、尿及毒物检查。

（二）治疗

(1)本病治疗，主要先查清病因，纠正和处理原发病，此外可对症治疗，减少癫痫发作的次数，缩短发作时间，降低发作的严重性。选用苯巴比妥，按 30～50 mg/kg 体重，每日 3 次。也可单独或联合用扑癫酮和苯妥因钠治疗，效果较好。灌服丙戊酸钠片，每日2次，每次 1～2 片，维持服药 2～3 d，对犊牛癫痫或局限性发作的控制有效。苯妥因钠2～6 mg/kg 体重，谷维素，每只 10～30 mg，维生素 B_1，每只 10～20 mg，混合灌服，治疗犬癫痫，疗效满意。

(2)中兽医采用平肝熄风、宁心安神、理气化痰、定惊止痛、镇癫定痉为治则，治方为“定癫散”，全蝎、胆南星、白僵蚕、天麻、朱砂、川芎、当归、钩藤，水煎灌服。生明矾 60 g，鸡蛋清 5 个，温水调灌，隔日一次，连灌 3～4 次，有控制癫痫的作用。

（三）预防

癫痫发作期间停止使役，病畜拴于宽敞厩舍，厩舍垫以软草。有发病史的病畜不宜在山上、河边放牧，以防意外。

技能 3　日射病和热射病的诊治

一、任务资讯

（一）了解概况

日射病是家畜在炎热的季节中，头部持续受到强烈的日光照射而引起的中枢神经系统机能严重障碍性疾病。热射病是动物所处的外界环境气温高，湿度大，产热多，散热少，体内积热而引起的严重中枢神经系统机能紊乱的疾病。临床上日射病和热射病统称为中暑。本病在炎热的夏季多见，病情发展急剧，甚至迅速死亡。各种动物均可发病，牛、马、犬及家禽多发。

（二）认识病因

(1)原发性病因　在高温天气和强烈阳光下使役、驱赶和奔跑等常常可发病。厩舍拥挤，通风不良或在闷热（温度高、湿度大）的环境中繁重使役，用密闭而闷热的车、船运输等都是引起本病的常见原因。

(2)继发性病因　家畜体质衰弱，心脏功能、呼吸功能不全，代谢机能紊乱，家畜皮肤卫生不良，出汗过多，饮水不足，缺乏食盐，以及在炎热天气从北方运往南方的家畜，适应性差、耐热能力低，都易促使本病的发生。

（三）识别症状

在临床实践中，日射病和热射病常同时存在，因而很难精确区分。

(1)日射病　常突然发生，病初病畜精神沉郁，四肢无力，步态不稳，共济失调，突然倒地，四肢作游泳样运动。随着病情进一步发展，体温略有升高，呈现呼吸中枢、血管运动中枢机能紊乱，甚至麻痹症状。心力衰竭，静脉怒张，脉微弱，呼吸急促而节律失调，结膜发绀，瞳孔散大，皮肤干燥。皮肤、角膜、肛门反射减退或消失，腱反射亢进，常发生剧烈的痉挛或抽搐而迅速死亡，或因呼吸麻痹而死亡。

(2)热射病　突然发病，体温急剧上升，高达 41 ℃以上，皮温增高，甚至皮温烫手，白毛动物全身通红，马出现大汗。病畜站立不动或倒地张口喘气，两鼻孔流出粉红色、带小泡沫的鼻液。心悸，脉搏疾速，每分钟可达百次以上。眼结膜充血，瞳孔扩大或缩小。后期病畜呈昏迷状态，意识丧失，四肢划动，呼吸浅而疾速，节律不齐，脉不感手，第一心音微弱，第二心音消失，血压下降，收缩压10.66～13.33 kPa，舒张压为8.0～10.66 kPa。濒死前，多有体温下降，常因呼吸中枢麻痹而死亡。

二、任务实施

(一)诊断

根据发病季节，病史资料和体温急剧升高，心肺机能障碍和倒地昏迷等临床特征，容易确诊。但应与肺水肿和充血、心衰和脑充血等病相区别。

(二)治疗

以防暑降温，维护心肺机能，纠正酸中毒，治疗脑水肿为原则，及时采取急救措施。

(1)在护理上，首先将病畜移到阴凉、通风的地方，用冷水浇头或直肠灌注，或浇注全身，同时饮喂大量清凉淡盐水。

(2)促进体热发散，可用2.5%盐酸氯丙嗪注射液，牛、马10～20 mL，猪、羊4～5 mL，肌肉注射(对昏迷病畜慎用)，一般在体温降至39～40 ℃时，即可停止降温，以免体温过低、发生虚脱。

(3)维护心、肺机能，防止发生肺水肿，宜用强心剂，如安钠咖等后，立即静脉泻血，马、牛1 000～2 000 mL，猪可剪耳尖、尾尖放血。泻血后即用复方氯化钠注射液或生理盐水，马、牛2 000～3 000 mL，猪、羊500 mL，静脉注射。

(4)纠正酸中毒，可应用5%碳酸氢钠液300～500 mL，静脉注射。

(5)治疗脑水肿(有呼吸不规则，两侧瞳孔大小不等和颅内压增高的症状)，可用20%甘露醇注射液，马、牛500～1 500 mL，猪、羊100～250 mL，静脉注射。

(6)对狂暴不安的病畜，用镇静剂。

(7)呼吸衰竭时，应用尼可刹米。

(8)恢复期应用缓泻剂及中枢兴奋剂。

(三)预防

加强饲养管理，炎夏使役不能过度，防止日光直射头部，厩舍及车船运输不能过度拥挤，要注意充分休息，给足饮水，补喂食盐等。

技能4　膈痉挛的诊治

一、任务资讯

(一)了解概况

膈痉挛是膈神经受到异常刺激，兴奋性增高，致使膈肌发生痉挛性收缩的一种疾病。中兽医称“跳肷”。临床上以腹部及躯干呈现有节律的振动，腹胁部一起一伏有节律的跳动，俯身于鼻孔附近可听到一种呃逆音为特征。根据膈痉挛与心脏活动的关系，可分为同步性膈痉挛和非同步性膈痉挛，前者与心脏活动一致，而后者与心脏活动不相一致。临床上马、骡多见，也常

发生于犬和猫。有统计表明，1 000 例以上的犬病中，膈痉挛约占 7%。

（二）认识病因

（1）凡能使膈神经受到刺激的因素，都可引起膈痉挛。临床上此类原因很多，包括消化器官疾病，如胃肠过度膨满、胃肠炎症、消化不良、食道扩张等。急性呼吸器官疾病，如纤维素性肺炎、胸膜炎等。脑和脊髓的疾病，尤其是膈神经起始处的脊髓病。中毒性疾病，肠道内腐败发酵产生的有毒产物影响，蓖麻毒素中毒等都可引起膈痉挛。

（2）其他方面，如运输、电解质紊乱、过劳等代谢性疾病以及肿瘤、主动脉瘤等的压迫等，也都可引起膈痉挛的发生。此外，膈神经与心脏位置的关系存在先天性异常，也是发生膈痉挛的一个原因。膈神经及其髓鞘病变，可引起慢性继发性膈痉挛。低血容量和低氯血症的病马，大量服用碳酸氢钠，可发生同步性膈痉挛。

（三）识别症状

本病的主要特征是病畜腹部及躯干发生独特的节律性振动，尤其是腹胁部一起一伏有节律的跳动，与此同时，可伴发急促的吸气。兽医俯身靠近病畜鼻孔附近，可听到明显的呃逆音。对于同步膈痉挛，腹部振动次数与心跳动次数相一致。对于非同步性膈痉挛，腹部振动次数要少于心跳动次数。当动物发生膈痉挛时，病畜总表现为不饮不食，神情焦躁不安，头颈频繁伸张，大量流涎。膈痉挛的病犬出现典型的电解质紊乱和酸碱平衡失调是因为低氯性代谢性碱中毒，并伴有低血钙、低血钾和低镁血症。

膈痉挛的持续时间长短不等，通常为 5～30 min，个别病畜甚至可达 12 h 以上，最长时间可达 3 周。如果能够及时采取有效治疗措施，膈痉挛可很快消失，预后良好。

二、任务实施

（一）诊断

根据病畜腹部与躯干有节律的振动，同时伴发短促的吸气与呃逆音，一般可作出诊断。但应注意与阵发性心悸相区别。

（二）治疗

（1）本病的治疗原则是消除病因，解痉镇静。首先应查明病因，对因治疗，对低血钙或低血钾病畜，可静脉注射 10%葡萄糖酸钙 200～400 mL（牛、马），或 10%氯化钾注射液 30～50 mL（牛、马），或 0.25%普鲁卡因 100～200 mL，缓慢静脉注射。

（2）解痉镇静，可采用 25%硫酸镁 50～100 mL（牛、马），10 mL（犬）缓慢静脉注射。溴化钠 30 g，水 300 mL，一次灌服；也可用水合氯醛 20～30 g，淀粉 50 g，水 500～1 000 mL（牛、马），混合灌服，或灌肠。

（3）中兽医将“跳肷”分为肺气壅塞型、寒中胃腑型和淤血内阻型。肺气壅塞型，主症为口色微红，脉象沉实。治法为理气行滞，代表方剂“橘皮散”加减：橘皮、桔梗、当归、枳壳、紫苏、前胡、厚朴、黄芪各 30 g，茯苓、甘草、半夏各 25 g，共研细末，开水冲服。寒中胃腑型，主症为口色淡白，脉象迟缓。治法为温中降逆，代表方剂为“丁香柿蒂汤”和“理中汤”加减：丁香、柿蒂、陈皮、干姜、党参各 60 g，甘草、白术各 30 g，共研细末，开水冲服。淤血内阻型，主症为口色紫红，脉象紧数。治法为活血散淤，理气消滞，代表方剂为“血竭散”加减：血竭、制没药、当归、骨碎补、刘寄奴各 30 g，川芎、乌药、木香、香附、白芷、陈皮各 20 g，甘草 10 g，共研细末，开水冲服。

技能5 脊髓挫伤及震荡的诊治

一、任务资讯

（一）了解概况

脊髓挫伤及震荡是因脊柱骨折，或脊髓组织受到外伤所引起的脊髓损伤。临床上以呈现损伤脊髓节段所支配运动的相应部位及感觉障碍和排粪排尿障碍为特征。一般把脊髓具有肉眼及病理组织变化的损伤称为脊髓挫伤，缺乏形态学改变的损伤称为脊髓震荡。临床上多见的是腰脊髓损伤，使后躯瘫痪，所以称为截瘫。本病多发于役用家畜和幼畜。

（二）认识病因

机械力的作用是本病的主要原因。临床上常见下列情况：

(1)外部因素　多为滑跌，跳跃闪伤，用绳索套马用力过猛，折伤颈部。山区及丘陵区，放牧时突然滑跌，或鞭赶跨越沟渠时跳跃闪伤，或因役用畜在超出其力所能及的负荷时因急转弯使腰部扭伤，或因直接暴力作用，如配种时公牛个体过大或笨重物体击伤，或被车撞，家畜之间相互踢蹴椎骨引起脱臼、碎裂或骨折等。

(2)内在因素　家畜患软骨病、骨质疏松症和氟骨病时易发生椎骨骨折，因而在正常运动情况下也可导致脊髓损伤。

（三）识别症状

临床症状主要取决于脊髓受损部位与严重程度。

当动物发生脊髓全横径损伤时，其损伤节段后侧的中枢性瘫痪，双侧深、浅感觉障碍及植物神经机能异常。脊髓半横径损伤时，损伤部同侧深感觉障碍和运动障碍，对侧浅感觉障碍。脊髓灰质腹角损伤时，仅表现损伤部所支配区域的反射消失，运动麻痹和肌肉萎缩。

当动物颈部脊髓节段受到损伤时，头、颈不能抬举而卧地，四肢麻痹而瘫痪，膈神经与呼吸中枢联系中断而致呼吸停止，病畜则立即死亡。如果部分损伤，动物前肢反射机能消失，全身肌肉抽搐或痉挛，粪尿失禁，或便秘和尿闭，有时可引起延脑麻痹而致吞咽障碍，脉搏徐缓，呼吸困难以及体温升高。

当动物胸部脊髓节段受到损伤时，则损伤部位的后方麻痹或感觉消失，腱反射亢进，有时后肢发生痉挛性收缩。

当动物腰部脊髓节段受到损伤时，如果损伤发生在前部，则可引起臀部、后肢、尾的感觉和运动麻痹。如果损伤中部，则股神经运动核受到损害，因此膝与腱反射消失，后肢麻痹不能站立。如果损伤在后部，则坐骨神经所支配的区域、尾和后肢感觉及运动麻痹，刺激肛门括约肌时不见收缩，粪尿失禁。

由于机械作用力而损伤脊髓膜时，受损部位的后方发生一时性的肌肉痉挛。如果脊髓膜发生广泛性出血，其损害部位附近出现持续或阵发性肌肉收缩，感觉过敏。如果脊髓径受到损害，则躯干大部分和四肢的肌肉发生痉挛。椎骨骨折时，被动性运动增高，还可听到声音，直肠检查可触摸到骨折的部位。

二、任务实施

（一）诊断

根据病畜感觉机能和运动机能障碍以及排粪排尿异常，结合病史分析，可作出诊断，但应与下列疾病进行鉴别：

麻痹性肌红蛋白尿　多发生于休闲的马在剧烈使役中突然发病。其特征是后躯运动障碍，尿中含有褐红色肌红蛋白。

骨盆骨折　病畜皮肤感觉机能无变化，直肠与膀胱括约肌机能也无异常，通过直肠检查或X线透视可诊断受损害部位。

肌肉风湿　病畜皮肤感觉机能无变化，运动之后症状有所缓和。

（二）治疗

（1）治疗原则是加强护理，防止椎骨及其碎片脱位或移位，防止褥疮，消炎止痛，兴奋脊髓。病畜疼痛明显时可应用镇静剂和止痛药，如水合氯醛、溴剂等。对脊柱损伤部位，初期可冷敷，或用松节油、樟脑酒精等涂擦。麻痹部位可施行按摩，直流电或感应电针疗法，碘离子透入疗法，或皮下注射硝酸士的宁，牛、马15～30 mg，猪、羊2～4 mg，犬、猫0.5～0.8 mg（一次量）。及时应用抗生素或磺胺类药物，以防止感染。

（2）中兽医称脊髓挫伤为腰伤，淤血阻络，治宜活血去淤、强筋骨、补肝肾，可用“疗伤散”加减。

可电针百会、肾俞、腰中、大胯、小胯、黄金等穴。

实践表明，10%戊四氮，按0.3 mL/kg体重，配合安乃近、青霉素治疗脊髓挫伤，效果好。

（三）预防

预防原则主要在于加强饲养管理，使役时严防暴力打击和跌、扑、闪伤，及时补充矿物质元素和维生素以防骨软症等。

【学习评价】

评价内容	评价方式			评价等级
	自我评价	小组评价	教师评价	
课前搜集有关的资料				A. 充分；B. 一般；C. 不足
知识和技能掌握情况				A. 熟悉并掌握；B. 初步理解；C. 没有弄懂
团队合作				A. 能；B. 一般；C. 很少
思维条理性（有条理地表达自己的意见，解决问题的过程清楚）				A. 强；B. 一般；C. 不足
思维创造性（提出和别人不同的问题，或用不同的方法解决问题）				A. 强；B. 一般；C. 很少
学习态度（操作活动、听讲、作业）				A. 认真；B. 一般；C. 不认真
信息科技素养				A. 强；B. 一般；C. 很少
总　评				

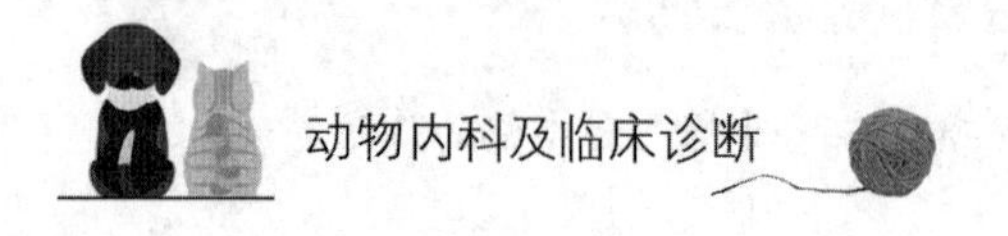

【技能训练】

一、复习与思考

1.如何评价动物神经系统疾病的治疗意义？

2.动物神经损伤性疾病的治疗措施有哪些？

3.什么是一般脑症状？什么是局灶性脑症状？

4.脑膜脑炎的发病原因有哪些，临床表现有哪些，如何诊断和治疗？

5.什么是热射病，什么是日射病，如何预防？

二、案例分析

某猪场，仔猪，30日龄，精神沉郁，食欲降低，甚至废绝。体温升高，高度兴奋，惊恐，发病严重时站立不稳，躺卧四肢呈游泳状。后期，卧地不起，意识丧失，死亡。

1.你怀疑仔猪得了什么病？诊断依据是什么？

2.请拟定一个本病的防治措施。

任务六　营养代谢性疾病的诊治

【知识目标】

1.掌握营养代谢性疾病的相关概念、发病特点、发病原因、诊断方法和防治措施。

2.掌握糖类、脂肪和蛋白质代谢障碍，维生素代谢障碍，常量元素代谢障碍，微量元素代谢障碍性疾病的发病规律、临床症状及防治方法。

【技能目标】

通过本任务内容的学习，使学生能够运用营养代谢性疾病的有关知识，具备诊断和治疗奶牛酮病、新生仔猪低血糖症、维生素缺乏症及钙磷代谢障碍病等的技术和能力。

技能1　糖尿病的诊治

一、任务资讯

(一)了解概况

糖尿病是一种常见的内分泌性代谢病，是由多种病因所引起的糖代谢障碍和继发脂肪、蛋白质、维生素、水及电解质的代谢紊乱。特征为血糖过高及糖尿，临床上以多饮、多尿、多食、消瘦为主要特征。

本病在犬较为多发，发病率为0.1%～0.6%，雌犬是雄犬的3倍，多于发情后发病，其中以5岁以上的肥胖犬发病率较高，多见于腊肠犬、西摩族犬等犬种。另外，多种猴类、狒狒和黑猩猩都有发病的报道。

(二)认识病因

动物长期过食高营养的饲料和肥胖的动物容易发生本病；捕捉、惊吓等持续的强刺激，引起动物应激反应，可促进动物的高血糖和多尿；某些药物(如黄体酮)可能是糖尿病的诱发因素；慢性胰腺炎、胰脏萎缩、胰腺肿瘤、外伤等造成胰岛素分泌障碍而引起糖尿病。本病具有遗传性，可能与多基因遗传缺陷有关。

目前将糖尿病分成四种不同的临床类型：即胰岛素依赖型糖尿病(Ⅰ型)、非胰岛素依赖型糖尿病(Ⅱ型)、妊娠糖尿病和继发型糖尿病。

(1)胰岛素依赖型糖尿病　此类病畜胰岛素分泌不足，为了防止产生酮症或严重的引起死亡，外源性胰岛素是必须提供的。胰岛素依赖型糖尿病是由于主动免疫过程破坏了胰岛素 β-细胞，使胰岛素分泌减少所致，临床症状可能在数月或数年后出现。当胰岛素分泌储备能力降低到正常水平的20%以下时，就会出现明显的葡萄糖不耐量现象。外周组织利用葡萄糖受阻，肝葡萄糖又产生过剩，导致禁食高血糖及糖耐量异常。如果紊乱的代谢通过注射胰岛素得以纠正，则表明有些 β-细胞尚有功能，这一周期称为蜜月期，时间维持数月，长的可达1年。

(2)非胰岛素依赖型糖尿病　这是一种常见的类型。病畜功能紊乱并不一致，不是绝对要依靠外源性胰岛素来维持生命。本病的发生机理目前认为与以下三点有关：①遗传预置因素。②在胰岛素敏感组织包括脂肪组织、肌肉及肝脏，胰岛素功能降低。③胰岛素 β-细胞功能缺陷。肥胖、高胰岛素血症、高血压、高甘油三酯症、HDL-C下降、动脉粥样硬化及心血管病等使胰岛素敏感性减弱的因素增加了非胰岛素依赖型糖尿病的危险性。

(3)妊娠型糖尿病　这是因为在妊娠期间糖耐量下降而得名。妊娠母畜患此类糖尿病时，血液中拮抗胰岛素的激素浓度升高，通常易有胰岛素抵抗性现象。分娩后，病畜根据血糖测试结果重新分类。在多数情况下，分娩后糖耐量恢复正常。

(4)继发型糖尿病　胰腺炎、部分或全部胰腺切除、血色素沉着病等各种破坏胰岛或产生胰岛素抵抗性的情况都可引起糖尿病。有些内分泌病，如肢端肥大症、嗜铬细胞瘤，由于对胰岛素具有拮抗作用的激素分泌增多，亦可使血糖增高。病畜因血糖浓度高，超过了肾糖阈值，故大量的葡萄糖从肾脏排出。由于尿渗透压增高，使肾小管水回吸收减少，带走大量的液体，因此尿量增多，排尿次数增加。尿量常和尿糖的含量成正比，即排出的尿糖越多，尿量也越多。由于多尿，病畜体内失去大量水分，因而口渴多饮。葡萄糖利用不充分，体内蛋白质和脂肪消耗增加，再加上水分的丧失，病畜体重减轻，消瘦乏力。

二、任务实施

(一)诊断

(1)根据“三多一少”的临床特征症状以及尿糖、高血糖等，不难作出诊断。病畜，如犬，空腹血糖升高10～13 mmol/L(正常值为3.3～6.7 mmol/L)；如猫，空腹血糖升高达11 mmol/L以上(正常值为3.9～7.5 mmol/L)，重症病畜尚可出现酮尿。但对尿糖和血糖值变化不明显或有家族性尿糖的尿，可做葡萄糖耐量试验。

(2)实验室检查：

①尿糖测定　通常用血糖试纸进行检测，主要用于糖尿病疗效的随访。

②血葡萄糖测定　血糖测定是诊断和判断此病疗效的最重要指标。取静脉血或毛细血管

血，可用全血、血浆或血清，用氧化酶法测定，这是目前使用较多的测定方法。

③血浆胰岛素和C-肽测定　血浆中的游离胰岛素可用放射免疫法测定，它能反映胰岛素β-细胞的分泌功能。对于已在使用外源性胰岛素的病畜可进行C-肽测定。这两项试验仅有助于了解胰岛素β-细胞功能和指导治疗，但不作为诊断的依据。

(3)注意与肾上腺皮质功能亢进症、尿崩症和遗传性肾性尿糖相鉴别。肾上腺皮质功能亢进症，可对病畜肌肉注射20 U促肾上腺皮质激素，根据皮质醇的消长情况来判定。尿崩症的病畜，无尿糖，但比重降低。遗传性肾性尿糖是先天性酶缺乏而引起肾小管吸收糖的功能减退，表现为多尿、蛋白尿、尿糖、多食，但血糖值不高。

(二)治疗

(1)原则为纠正机体内代谢异常，使血糖血脂恢复正常，消除症状，防止或积极治疗酮症酸中毒，防止或延缓血管及神经系统并发症。对轻或中症型病畜，应适当减少含糖和脂肪的食物。

对于食饵疗法不能控制症状时，可投服降血糖药，如磺脲类、双胍类和α-糖苷酶抑制剂等。氯磺丙脲2～5 mg/kg体重，每日1次，能直接刺激胰β-细胞释放胰岛素。为促进周围组织对葡萄糖的利用，可选用降糖灵，每日20～30 mg，灌服。

(2)对重症病畜可用胰岛素锌悬液，即慢胰岛素，首次用量为尿糖浓度的2倍单位，皮下注射。以后根据晨尿量调整注射量。当尿糖为2%以上时，胰岛素锌悬液注射量为前日用量加4 U；尿糖为1%以上时，为前日用量加2 U；尿糖为0.1%～0.5%时，投与前日用量；尿糖为阴性时，注射量由前日用量减少2 U；当出现低血糖症时，或甚至昏睡时，注射量由前日用量减少4 U以上。糖尿病性昏迷的病畜，用普通胰岛素，首用量为1～5 U/kg体重，根据病畜的反应，每隔6～8 h重复皮下注射。同时静脉注射葡萄糖液加林格溶液，4 h后按1.5 mL/kg体重用量加入5%碳酸氢钠。为防止脂肪肝，在食物中每日加入氯化胆碱0.5～2.5 g，亦可使用胰酶和胆盐。

技能2　奶牛酮病的诊治

一、任务资讯

(一)了解概况

本病是泌乳母牛在产犊后几天至几周内发生的一种代谢病，因动物体内碳水化合物及挥发性脂肪酸代谢紊乱，导致酮血症、酮尿症、酮乳症和低糖血症。临床上以不食、昏睡或兴奋、产乳量下降、机体失水、偶尔发生运动失调为特征。高产乳牛(尤其在舍饲条件下)在产后6周内发病最多，其次是乳山羊、绵羊、兔和豚鼠。猫、犬和人在患糖尿病时，也可发生类似症状。本症在高产牛群中，亚临床发病率最高，可占到产后牛群的10%～30%，虽然没有明显的临床症状，但血酮浓度增高10%～20%。

(二)认识病因

奶牛酮病的发生与多种因素相关，主要有以下几种。

(1)与分娩的关系　本病与分娩关系密切。约80%的病例发生于泌乳量开始增加的分娩后3周内，且以3～6胎次的牛居多。不妊娠的青年母牛及公牛，尚未见有本病。

(2)与季节的关系　本病从冬季到春季多发,夏季较少。天气寒冷,奶牛运动不足,饲料的改变,特别是优质粗饲料的不足,过量采食丁酸含量高的青贮饲料,均可成为发生本病的诱因。寒冷季节发生的酮病以重症居多;而夏季发生本病多因牛舍环境恶劣、高温潮湿所致,其症状较轻。

(3)与泌乳量的关系　大量泌乳,由于大量消耗乳糖,容易导致糖不足。

(4)与饲料的关系　分娩后为追求高泌乳量而给予过多的浓缩饲料,致使瘤胃机能减弱,粗饲料产生的低级脂肪酸减少,血糖降低,进而引起继发性食欲减退,营养的摄取减少,造成奶牛体内的能量负平衡而呈现酮病。

(三)识别症状

(1)消化型(多见)　体温正常,呼吸浅表,心音亢盛,呼出气体、尿液、乳中有酮臭味。精神沉郁,明显迅速的消瘦,步态蹒跚无力,泌乳急剧减少,挤乳时形成泡沫。病畜初期吃少量干草或青草等粗饲料纤维,最后完全拒食,反刍减少或停止,前胃弛缓,初期粪便有黏液,后期多排恶臭稀粪。尿呈浅黄色、水样,易形成泡沫,有酮味。肝脏叩诊浊音界扩大(位于背部最长肌外缘和10～12肋骨之间,可扩大到13肋骨)。

(2)神经型　除程度不同的消化型主要症状外,还有神经症状,多由肝昏迷引起,兴奋不安,哞叫,空嚼和频繁的转动舌头,无目的的转圈运动和异常步态,头顶撞墙和食槽。部分牛视力丧失,躯体肌肉和眼球震颤,兴奋和沉郁交替。

(3)麻痹型(瘫痪型)　除许多症状和生产瘫痪相似外,还显示出上述酮病的一些主要症状,如食欲缺乏和拒食,前胃弛缓等消化型症状及对刺激过敏,肌肉震颤,痉挛,泌乳量急剧下降等,本类型多数情况下是生产瘫痪与酮病并发,此时,只用钙制剂和乳房送风的方法收效甚微。轻型经过:改善饲养管理,减少高蛋白饲料的比例,经治疗效果一般良好,病期约1周。延误病情,则继发肠炎等疾病,机体脱水,严重酸中毒,预后不良。

二、任务实施

(一)诊断

根据分娩后2～6周内发病的病史,食欲减损或废绝、前胃弛缓、产奶量减少、渐进性消瘦和呼出气伴有特殊丙酮气味的临床症状,在排除继发性酮病的基础上可作出初步诊断;有些酮病并不表现临床症状,尤其是亚临床酮病,需要借助一定的检测手段进行诊断。检测血液中β-羟丁酸的含量是酮病检测的金标准,一般认为成年奶牛血液中β-羟丁酸含量低于1.4 mmol/L为健康,1.4～3.0 mmol/L为亚临床性酮病,高于3.0 mmol/L为临床性酮病。

(二)治疗

多数病例经合理治疗是可以痊愈的,但对有些牛效果不明显甚至无效。治疗原则是以解除酸中毒、补充体内葡萄糖不足及提高酮体利用率为主,配合调整瘤胃机能。继发性酮病以根治原发病为主。

(1)解除酸中毒　静脉注射5%碳酸氢钠溶液300～500 mL,每日1～2次。

(2)补糖　静脉注射50%葡萄糖,多数患牛是有效的,但维持时间较短,2 h后血糖又恢复到较低水平。以静脉滴注,或以20%葡萄糖腹腔注射,可延长血糖保持在正常浓度的时间。灌服丙酸钠,每日250～500 g,分2次给予,连用10 d。蔗糖、麦芽糖灌服效果不理想,过量还可导致酸中毒和食欲下降,甚至可致继发性酮病。饲料中拌以丙二醇或甘油,每日2次,每次225 g,连用2 d,随后日用量为110 g,每日1次,连用2 d,灌服或拌饲前静脉注射葡萄糖效果更明显。丙酸钠与乳酸盐也是生糖先质，乳酸钠或乳酸钙首日用量 1 kg/d，随后为 0.5 kg/d，连用 7 d；乳酸铵每日 200 g，连用 5 d，也有显著疗效。

对于体质较好的病牛，促肾上腺皮质激素 ACTH 200～600 U，肌肉注射，方便易行，不需预先给予生糖先质。因为糖皮质激素可促进 TCA，刺激糖异生，抑制泌乳，所以增加糖生成，减少糖消耗，改善体内糖平衡。

(3)调整瘤胃机能　内服健康牛新鲜胃液 3 000～5 000 mL，每日 2～3 次。

(4)其他治疗　水合氯醛灌服，首次剂量牛为 30 g，加水灌服，继之给予 7 g，每日 2 次，连续几天；若首次剂量较大(50 g)，随后剂量较小，可放在蜜糖或水中灌服。水合氯醛的作用在于能破坏瘤胃中的淀粉及刺激葡萄糖的产生和吸收，同时通过瘤胃的发酵作用而提高丙酸的产生。维生素 B_{12}(1 mg，静脉注射)和钴(每日 100 mg 硫酸钴，放在饮水或饲料中，喂服)有时用于治疗酮病。

(三)预防

最有效的预防措施是对妊娠牛和泌乳牛加强饲养管理，保证奶牛充足的能量摄入。在妊娠期，尤其是妊娠后期增加能量供给，但又不致使母牛过肥。在催乳期间，或产前 28～35 d 应逐步增加能量供给，并维持到产犊和泌乳高峰期，这期间不能轻易更换配方。随乳产量增加，应逐渐供给生产性日粮，并保持粗粮与精料有一定比例，其中蛋白质含量不超过 16%～18%，碳水化合物应供给碎玉米最好，这样可避开瘤胃的消化发酵和产酸过程，在真胃、肠内可供给葡萄糖。当饲喂大量青贮时，利用干草代替部分青贮有好处。此外，还可饲喂丙酸钠(120 g，每日 2 次，灌服，连续 10 d)。注意及时治疗前胃疾病、子宫疾病等。

技能 3　禽脂肪肝综合征的诊治

一、任务资讯

(一)了解概况

本病常散发于产蛋母鸡，尤其是笼养蛋鸡群，多数情况是鸡体况良好，突然死亡。死亡鸡以腹腔及皮下大量脂肪蓄积，肝被膜下有血凝块为特征。公鸡极少发生。填鸭、填鹅因食入大量高能饲料以使其肥胖，实际上也呈现脂肪肝综合征。

(二)认识病因

主要是摄入能量过多，长期饲喂过量饲料会导致脂肪量增加。实验，按等能原则喂小麦-大豆日粮的鸡患脂肪肝综合征的发病率比喂玉米-大豆日粮的鸡低。肝脏脂肪变性程度的不同，受不同谷物类型的影响，从碳水化合物获得能量比从饲料脂肪中获得能量危害更大。鸡的品系、笼养和环境与本病发生有关。高产蛋量品系鸡对脂肪肝综合征较为敏感，由于高产蛋量是与高雌激素活性相关的，而雌激素可刺激肝脏合成脂肪，笼养鸡活动空间缺少，再加上采食量过高，又吃不到粪便而缺乏 B 族维生素，就可刺激脂肪肝综合征的发生。环境高温可使代谢温度过大，以致失去应有的平衡，所以本病在温度高时多发。环境的突然改变、受惊可诱发本病的发生。另外，饲料中胆碱含量不足，维生素 B、维生素 E 及蛋氨酸含量不足，可促使本病发生。饲料中真菌毒素可致肝机能损伤，油菜籽制品中的芥子酸也可引起肝脏变性，促使本病发生。

（三）识别症状

（1）本病主要发生于重型鸡及肥胖的鸡。病鸡生前肥胖，超过正常体重的25%，产蛋率波动较大，可从75%～85%突然下降到35%～55%，在下腹部可以摸到厚实的脂肪组织。往往突然暴发，病鸡喜卧、鸡冠肉髯褪色乃至苍白。严重的嗜眠，瘫痪，体温41.5～42.8 ℃，进而鸡冠、肉髯及脚变冷，可在数小时内死亡。一般从发病到死亡1～2 d，当拥挤、驱赶、捕捉或抓提方法错误，引起强烈挣扎时可突然死亡。病鸡血液化验，血清胆固醇明显增高达到605～1 148 mg/100 mL（正常为112～316 mg/100 mL）；血钙增高可达到28～74 mg/100 mL（正常为15～26 mg/100 mL）；血浆雌激素增高，平均含量为1 019 μg/mL（正常为305 μg/mL）；450日龄病鸡血液中肾上腺皮质类固醇含量均比正常鸡高（正常值为5.71～7.05 mg/100 mL）。

（2）病死鸡的皮下、腹腔及肠系膜均有多量的脂肪沉积。肝肿大，边缘钝圆，呈油灰色，质脆易碎，用力切时，在刀表面有脂肪滴附着。肝表面有出血点，在肝被膜下或腹腔内往往有大的血凝块。组织学检查为重度脂肪变性。有的鸡心肌变性呈黄白色，有时肾略变黄，脾、心、肠道有程度不同的小出血点。

二、任务实施

（一）诊断

根据病因、发病特点、临床症状和血液化验指标，以及病理变化特征即可确诊，其特征性病变为肥胖母鸡腹腔内或肝被膜下有凝血块。本病应注意与肾综合征的鉴别诊断。

（二）治疗

当发生脂肪肝综合征后，可采用以下方法减缓病情，每吨饲料中添加硫酸铜63 g、胆碱55 g、维生素B_1 23.3 mg、维生素E 5 500 IU、DL-蛋氨酸500 g。每只鸡喂服氯化胆碱0.1～0.2 g，连喂10 d。将日粮中的粗蛋白水平提高1%～2%。

（三）预防

本病应以预防为主。

（1）为防止产前母鸡积蓄过量体脂，日粮中应保持能量与蛋白质平衡，尽可能不用碎粒料或颗粒料饲喂蛋鸡。

（2）应保证日粮中有足够水平的蛋氨酸和胆碱等含嗜脂因子的营养素。

（3）对易发生脂肝病的鸡群，可在日粮中加入一定量的小麦麸和酒糟，因为小麦麸与酒糟中含有可避免笼养蛋鸡脂肪代谢障碍的必需因子。

（4）配合饲料中可添加多种维生素，用量为每20 kg饲料中加入5 g维生素，拌匀饲喂（种鸡用量加倍）。

（5）每日16～17时给产蛋鸡投入颗粒状钙质添加剂，如粗贝壳片、颗粒碳酸钙、蛋壳碎片等，每100只鸡加1 kg，直接投放在饲料槽内。因颗粒状钙质可在鸡的肌胃中停留较长时间，在夜间能源源不断地提供钙质，可解决产薄壳蛋、破壳蛋多的问题。

（6）产蛋期的鸡每日光照时间应在16 h左右，人工光照时间从6时30分开始至22时30分结束。

（7）饮水最好是自来水，避免饮硬水。

（8）减少饲料的饲喂量，减少量为日常供给量的8%～10%（从产蛋高峰期开始，高峰前期减量少些，高峰后期减量多些），或增喂苜蓿粉等纤维含量高的饲料，尤其在夏季更应注意。

(9)在日粮中添加维生素 E、亚硒酸钠和酵母粉也可减少该病的发生。

技能 4 家禽痛风的诊治

一、任务资讯

(一)了解概况

家禽痛风是由于蛋白质代谢障碍或肾脏受损导致尿酸盐在体内蓄积的营养代谢障碍性疾病。临床上以病禽行动迟缓,腿、翅关节肿大,厌食,跛行,衰弱和腹泻为特征。其病理特征是血液中尿酸盐水平增高,尸体剖检时见到关节表面或内脏表面有大量白色尿酸盐沉积。痛风可分为关节型(Articular gout)和内脏型(Visceral gout)两种。鸡痛风病一旦在鸡场群体中发生,死亡率常可占全群鸡的 5%~10%及以上,经济损失较大。近年来,集约化饲养的鸡群,尤其是肉仔鸡、蛋鸡群发病率很高,该病是常见的禽病之一。

(二)认识病因

(1)遗传因素　在某些品系的鸡中,存在着痛风的遗传易感性。有些研究者还从关节型痛风的高发鸡群中选育出了一些遗传性高尿酸血症系鸡(HUA 鸡)。

(2)传染性因素　鸡传染性支气管炎病毒,其中有强嗜肾性毒株能引起肾炎,肾损伤,造成尿酸排泄障碍。

(3)非传染性中毒因素　包括一些嗜肾性化学毒物、药物及细菌毒素。能引起肾脏损伤的化学毒物有重铬酸钾、镉、铊、锌、铅、丙酮、石炭酸、升汞、草酸。化学药品中主要是磺胺类药物中毒;而霉菌毒素中毒更显重要,如黄曲霉菌毒素、霉玉米等。卵孢霉素亦可损害肾脏而引起高尿酸血症和内脏型痛风。

(4)营养因素　最常见的是禽日粮中长期缺乏维生素 A,导致肾小管和输尿管上皮细胞代谢障碍,造成尿酸排出受阻。其次高钙低磷和镁过高,均可引起尿石症而损伤肾脏,导致尿酸排泄受阻。饮水不足或食盐过多,造成尿液浓缩,尿量下降,进而导致尿酸排泄障碍。

(三)识别症状

本病多呈慢性经过,病禽表现为全身性营养障碍,食欲减退,逐渐消瘦,羽毛松乱,精神萎靡,禽冠苍白,不自主地排出白色黏液状稀粪,含有多量尿酸盐。母鸡产蛋量降低,甚至完全停产。血液中尿酸水平持久增高至 150 mg/L 以上,甚至可达 400 mg/L。临床表明,两种类型痛风的发病率有较大差异。在临床上,以内脏型痛风为主,而关节型痛风较少发生。

(1)内脏型痛风　主要是营养障碍,病禽的胃肠道紊乱症状明显,腹泻,粪便白色,厌食,衰弱,贫血,有的突然死亡。血液中尿酸水平增高。此特征颇似家禽单核细胞增多症。病理变化是在内脏浆膜上,如心包膜、胸膜、腹膜、肝、脾、胃、肠系膜等器官的表面覆盖一层白色的尿酸盐沉积物。肾脏肿大、色苍白,表面及实质中有雪花状花纹。输尿管有尿酸盐结石。病禽发育不良、消瘦、脱水等。

(2)关节型痛风　一般呈慢性经过,病禽食欲降低,羽毛松乱,多在趾前关节、趾关节发病,也可侵害腕前、腕及肘关节,关节肿胀,初期软而痛,界限多不明显,中期肿胀部逐渐变硬,微痛,形成不能移动或稍能移动的结节,结节有豌豆大或蚕豆大小。病后期,结节软化或破裂,排出灰黄色干酪样物,局部形成出血性溃疡。病禽往往呈蹲坐或独肢站立姿势,行动困难,跛行。

病变较典型，在关节周围出现软性肿胀，切开肿胀处，有米汤状、膏样的白色物流出。在关节周围的软组织中都可由于尿酸盐沉积而呈白垩颜色。内脏器官多不受损害，有的可见肾脏出现轻微病变。

二、任务实施

(一)诊断

多呈慢性经过。内脏型痛风，有的呈急性死亡。关节型痛风难以治愈，终因衰竭而死亡。根据病因、病史和临床特征及病理变化可作出诊断。必要时采集病禽血液检测尿酸含量，或采集腿、肢肿胀处的内容物做显微镜观察，见到尿酸盐结晶，可进一步确诊。

(二)治疗

没有特效的治疗方法。可试用阿托方 0.2～0.5 g/kg 体重，每日 2 次，灌服，但伴有肝、肾疾病时禁用，此药可增强尿酸的排泄和减少体内尿酸的蓄积及减轻关节疼痛。试用别嘌呤醇(7-碳-8-氮次黄嘌呤)10～30 mg/kg 体重，每日 2 次，灌服。其化学结构与次黄嘌呤相似，是黄嘌呤氧化酶的竞争抑制剂，能减少尿酸的形成。用药期间可导致急性痛风发作，供给秋水仙碱，可使症状缓解。在鸡的饮水中加入 5%的碳酸氢钠，配成 0.1%～0.5%的饮水，加入适量的氨茶碱和维生素 A/C 等，以及改善饲养管理条件，防潮、通风、减少鸡群的应激因素，对防止本病的发生有重要意义。实践表明，在饲料中加 2%鱼肝油乳剂，并增加病禽光照时间，适当增加运动，改变饲料后，轻微痛风病例逐渐康复，新病例未见发生。在种鸡饲料中掺入沙丁鱼或牛粪(可能含维生素 B_{12})能防止本病的发生。

技能 5　维生素 A 缺乏症的诊治

一、任务资讯

(一)了解概况

维生素 A 缺乏症是体内维生素 A 或胡萝卜素缺乏或不足所引起的一种营养代谢疾病。以生长缓慢、视觉异常、骨形成缺陷、繁殖机能障碍以及机体免疫力低下为主要临床症状。维生素 A 主要生理功能是维持一切上皮细胞的完整，维持细胞膜结构的完整性、通透性和正常视觉，促进结缔组织中黏多糖的合成和骨骼牙齿的正常形成。本病发生于各种畜禽，以幼畜和幼禽最为常见。维生素 A 仅存在于动物源性饲料中，鱼肝和鱼油是其丰富来源。维生素 A 原(胡萝卜素)存在于植物性饲料中，青绿植物、胡萝卜、黄玉米、南瓜等是其丰富来源。

(二)认识病因

(1)维生素 A 完全依靠外源供给，即从饲料中摄取。饲料日粮中维生素 A 或胡萝卜素长期缺乏或不足是原发性(外源性)病因。通常见于下列情况。

一般青绿饲料(青草、胡萝卜、南瓜)及黄玉米中，胡萝卜素含量丰富。黄玉米含有能转变为维生素 A 的玉米黄素，但棉籽、亚麻籽、萝卜、干豆、干谷、马铃薯、甜菜根中几乎不含有维生素 A 原。如果长期单一使用配合饲料作日粮又不补加青绿饲料或维生素 A 时，极易引起发病。

饲料收割、加工、贮存不当以及存放过久，陈旧变质，其中胡萝卜素受到破坏(如黄玉米贮存 6 个月后，约 60%胡萝卜素受到破坏，颗粒料加工过程可使胡萝卜素丧失多达 32%以上)，长期饲用可致病。

干旱年份，植物中胡萝卜素含量低下（干草长期曝晒，约50%胡萝卜素受到破坏）。北方地区，气候寒冷，冬季缺乏青绿饲料，又长期不补充维生素A时，极易引起发病。

(2)幼龄动物，尤其是犊牛和仔猪于3周龄前，不能从饲料中摄取胡萝卜素，需从初乳或母乳中获取，初乳或母乳中维生素A含量低下，以及使用乳品饲喂幼畜，或过早断奶，都易引起维生素A缺乏。

动物机体对维生素A或胡萝卜素的吸收、转化、贮存、利用发生障碍是内源性（继发性）病因，动物患胃肠道或肝脏疾病使胡萝卜素的转化受阻，维生素A吸收障碍，肝脏也丧失其贮存能力。

长期缺乏可消化蛋白，肠黏膜酶类失去活性，胡萝卜素向维生素A的转化作用受阻。此外，矿物质（无机磷）、维生素C、维生素E、微量元素（钴、锰）缺乏或不足，都能影响体内胡萝卜素的转化和维生素A的储存。

(3)动物机体对维生素A的需要量增多，可引起相对性维生素A缺乏症。妊娠和哺乳期母畜以及生长发育快速的母畜，对维生素A的需要量增加；或长期腹泻、患热性疾病的动物，维生素A的排出和消耗增多。

此外，饲养管理条件不良，畜舍污秽不洁，寒冷，潮湿，通风不良，密集饲养，过度拥挤，缺乏运动以及阳光照射不足等应激因素亦可促发本病。

(三)识别症状

(1)牛　首先会出现夜盲症，在弱光或微光下视线模糊。随后会出现角膜干燥、增厚、浑浊；皮肤干燥；运动障碍，站立不稳；体重减轻，营养不良，增长缓慢。病程始终伴有角膜炎、真菌性皮炎、胃肠炎、支气管炎和肺炎。妊娠母牛易出现流产、早产或者死胎，产后易出现胎衣不下；新生小牛易在短时间内死亡。由于精子畸形和活力下降，公牛则会出现繁殖力降低。犊牛主要显示出食欲减退，体重减轻，生长停滞，有时在前肢和前腹部发生水肿。

(2)猪　公猪性欲降低，母猪产死崽，胎衣不下。严重缺乏时所产猪仔呈现无眼或小眼畸形及腭裂等先天性缺损。如兔唇、附耳、后肢畸形、皮下囊肿、生殖器官发育不全、面部麻痹、头部转位和脊柱弯曲、夜盲症。

(3)鸡　鸡喙和鸡腿皮肤黄色消失。成年鸡维生素A严重缺乏时经2～5 d鼻孔和眼有黏液性分泌物，上下眼睑被粘着在一起，以后变干酪样物质，失明，最后角膜软化，眼球下陷，甚至穿孔。

二、任务实施

(一)诊断

根据饲养病史和临床特征作出初步诊断。确诊需要参考病理损害特征、血浆和肝脏中的维生素A及胡萝卜素水平、脑脊液的变化。体重丧失，生长缓慢，生殖力降低只是一般症状，不限于维生素A缺乏症所见。犊牛的惊厥发作及正在生长中的猪发生后躯麻痹，在其他许多疾病中也可见到。在临床上，维生素A缺乏所引起的脑病与低镁血症性抽搐，脑灰质软化，B型产气荚膜梭菌引起的肠毒血症和铅中毒之间是难于区别的。狂犬病和散发性中脑脊髓炎的区别是，前者伴有意识障碍和感觉消失，后着伴有高热和浆膜炎。许多中毒性疾病也有与维生素A缺乏症相似的临床特征。这些与维生素A缺乏症相似的中毒病多见于猪和牛。但在猪的维生素A缺乏症中最常见的是后躯麻痹，多于惊厥发作。猪的其他疾病如伪狂犬病和病毒

性脑脊髓炎也易与维生素A缺乏症混淆，而在中毒病中，食盐、有机砷、有机汞中毒也引起神经症状。

（二）治疗

治疗时应查明病因，同时改善饲养管理条件，加强护理。其次要调整日粮组成，补充富含维生素A和胡萝卜素的饲料：优质青草或干草、胡萝卜，也可补给鱼肝油。药物疗法，首选药物为维生素A制剂和富含维生素A的鱼肝油。小鸡对维生素A缺乏颇为敏感，每千克饲料中至少加入1 200 U，产蛋鸡和种鸡可增加1倍。肥育牛的日粮，冬季每日加入1万U，秋季每日加入4万U，种猪应加入900万U，因剂量过高能干扰维生素D在骨骼中的作用，应用时宜注意。对于临床病例，需要量增加10～20倍。

（三）预防

注意保持日粮的全价性，尤其是维生素A和胡萝卜素的含量一般最低需要量分别为30 U/kg体重和75 U/kg体重。最适摄入量分别为65 U/kg体重和155 U/kg体重。妊娠和泌乳母畜还应增加50%。饲料不宜贮存过久，以免胡萝卜素破坏而降低维生素A效应。也不宜过早地将维生素A掺入饲料中做储备饲料，以免氧化破坏。

避免应激反应：保持舍内、外环境卫生良好，定期进行驱虫和消毒，控制合理饲养密度，适宜舍内温湿度，保持良好通风。另外，可将黄芪多糖和电解多维等添加在饲料或饮水中，增强动物抵抗力，减少或防止发生应激。

技能6　维生素B_1缺乏症的诊治

一、任务资讯

（一）了解概况

维生素B_1，亦称硫胺素，广泛存在于各种植物性饲料中，稻麦类饲料中维生素B_1存在于外胚层，米糠、麸皮中含量较高，饲料酵母中含量最高。反刍动物瘤胃及马属动物盲肠内微生物可合成维生素B_1；因此晒干的牛粪、马粪中维生素B_1含量丰富。动物性食物如乳、肉类、肝、肾中维生素B_1含量也很高。通常情况下不会出现维生素B_1缺乏症。但禽类及其他非草食动物或幼年动物饲料中缺乏维生素B_1或因维生素B_1拮抗成分太多，可引起缺乏症。临床上以神经机能障碍为特点。

（二）认识病因

原发性缺乏症主要因饲料中维生素B_1供应不足。维生素B_1属水溶性且不耐高温，因此用水浸泡，高温焖煮，造成维生素B_1的缺乏。继发性维生素B_1缺乏是动物食入过多拮抗维生素B_1的物质，有以下3种原因：

(1)马属动物采食蕨类植物，引起神经症状。猪亦可实验性饲喂蕨类植物而致病。马饲以大量芜菁，缺乏谷物时亦可引起维生素B_1缺乏。

(2)发酵饲料，其中蛋白质含量不足，糖类过剩时，可引起维生素B_1缺乏。

(3)犬、猫饲料中含有过多的生鱼，因其中含硫胺素酶可破坏硫胺素。此外，动物胃肠机能紊乱，微生物菌系破坏，长期慢性腹泻，长期大量使用抗生素使共生正常菌生长受到抑制等均可产生维生素B_1缺乏症。幼龄动物的维生素B_1缺乏主要是由于母乳以及代乳品中维生素B_1

含量不足。

（三）识别症状

(1)硫胺素作为多种酶的辅酶，在丙酮酸的氧化脱羧及糖、脂代谢过程中起重要作用。当动物缺乏维生素 B_1 时糖代谢受阻，过多的丙酮酸和乳酶分解受阻，在组织内蓄积，引起皮质坏死而呈现痉挛、抽搐、麻痹等神经症状，且心肌弛缓，心力衰竭。同时糖代谢紊乱进而影响脂代谢，导致中枢和外周神经鞘损伤，引起多发性神经炎。又因维生素 B_1 可促进乙酰胆碱合成，缺乏维生素 B_1 时，胆碱能神经传导障碍，致胃肠蠕动缓慢，消化液分泌减少、消化不良。

(2)不同动物具体表现如下。

①猪　因用生杂鱼或在海滩上放牧引起维生素 B_1 缺乏，易发生厌食，生长不良，呕吐，腹泻，皮肤、黏膜发绀，耳皮坏死脱屑，后肢跛行，四肢肌肉病变造成步态不稳，痉挛，抽搐甚至瘫痪，间或出现强直，痉挛，最后麻痹，直到死亡。

②禽　雏鸡对本病十分敏感，饲喂缺乏维生素 B_1 的饲粮后约 10 d 即可出现多发性神经炎症状。病雏突然发病，腿弯曲，坐地，头向后仰，呈现“观星”姿势，这是由于颈部的前方肌肉麻痹所致。由于腿麻痹不能站立和行走，病鸡以跗关节和尾部着地，坐在地面或倒地侧卧，严重的衰竭死亡。成年鸡硫胺素缺乏约 21 d 后才出现临床症状，发病较缓慢。病初食欲减退，生长缓慢，羽毛松乱无光泽，腿软无力、步态不稳。鸡冠常呈蓝紫色。以后神经症状逐渐明显。开始是脚趾的屈肌麻痹，接着向上发展，腿翅膀和颈部的伸肌明显地出现麻痹。有些病鸡出现贫血和拉稀。体温下降至 35.5 ℃，呼吸率呈进行性降低，衰竭死亡。鸭发病后常发生阵发性神经症状，头歪向一侧，或仰头转圈，随着病情发展，发作次数增多，并逐渐加重，全身抽搐或角弓反张而死亡。

③犬、猫　维生素 B_1 缺乏可引起对称性脑灰质软化症，小脑桥和大脑皮质损伤。猫对硫胺素的需要量比犬还多，猫主要因喂鱼类食物，犬喂给熟肉而发生。表现为厌食，平衡失调，惊厥，呈现勾颈，头向腹侧弯，知觉过敏，瞳孔扩大，运动神经麻痹，四肢呈进行性瘫痪，最后呈半昏迷，四肢强直死亡。

④其他动物　成年草食动物一般不会发生原发性硫胺素缺乏。犊牛、羔羊因瘤胃机能尚不健全，当母乳中维生素 B_1 缺乏时亦可发生该病，以神经症状为主，起初表现兴奋，呈转圈，无目的地奔跑，惊厥，四肢抽搐，坐地，共济失调，最后倒地抽搐，昏迷死亡。马属动物因采食蕨类植物中毒而继发维生素 B_1 缺乏，可见咽麻痹，共济失调，阵挛或惊厥，昏迷死亡。

二、任务实施

（一）诊断

根据饲料成分分析和临床症状可作出诊断。临床病理学检查有助于确诊，检查项目为：血液丙酮酸浓度从 20～30 μg/L 升高至 60～80 μg/L；血浆硫胺素浓度从正常时 80～100 μg/L 降至 25～30 μg/L；脑脊液中细胞数量由正常时 0～3 个/mL 增加到 25～100 个/mL。本病的诊断应与雏鸡传染性脑脊髓炎相区别，一般鸡传染性脑脊髓炎有头颈震颤，晶状体震颤，但仅发生于雏鸡；成年鸡不发生是其特点。

（二）治疗

发病后应分析病因，立即采取相应措施。若为原发性缺乏症，草食动物应立即提供充足的富含维生素 B_1 的饲料，如优质草粉、麸皮、米糠和饲料酵母；犬、猫应增加肝、肉、乳的供给，幼

畜和雏鸡应补充维生素 B_1，按 5～10 mg/kg 饲料计算，或按 30～60 μg/kg 体重计算。当饲料中含有磺胺或抗球虫药安丙嘧啶时，应多供给维生素 B_1 以防止拮抗作用。目前普遍采用复合维生素 B 预防本病。

当维生素 B_1 严重缺乏时，用盐酸硫胺素注射液，按 0.25～0.5 mg/kg 体重的剂量，肌肉注射或静脉注射，但因维生素 B 代谢较快，应每 3 h 一次，连用 3～4 d，效果较好。但大剂量使用维生素 B_1 可引起全身酥软，呼吸困难，进而昏迷等不良反应。一旦出现上述反应，立即停用，并及早使用扑尔敏，安钠咖和糖盐水抢救，大多能治愈。

（三）预防

(1)注意日粮配合，添加富含维生素 B_1 的糠麸、青绿饲料或添加维生素 B_1，日粮中水生动物性饲料不宜过多(水禽尤要注意)。

(2)某些药物(抗生素、磺胺药、球虫药等)是维生素 B_1 的拮抗剂，不宜长用，可停药，加大维生素 B_1 的用量。

(3)天气炎热，需求量高，注意补充维生素 B_1。

技能 7　维生素 B_2 缺乏症的诊治

一、任务资讯

（一）了解概况

维生素 B_2 又称核黄素，广泛存在于植物组织(如多叶蔬菜)、鱼、肉等饲料中，许多动物自身及其体内微生物也可合成。与维生素 B_1 相比，维生素 B_2 比较耐热，280 ℃开始熔化、分解。常温下热稳定，不受空气中氧的影响。通常成年草食性动物不易缺乏，主要发生于家禽、貂、猪等，幼年食草动物偶有发生。发病动物呈现生长阻滞、皮炎，禽类脚爪卷缩、飞节着地等行为特征。

（二）认识病因

自然条件下维生素 B_2 缺乏不多见。当饲料中缺乏青绿植物，胃、肝、肠、胰疾病，导致维生素 B_2 消化吸收障碍，长期大量使用抗生素或其他抑菌药物，致使体内微生物关系破坏时，均可引起维生素 B_2 缺乏。禽类几乎不能合成维生素 B_2(仅幼鸡盲肠内可合成少量维生素 B_2)，而仅以稻谷饲喂时，更易引起维生素 B_2 缺乏。妊娠、哺乳动物，生长快速的肉鸡、肉仔鸭等对维生素 B_2 需要量较大，更易引起维生素 B_2 缺乏。

（三）识别症状

缺乏维生素 B_2，可引起上皮角质化，角膜炎，皮肤增厚。不同动物发病临床表现各异。

(1)犊牛　厌食、生长不良、腹泻、流涎、流泪、掉毛、口角炎、口周炎。但眼疾不明显。

(2)猪　生长缓慢，经常腹泻，被毛粗乱无光，并有大量脂性渗出，鬃毛脱落，由于跛行，不愿行走，眼结膜损伤，眼睑肿胀，卡他性炎症，甚至晶体混浊、失明。怀孕母猪缺乏维生素 B_2，仔猪出生后不久死亡。

(3)禽　雏鸡在喂给缺乏维生素 B_2 日粮后，1～2 周可发生腹泻，但食欲尚良好，生长缓慢，消瘦衰弱。其特征性的症状是足趾向内蜷曲，不能行走，以跗关节着地，展开翅膀维持身体的平衡，两腿瘫痪。腿部肌肉萎缩和松弛，皮肤干而粗糙。病雏最后因吃不到食物而饿死。母鸡的产蛋量下降，蛋白稀薄，蛋的孵化率降低。母鸡日粮中核黄素的含量低，其所生蛋和出壳雏鸡的核黄素含量也就低。核黄素是胚胎正常发育和孵化所必需的物质。孵化蛋内的核黄素用完，鸡胚就会死亡，死胚呈现皮肤结节状绒毛、颈部弯曲、躯体短小、关节变形、水肿、贫血和肾脏变性等病理变化。有时也能孵出雏，但多数带有先天性麻痹症状，体小，浮肿。

二、任务实施

（一）诊断

根据病史及特征性临床表现，结合血液指标与日粮分析，不难对本病作出诊断。维生素 B_2 缺乏时红细胞内维生素 B_2 下降，全血中维生素 B_2 含量低于 0.0399 μmol/L。本病的诊断应与禽类神经型马立克病相区别。

（二）治疗

发病后，应用维生素 B_2 混于饲料中，雏禽饲料中应含 4 mg/kg 体重，产蛋禽给予 5～6 mg/kg 体重，鹅、鸭、大鸡给予 6 mg/kg 体重，仔猪 5～6 mg/头，犊牛 30～50 mg/头，大猪 50～70 mg/头，连用8～15 d，亦可补充饲用酵母，仔猪 10～20 g/头，育成猪 30～60 g/头，每日 2 次，连用 7～15 d。犬 5 mg/kg 体重，猫 8 mg/kg 体重。

（三）预防

健康草食动物一般不会缺乏维生素 B_2，预防草食动物维生素 B_2 缺乏，主要应从预防和治疗引起维生素 B_2 缺乏的原发性疾病入手。猪、禽类饲料中应含足量维生素 B_2，饲料中配以含较高维生素 B_2 的带叶蔬菜、酵母粉、鱼粉、肉粉等，必要时可补充复合维生素 B 制剂。

技能 8　硒和维生素 E 缺乏症的诊治

一、任务资讯

（一）了解概况

硒和维生素 E 缺乏症主要是由于体内微量元素硒和维生素 E 缺乏或不足，而引起骨骼肌、心肌和肝脏组织变性、坏死为特征的疾病。本病发生于各种动物，在世界多数国家和地区均有发生。先后报道的有瑞典、挪威、芬兰、荷兰、丹麦、英国、美国、加拿大、墨西哥、新西兰、澳大利亚、俄罗斯、日本和中国等。

（二）认识病因

饲料（草）中硒和维生素 E 含量不足，当饲料硒含量低于 0.05 mg/kg 以下，或饲料加工贮存不当，其中的氧化酶破坏维生素 E 时，就会出现硒和维生素 E 缺乏症。饲料中的硒来源于土壤硒，当土壤硒低于 0.5 mg/kg 时即认为是贫硒土壤。因此，土壤低硒是硒缺乏症的根本原因，低硒饲料是致病的直接原因，水土食物链则是基本途径。

饲料中含有大量不饱和脂肪酸，可促进维生素 E 的氧化。如鱼粉、猪油、亚麻油、豆油等作为添加剂掺入日粮中，当不饱和脂肪酸酸败时，可产生过氧化物，促进维生素 E 氧化，或生长动物、妊娠母畜对维生素 E 的需要量增加，都将导致维生素 E 不足而发生本病。

（三）识别症状

硒和维生素 E 缺乏的共同症状包括：骨骼肌疾病所致的姿势异常及运动功能障碍；顽固性腹泻或下痢为主的消化功能紊乱；心肌病造成的心率加快、心律不齐及心功能不全。神经机

能紊乱(以雏禽多见),以及由脑软化所致明显的神经症状(兴奋、抑郁、痉挛、抽搐、昏迷等)。繁殖机能障碍表现为:公畜精液不良,母畜受胎率低下甚至不孕,妊娠母畜流产、早产、死胎,产后胎衣不下,泌乳母畜产乳量减少;禽类产蛋量下降,蛋的孵化率低下。禽类其他症状还表现为:全身孱弱,发育不良,可视黏膜苍白、黄染,雏鸡见有出血性素质等。不同畜禽及不同年龄的个体,各有其特征性的临床表现。

(1)反刍动物　犊牛、羔羊表现为典型的白肌病症状群。发育受阻,步态强拘,喜卧,站立困难,臀背部肌肉僵硬。消化紊乱,伴有顽固性腹泻,心率加快,心律不齐。成年母牛胎衣不下,泌乳量下降,母羊妊娠率降低或不孕。

(2)猪　仔猪表现为消化紊乱并伴有顽固性腹泻,喜卧,站立困难,步态强拘,后躯摇摆,甚至轻瘫或常呈犬坐姿势;心率加快,心律不齐,肝组织严重变性、坏死,常因心力衰竭而死亡。尸检,心脏肿大,外观似桑葚状,又称桑葚心病。成年猪在运动、兴奋、追逐过程中突然发生心猝死,慢性病例呈明显的繁殖功能障碍,母猪屡配不孕,妊娠母猪早产、流产、死胎、产仔多孱弱。

(3)家禽　主要表现为渗出性素质(毛细血管壁变性、坏死,血管通透性增强,血浆蛋白渗出并积聚于皮下),肌肉营养不良,胰腺纤维化,肌胃变性以及脑软化等。蛋鸡营养不良,产蛋量下降,孵化率低下。

二、任务实施

(一)诊断

根据基本症状群结合临床症状,渗出性素质,神经,特征性病理变化,参考病史及流行病学特点,可以确诊。对幼龄畜禽不明原因的群发性、顽固性、反复发作的腹泻,应进行补硒治疗性诊断。对于心猝死的病例,须经病理剖检而确诊。临床诊断不明确的情况下,可通过对病畜血液及某些组织的含硒量、谷胱甘肽过氧化物酶活性,血液和肝脏维生素 E 含量进行测定,同时测定周围的土壤、饲料硒含量,进行综合诊断。当肝组织硒含量低于 2 mg/kg,血硒含量低于 0.05 mg/kg,饲料硒含量低于 0.05 mg/kg,土壤硒含量低于 0.5 mg/kg,可诊断为硒缺乏症。

(二)治疗

0.1%亚硒酸钠肌肉注射,配合醋酸生育酚,效果确实。成年牛亚硒酸钠 15～20 mL,羊 5 mL,醋酸生育酚成年牛、羊 5～20 mg/kg 体重;犊牛亚硒酸钠 5 mL,羔羊 2～3 mL,醋酸生育酚犊牛 0.5～1.5 g/头,羔羊 0.1～0.5 g/头,肌肉注射。成年猪亚硒酸钠 10～20 mL,醋酸生育酚 1.0 g/头,仔猪亚硒酸钠 1～2 mL,醋酸生育酚 0.1～0.5 g/头,成年鸡、鸭亚硒酸钠1 mL,雏鸡、鸭 0.3～0.5 mL,隔日一次,连用 10 d。禽类主张用亚硒酸钠-维生素 E 拌料。

(三)预防

在低硒地带饲养的畜禽或饲用由低硒地区运入的饲粮、饲料时,必须补硒。补硒的办法:直接投服硒制剂;将适量硒添加于饲料、饮水中饮喂;对饲用植物作植株叶面喷洒,以提高植株及籽实的含硒量;低硒土壤施用硒肥。目前简便易行的方法是应用饲料硒添加剂,硒的添加剂量为 0.1～0.3 mg/kg 体重。在牧区,可应用硒金属颗粒(由铁粉 9 g 与元素硒 1 g 压制而成),投入瘤胃中缓释而补硒。试验证明,牛投给 1 粒,可保证 6～12 个月的硒营养需要。对羊,可将硒颗粒植入皮下。用亚硒酸钠 20 mg 与硬脂酸或硅胶结合制成的小颗粒,给妊娠中后期母羊植入耳根后皮下，对预防羔羊硒缺乏病效果良好。

技能9 维生素B_{12}缺乏症的诊治

一、任务资讯

(一)了解概况

维生素B_{12}也称氰钴胺，是促红细胞生成因子，现定名钴胺素。猪、禽及其他鸟类容易缺乏，草食动物常因地方性缺钴而呈地区性流行，其他动物维生素B_{12}缺乏者少见。动物发病后临床上表现厌食、消瘦、造血机能障碍等特征。

(二)认识病因

(1)维生素B_{12}广泛存在于动物性饲料中，其中肝脏含量最丰富，其次是肾脏、心脏和鱼粉中，但植物性饲料中含量很低。另外，草饲动物如反刍动物的瘤胃微生物及单胃动物的盲肠微生物都可合成维生素B_{12}。家禽及其他鸟类体内合成维生素B_{12}的能力很小，若动物性饲料不足时，极易引起维生素B_{12}缺乏。虽然草饲动物胃肠道微生物有合成维生素B_{12}的能力，但这种能力的正常发挥受多种因素影响。当长期大量使用抗菌药物，引起消化道微生物区系紊乱，必然影响维生素B_{12}合成。维生素B_{12}合成需要有微量元素钴和蛋氨酸，当地方性缺钴，或钴拮抗物过多使可利用钴不足时，可产生维生素B_{12}缺乏。

(2)维生素B_{12}与内源性因子即胃黏蛋白结合后进入回肠刷状缘，与特异性受体结合而吸收。内源性因子存在于胃贲门和胃底，当胃溃疡，胃病理，内源因子分泌减少，胰腺机能不全，小肠炎症等都可影响维生素B_{12}吸收。经消化道吸收的维生素B_{12}进入肝脏后转化为具有高度生物活性的代谢产物——甲基钴胺，进而参与氨基酸、胆碱、核酸的生物合成。当肝脏损伤、肝功能障碍时，亦可产生维生素B_{12}缺乏样症状。

(三)识别症状

患病动物出现食欲减退或反常，生长缓慢，发育不良，可视黏膜苍白，皮肤湿疹，神经兴奋性增高，触觉过敏，共济失调，易发肺炎和胃肠炎等。不同动物发病又有具体症状。

(1)禽　雏鸡维生素B_{12}缺乏表现生长缓慢，食欲降低，贫血。生长中的小鸡和成年鸡缺乏维生素B_{12}时，不表现特征症状。若同时饲料中缺乏作为甲基来源的胆碱，蛋氨酸则可能出现骨短粗病。成年母鸡缺乏时产蛋量下降，肌胃糜烂，肾上腺扩大。种鸡缺乏维生素B_{12}时，种蛋孵化率降低，多在孵化到第16～18 d出现胚胎死亡高峰。特征性的病变是鸡胚生长缓慢，鸡胚体型缩小，皮肤呈现弥漫性水肿，肌肉萎缩，心脏扩大化并形态异常，甲状腺肿大，肝脏脂肪变性，心脏和肺脏等胚胎内脏均有广泛出血。

(2)猪　厌食，生长停滞，神经性障碍，应激增加，运动失调，以及后腿软弱，皮肤粗糙，背部有湿疹样皮炎，偶有局部皮炎，胸腺、脾脏以及肾上腺萎缩，肝脏和舌头常呈现肉芽瘤组织的增殖和肿大，开始发生典型的小红细胞性贫血(幼猪中偶有腹泻和呕吐)，成年猪繁殖机能紊乱，易发生流产，死胎，胎儿发育不全，畸形，产仔数减少，仔猪活力减弱，生后不久死亡。

(3)牛　成年牛很少发病，当给犊牛喂不含维生素B_{12}的牛乳，同时不能接触到牛粪便时，表现生长停止和神经疾病，如纵向不等同运动，行走时摇摆不稳，运动失调。

(4)犬、猫　维生素B_{12}缺乏可引起厌食，生长停滞，贫血。幼仔可发生脑水肿。在外周血

液中可同时看到红细胞母细胞和髓母细胞，称红白血病和巨母红细胞血症。

二、任务实施

（一）诊断

常根据病史，饲料分析结果（钴和维生素 B_{12} 含量低下），临床表现（贫血、皮疹、消化不良），病理剖检变化（消瘦、黏膜苍白贫血、肝脏变性、脊髓侧柱和后柱营养不良）以及生化检测结果（血液及肝脏维生素 B_{12}、钴含量低下，尿中甲基丙二酸浓度显著增高）进行诊断。

此外，应注意与泛酸、叶酸和钴缺乏病以及幼畜食饵性营养不良进行区别。

（二）治疗

疾病引起维生素 B_{12} 缺乏的病畜，应积极治疗原发病。发病后在查明原因的基础上，调整日粮组成，给予富含维生素 B_{12} 的饲料，如全乳、鱼粉、肉粉，大豆副产品，必要时添加药物。

药物通常用氰钴胺或羟钴胺治疗，猪日需量为 20～40 μg，治疗量为 300～400 μg。雏鸡 15～27 μg/kg 饲料，雏火鸡 2～10 μg/kg 饲料，蛋鸡 7 μg/kg 饲料，肉鸡 1～7 μg/kg 饲料，火鸡 10 μg/kg 饲料，鸭10 μg/kg 饲料，犬、猫 0.2～0.3 mg/kg 体重。反刍动物不需补加维生素 B_{12}，只要灌服硫酸钴即可。实践证明，硫酸钴经灌服效果优于注射。另外，马、兔食物性贫血也只要在食物中添加钴即可。

（三）预防

不同动物在发育的不同时期，根据饲养标准喂以营养平衡的全价饲料可预防本病的发生。为预防本病，应注意保持日粮组成的全价性，保证日粮中含足量的维生素 B_{12} 和微量元素钴。为此，可适当增加动物源性饲料或补给含有 B 族维生素以及钴、铁的饲料添加剂。对缺钴地区的牧场，应施用矿物性肥料，如硫酸钴 1～5 kg/hm^2。种鸡日粮中添加 4 mg/t 的维生素 B_{12} 可保证最高的孵化率。

技能 10　叶酸缺乏症的诊治

一、任务资讯

（一）了解概况

叶酸因其广泛存在于植物绿叶中而得名，它是抗贫血因子，故又称维生素 M。叶酸广泛存在于所有绿叶蔬菜中，每千克内约含 10 mg，动物肝脏和蛋中含量比较丰富。当动物饲料中因叶酸含量不足或缺乏，称叶酸缺乏症。临床上以生长缓慢，造血机能障碍，繁殖能力低下为特征。本病禽、猪多发。

（二）认识病因

（1）叶酸在中性和碱性溶液中稳定，在酸性液中不稳定，对光敏感，烹调可大大减少其含量。随饲料进入的叶酸以蝶酰多聚谷氨酸形式存在，被小肠黏膜分泌的解聚酶（γ-L-谷氨酸-羧基肽酶）水解成谷氨酸和叶酸，被吸收以后在叶酸还原酶作用下生成 7，8-二氢叶酸，后者在二氢叶酸还原酶作用下生成 5，6，7，8-四氢叶酸。同时叶酸也可由消化道内细菌合成。

（2）在遇到下述情况之一时可产生叶酸缺乏症。

①饲料中叶酸不足　长期饲喂低绿叶植物又未补充动物性食物，如鱼粉、肉骨粉、肝血粉等。

②动物对叶酸的利用率降低　长期胃肠消化障碍，使饲料中的叶酸不能很好地被吸收利用。

③胃肠微生物合成叶酸能力降低　长期大量使用抗菌药物，使体内微生物体系紊乱，尤其是饲料中添加磺胺药、扑癫酮等，它是叶酸的拮抗剂，结构与叶酸中的对氨基苯甲酸类似，可竞争性抑制菌体合成叶酸。

(三)识别症状

患病动物临床症状与钴胺素缺乏症基本相似，主要呈现食欲不振，消化不良，腹泻、贫血，生长缓慢，繁殖力下降。猪食欲减退，生长迟滞，衰弱乏力，腹泻，皮肤粗糙、发疹，髋、膝关节部位脱毛，皮肤、结膜苍白，贫血并伴有粒细胞和血小板减少。此外病猪易患肺炎和胃肠炎。母猪受胎率和泌乳量下降。雏鸡食欲不振，生长缓慢，羽毛生长不良且易折断，有色鸡的羽毛缺乏色素而褪色，出现典型的巨幼红细胞性贫血和白细胞减少症，胫骨短粗。雏火鸡常见有特异性颈麻痹症状，头颈直伸，双翅下垂，不断抖动。母鸡产蛋量下降，孵化率低下，胚胎常呈髋关节移位，胫跗骨弯曲，下颌缺损，趾畸形等病变，且死亡率高。

二、任务实施

(一)诊断

叶酸缺乏一般可根据饲养状况的分析，结合畜禽临床症状，参考病理解剖变化进行诊断。特征性生化检验是红细胞内含过量多谷氨酰叶酸衍生物。

(二)治疗

畜禽发病时，重点是查明并清除病因，改善饲养管理，并调整日粮组成，给予富含叶酸的饲料，如苜蓿、豆谷、酵母、青绿饲料等。临床上多应用叶酸制剂，猪 0.1～0.2 mg/kg 体重，每日两次，灌服或一次肌肉注射，连用 5～10 d；禽 10～150 μg/只，灌服或肌肉注射，每日一次。还可给予动物维生素 C 制剂，以减少叶酸消耗，提高疗效。

(三)预防

平时注意日粮中叶酸含量，应满足动物需要量：1～60 日龄鸡 0.6～2.0 mg/kg 日粮；雏鸡 0.8～2.0 mg/kg 日粮；蛋鸡 0.12～0.42 mg/kg 日粮；肉鸡 0.3～1.0 mg/kg 日粮；火鸡 0.4～0.7 mg/kg 日粮；犬、猫 0.3～0.4 mg/kg 体重；貂、狐 0.6 mg/kg 体重；赛马和赛犬 15 mg/kg 体重；工作马 10 mg/kg 体重。草食动物日粮中尽量增加多叶的蔬菜或青草粉，如苜蓿、豆谷或青绿饲料。

技能 11　佝偻病的诊治

一、任务资讯

(一)了解概况

佝偻病是生长快的幼畜和幼禽维生素 D 缺乏及钙、磷代谢障碍所致的一种营养性骨病。其特点是成骨细胞钙化作用不全，软骨持久性肥大，骺端软骨增大的暂时性钙化作用不全。临床表现为消化紊乱、异食癖、跛行、骨骼变形(四肢呈罗圈腿或八字形外展)。本病多发于冬春季节舍饲的动物。一般以断奶期和生长发育快速的幼畜较易发生。

(二)认识病因

主要有以下几方面：

(1)钙缺乏　包括日粮中钙的绝对缺乏和继发于其他因素的钙缺乏，主要是磷的过量摄入导致的。

(2)磷缺乏　包括日粮中磷的绝对缺乏和继发于其他因素的磷缺乏，主要是钙的过量摄入导致的。

(3)维生素 D 缺乏　包括维生素 D 摄取量的绝对减少和继发于其他因素的维生素 D 缺乏，最典型的例子是胡萝卜素过量摄入导致的维生素 D 缺乏。

(4)缺乏阳光照射　缺乏阳光照射时，动物会出现维生素 D 的不足，导致佝偻病的发生。

(三)识别症状

早期呈现食欲减退、消化不良、精神沉郁；然后出现异嗜癖，发育停滞、消瘦，下颌骨增厚、变软，出牙期延长，齿形不规则，齿质钙化不足(坑洼不平、有沟、有色素)，常排列不整齐，齿面易磨损，不平整；最后在面骨、下颌骨以及躯干、四肢骨骼出现变形，间或伴有咳嗽、腹泻、呼吸困难和贫血。

病畜经常卧地，不愿起立和运动。

(1)犊牛低头、拱背，站立时前肢腕关节屈曲，向前方外侧凸出，呈内弧形，后肢跗关节内收，呈“八”字形叉开站立，步态僵硬。腕关节、跗关节和肋骨软骨联合部肿胀最明显(称串珠状肿)。严重时躺卧不起。

(2)仔猪常跪地、发抖，后期由于硬腭肿胀，口腔闭合困难。

(3)幼雏和青年小鸡胸骨由于长期躺卧而被压薄，呈“S”状弯曲，大腿和胸肌萎缩，鸡喙变软、弯曲变形。

二、任务实施

(一)诊断

幼畜佝偻病的早期诊断比较困难。一般可根据病史(动物日龄，日粮中维生素 D 缺乏，钙、磷比例不当，舍饲阳光照射不足)，临床症状(生长缓慢，消化不良，异嗜，运动障碍，骨骼、关节变形)，并结合血液检查结果(红细胞数及血红蛋白量低下，血钙、血磷浓度依病因而有差异，磷和维生素 D 缺乏引起佝偻病，血磷可降低至 30～40 mg/L 以下。血钙直至病的后期阶段才降低，一般低至 40～70 mg/L 以下或更低；碱性磷酸酶活性增高，可达 100 U/L 以上)可作为早期诊断指标。骨的 X 线检查，这对佝偻病的诊断，特别是早期诊断具有重要的作用。骨 X 线像见有长骨骨端变为扁平或呈杯状凹陷，骨骺增宽且形状不规则。骨皮质变薄，密度降低，长骨末端呈毛刷状或绒毛样外观。骨骼中灰分与有机质的比例改变也有助于本病的诊断，通常由正常的 3∶2 降至 1∶2 或 1∶3。

(二)治疗和预防

佝偻病的治疗原则主要是消除病因，改善饲养管理，给予药物治疗，采取医护结合的综合性防治措施。

本病主要是因维生素 D 缺乏引起的，日粮中应按维生素 D 的需要量给予合理的补充，并确保在冬季舍饲期得到足够的日光照射和摄入经太阳晒过的青干草。舍饲和笼养的畜禽，可

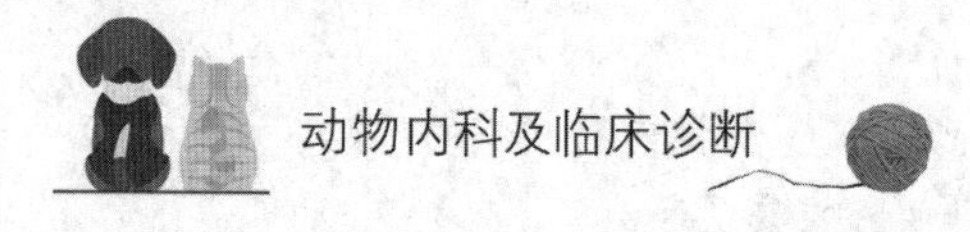

定期利用紫外线灯照射，照射距离 1～1.5 m，每次照射时间为 5～15 min。日粮中钙、磷比例应控制在(1.2∶1)～(2∶1)范围内，并合理搭配胡萝卜素、维生素 A 和维生素 D 制剂，例如鱼肝油、浓缩维生素 D 油、鱼粉等。

技能 12　骨软病的诊治

一、任务资讯

(一)了解概况

临床上主要呈现消化紊乱，异食癖，跛行及骨骼系统严重变化等特征，大体上与佝偻病相似。首先引起注意的是消化紊乱，并呈现明显的异食癖。病牛舔食泥土、墙壁、铁器，在野外啃嚼石块，在牛舍采食污秽的垫草。病猪，除啃骨头、嚼瓦砾外，有时还采食胎衣。在牛伴有异食癖时，可造成食道阻塞、创伤性网胃炎、铅中毒、肉毒梭菌毒素中毒等。在异食癖出现一段时间之后而呈现跛行。动物运步不灵活，主要表现为四肢僵直，走路后躯摇摆，或呈现四肢轮跛。拱背站立，经常卧地不愿起立。乳牛腿颤抖，伸展后肢，做拉弓姿势。某些母牛发生腐蹄病，久则呈芜蹄。母猪喜欢躺卧，做匍匐姿势，跛行，产后跛行加剧，后肢瘫痪，严重者发生骨折。

(二)认识病因

(1)饲料、饲草或饮水中的钙、磷含量不足。一般来说，干旱地区的饲草钙多磷少，涝洼地区的饲草磷多钙少。

(2)钙、磷比例不当。正常的钙、磷比例为 2.5∶1，如果比例失调，磷多钙少，则磷与钙结合形成磷酸钙随粪便排出体外；反之，钙多磷少，则易造成缺磷，骨盘也不能沉积。

(3)饲料中植酸盐、蛋白质及脂肪过多。

(4)怀孕及泌乳期母畜对钙磷的需求量急剧增加。

(5)饲养管理不当造成家畜胃肠机能紊乱，影响消化道对钙、磷的吸收，加之冬季光照不足，缺乏运动，造成维生素 D 吸收不足，严重影响钙、磷的吸收和沉积。

(6)甲状旁腺机能亢进也是引起本病的原因之一。

(三)识别症状

发生骨软症的病畜，初期表现为轻度跛行，经常卧地，食欲不佳，有明显的异食癖，粪便干燥，被毛逆立，缺乏光泽，易出汗，体质逐渐瘦弱；中期跛行加重，站立时频频换肢，走路摇摆呈交叉步态，骨骼变形，脊椎弯曲、凹陷或呈弓腰姿势，尾骨变软；后期鼻甲骨、面骨肿胀，四肢下部浮肿，骨骼严重变形，卧地不起，后躯麻痹，站立时后肢呈 X 状，发病家畜贫血、消瘦。

二、任务实施

(一)诊断

(1)根据日粮组成中的矿物质含量及日粮的配合方法，饲料来源及地区自然条件，病畜年龄、性别、妊娠和泌乳情况，发病季节，临床特征及治疗效果，不难诊断。血清钙、无机磷和碱性磷酸酶水平的测定有助于诊断。尤其是采用 AKP 同工酶的检验，其骨 AKP 值的升

高具有重要的诊断意义。王九峰等(1997)检验证明骨软病奶牛血清骨钙素明显下降[正常(35.3±5.1)μg/mL,发病时(21.34±2.4)μg/mL],是奶牛骨软症早期诊断的良好指标。X线骨密度检查及骨影像分析有助于发现亚临床状态及评估病情病性。

(2)在诊断时要区别牛的骨折、蹄病、关节炎、肌肉风湿症和慢性氟中毒等。在猪,要区别生产瘫痪、冠尾线虫病、外伤性截瘫等。然而上述诸病都没有异食癖,有的呈急性或亚急性而不是慢性,有的在畜群仅是个别发生而不是群发。此外,上述诸病还应该具有各自的特征,例如骨折虽可并发于骨软病中,但原发性骨折本来不会有骨和关节变形,额骨穿刺检查为阴性;腐蹄病虽可因骨软病而继发,但在原发性病例,必然与牛场地面的污脏、潮湿以及存在较多的石子和煤渣等坚硬物体相关,炎热的夏季发病率增高,而其他方面均正常;风湿症时患部疼痛更显著(尤其背部及四肢上方),但运动后疼痛非但不加重而减轻,其他亦无异常;慢性氟中毒时有齿斑和长骨骨柄增大等特征性变化。

(二)治疗

(1)寻找病因,及时调整日粮中钙、磷比例。

(2)改善胃肠机能。给予易消化的含钙、磷及维生素较多的饲草、饲料,并补饲骨粉。大家畜发生骨软症时,一般每日补饲骨粉100～150 g,连喂5～10 kg;猪、羊发生骨软症时,一般每日补饲骨粉50～100 g,连续饲喂量达2～3 kg即可治愈。

(3)药物治疗。大家畜发生骨软症时,静脉注射10%的氯化钙100～150 mL或10%的葡萄糖酸钙300～500 mL,每日一次,直至痊愈,同时结合症状对症治疗。

(三)预防

(1)改善饲养管理,注意日粮搭配。

(2)怀孕及泌乳期母畜要及时补充钙、磷较高的饲料,如黑豆、骨粉等。

(3)延长光照时间,适当增加运动量。

(4)及时治疗胃肠疾病。

(5)平时在日粮中按比例掺入骨粉和食盐(骨粉30 g、食盐10 g),可以预防家畜骨软症,且对早期病例也有一定治疗作用。

技能13　锌缺乏症的诊治

一、任务资讯

(一)了解概况

锌缺乏症是由于饲料中锌含量绝对或相对不足所引起的一种营养缺乏症。临床特征是生长缓慢,皮肤皲裂,皮屑增多,蹄壳变形、开裂、甚至磨穿,繁殖机能障碍及骨骼发育异常。各种动物均可发生,猪、鸡、犊牛、羊较为多见。有些毛皮动物因缺锌产生掉毛、消瘦而影响自身价值。动物锌缺乏症在许多国家都有发生。据调查,美国50个州中有39个州土壤需要施锌肥,约有400万人患有不同程度的缺锌。我国北京、河北、湖南、江西、江苏、新疆、四川等有30%～50%的土壤缺锌。

(二)认识病因

(1)原发性锌缺乏　主要是饲料中锌含量不足。家畜对锌的需要量为40 mg/kg,生长期

幼畜、种公畜和繁殖母畜为60～80 mg/kg,鸡对锌的需要量为45～55 mg/kg,饲料锌水平和土壤锌水平密切相关。我国土壤锌含量变动在10～300 mg/kg,平均为100 mg/kg,总的趋势是南方的土壤锌高于北方,当土壤锌低于10 mg/kg时,极易引起动物发病。

(2)继发性锌缺乏　主要是饲料中存在干扰锌吸收利用的因素。已发现钙、磷、铜、铁、铬、碘、镉及钼等元素过多,可干扰锌的吸收。高钙日粮可降低锌的吸收,增加粪尿中锌的排泄量,减少锌在体内的沉积。饲料中Ca∶Zn=(100～150)∶1为宜,如饲料中Ca达0.5%～1.5%,锌仅34～44 mg/kg,猪极易产生锌缺乏症。饲料中植酸、维生素含量过高可干扰锌的吸收。消化机能障碍,慢性拉稀,可影响由胰腺分泌的"锌结合因子"在肠腔内停留,而致锌摄入不足。

(三)识别症状

锌缺乏可出现食欲减少,生长发育缓慢,生产性能减退,生殖机能下降,骨骼发育障碍,骨短、粗,长骨弯曲,关节僵硬,皮肤角化不全,皮肤增厚、皮屑增多、掉毛、擦痒,被毛、羽毛异常,免疫功能缺陷及胚胎畸形等。

(1)猪　皮肤角化,腹部、大腿及背部等处皮肤出现红斑,然后转为丘疹,最后出现结痂、裂隙,形成薄片和鳞屑状,除裂隙处有黏稠分泌物外,蹄壳变薄、甚至磨穿,在行走过程中留下血印。出现呕吐和腹泻,特别是生长快速,饲料中添加促生长素的猪。断乳后7～10周龄最易发生,用干粉料饲喂的猪比用湿粉饲喂更易发生。病猪体增重减少,饲料报酬下降。

(2)牛　犊牛食欲减退,生长缓慢,皮肤粗糙、增厚、起皱,甚至出现裂隙。皮肤角质化增生和掉毛,受影响体表可达40%,在口唇、阴户、肛门、尾端、耳廓、后跟的背侧,膝部、腹部、颈部最明显。母牛健康不佳,生殖机能低下,产乳量减少,乳房皮肤角化不全,易发生感染。运步僵硬,蹄冠、关节、肘部、膝关节及腕部肿胀,膝关节软肿,患处掉毛。牙周出血,牙龈溃疡。

(3)绵羊　绵羊羊毛变直,变细,易脱落,皮肤增厚,皲裂。羔羊生长缓慢,流涎,跗关节肿胀,眼、蹄冠皮肤肿胀、皲裂。公羊羔睾丸萎缩,精子生成完全停止,当饲料中锌达32.4 mg/kg,可恢复精子生成。母羊缺锌时,繁殖力下降。

(4)山羊　实验性缺锌引起生长缓慢,食物摄入减少,睾丸萎缩,被毛粗乱,脱落,在后躯、阴囊、头、颈部出现皮肤角质化增生。四肢下部出现裂隙、渗出。

(5)家禽　鸡、火鸡最易缺锌,野鸡、鹌鹑亦可发生。表现生长停滞,生毛泡变性,羽囊角化变性,羽毛稀疏,脚爪软弱,关节肿胀,皮炎,皮肤鳞屑生成。仅以植物性饲料饲喂,可发生原发性缺锌;而加以大量钙、磷,可产生继发性缺锌。缺锌时,皮肤角化,表皮增厚,以翅、腿、趾部明显。长骨粗短,跗关节肿大,产蛋少,蛋壳薄,易碎,孵化率下降,胚胎畸形。主要表现躯干和肢体发育不全,有的脊柱弯曲缩短,肋骨发育不全或易产生胚胎死亡。

(6)野生动物、毛皮动物　有流涎,鼻、胸腹、颈部脱毛。先天性缺陷时,皮肤角化,皮屑增多,皮张质量下降。

(7)犬、猫　生长缓慢,消瘦、呕吐、结膜炎、角膜炎。腹部、肢端发炎。

(8)灵长类　食欲下降,舌背面角化不全,角膜炎并伴有脱毛。

临床病理学检查:饲料锌含量下降,血清碱性磷酸酶活性下降至正常时的一半。血清锌浓度下降,至0.3～0.4 mg/L,这时白蛋白也下降,球蛋白增加。

二、任务实施

（一）诊断

根据临床症状，如皮屑增多，掉毛、皮肤开裂，经久不愈，骨短粗等而作初步诊断。补锌后经1～3周，临床异常迅速好转。饲料中钙、磷、锌含量测定，钙、锌比率的测定，可有助于诊断。但应防止滞后效应，产生临床缺锌症状的饲料，目前可能已不再饲喂，应具体分析所测数据。诊断本病时应与螨病、湿疹、锰缺乏、维生素A缺乏、烟酸、泛酸缺乏等相区别。

（二）治疗

一旦出现本病，应迅速调整饲料锌含量，加入0.02%的碳酸锌100 mg/kg；肌肉注射剂量按2～4 mg/kg体重，连续10 d，补锌后食欲迅速恢复，3～5周内皮肤症状消失。应保证日粮中含有足够的锌。使Ca∶Zn＝100∶1，各种动物对锌的需要量一般在35～45 mg/kg体重。

（三）预防

但因饲料中干扰因素影响，常在此基础上再增加50%的量可防止锌缺乏症。如增加一倍量还可提高机体抵抗力，增重加快。地区性缺锌可施用锌肥，每公顷施7.5～22.5 kg硫酸锌，或拌在有机肥内施用，国外施用量更大。此法对防治植物缺锌有效，但代价大。现在已有用锌和铁混在一起，制成锌铁丸，或把锌渗入可溶性玻璃内，投放入胃一次可维持6～8周，缺点是容易随粪外排，失去补锌作用。

技能14　铜缺乏症的诊治

一、任务资讯

（一）了解概况

铜缺乏症主要是由于体内微量元素铜缺乏或不足，而引起贫血、拉稀、被毛褪色、皮肤角化不全、共济失调、骨和关节肿大、生长受阻和繁殖障碍为特征的动物营养代谢病。铜缺乏症发生于各种动物，主要侵害牛、羊、鹿、猪、马驹及其他动物。羔羊晃腰症、牛的舔（盐）病、摔倒病、骆驼摇摆病和猪铜缺乏症都属于原发性缺铜症；泥炭泻样拉稀、英国牛羊“晦气”病、犊牛消瘦病、牛的消耗病及羔羊地方性运动失调等，属于条件性或继发性缺铜症；海岸病和盐病属缺铜又缺钴。本病在我国宁夏、吉林等省区相继报道，主要发生在牛、羊、鹿、骆驼等家畜。

（二）认识病因

铜缺乏症的原因包括原发性和继发性两种。

（1）原发性铜缺乏症　因长期饲喂低铜土壤上生长的饲草，土壤中通常含铜18～22 mg/kg，植物中含铜11 mg/kg。但在高度风化的沙土地，严重贫瘠的土壤，土壤铜含量仅0.1～2 mg/kg，植物中含铜仅3～5 mg/kg。土壤铜含量低致使饲料铜含量过少，导致铜摄入不足，称为单纯性缺铜症。一般认为，饲料（干物质）含铜量低于5 mg/kg，可引起发病。

（2）继发性铜缺乏症　土壤和日粮中含有充足的铜，但动物对铜的吸收受到干扰，主要是饲料中干扰铜吸收利用的物质如钼、硫等含量太多，如采食高钼土壤上生长的植物，或采食工矿钼污染的饲草，或饲喂硫酸钠、硫酸铵、蛋氨酸、胱氨酸等含硫过多的物质经过瘤胃微生物作用均转化为硫化物，形成一种难溶解的铜硫钼酸盐复合物，降低铜的利用。

本病除冬季发生较少（因所饲精料中补充了铜）外，其他季节都可发生。春季，尤其是多雨、潮湿，施氮肥或掺入一定量钼肥的草场，发生本病的比例高。

（三）识别症状

（1）原发性铜缺乏症　病畜表现精神不振，产奶量下降和贫血。被毛无光泽、粗乱，红毛变为淡锈红色，以至黄色，黑毛变成淡灰色。犊牛生长缓慢，腹泻，易骨折，特别是骨盆骨与四肢骨易骨折。驱赶运动时行动不稳，甚至呈犬坐姿势。稍作休息后，则恢复"正常"。有些牛有痒感和舔毛，腹泻呈间歇性，部分犊牛表现关节肿大，步态强拘，屈肌腱挛缩，行走时呈指尖着地，这些症状可以在出生时发生，或于断乳时发生，瘫痪和运动不协调等症状少见。

（2）继发性铜缺乏症　其主要症状与原发性铜缺乏症类似，但贫血少见，腹泻明显，这与某些"条件因子"减少铜的可利用性有关，腹泻严重程度与钼摄入量成正比。

（3）因缺铜所致的疾病还有其自身特点：

①牛　摔倒病以突然伸颈，吼叫，跌倒，并迅速死亡特征。病程多为 24 h。死因是心肌贫血、缺氧和传导阻滞所致。泥炭样拉稀是在含高钼的泥炭地草场放牧数天后，拉稀呈水样，粪便无臭味，常不自主外排，久之出现后躯污秽，被毛粗乱，褪色为特点，铜制剂治疗明显。消瘦病呈慢性经过，开始表现步态强拘，关节硬性肿大，屈腱挛缩、消瘦、虚弱，多于 4～5 个月后死亡。被毛粗乱，褪色，仅少数病例表现拉稀。

②羊　原发性缺铜羊的被毛干燥、无弹性、绒化，卷曲消失，形成直毛或钢丝毛，毛纤维易断。各品种羊对缺铜的敏感性不一样，如羔羊摇背症，见于 3～6 周龄，是先天性营养性缺铜症（亦有人认为是遗传性缺铜），表现为生后即死，或不能站立，不能吮乳，运动不协调，或运动时后躯摇晃，故称为摇背症。继发性缺铜的特征性表现是地方性运动失调，仅影响未断乳的羔羊，多发于 1～2 月龄，主要是运动不稳，尤其驱赶时，后躯倒地，持续 3～4 d 后，多数病羔可以存活，但易骨折，少数病例可表现下泻，如波及前肢，则动物卧地不起，但食欲正常。山羊缺铜与羔羊运动失调类似，但仅发生于幼羔至 32 月龄。

③梅花鹿　梅花鹿缺铜症与羔羊缺铜症状类似，仅发生于年轻的未成年鹿、刚断乳或断乳小鹿。成年鹿发病少，表现运动不稳，后躯摇晃，呈犬坐姿势，脊髓神经脱髓鞘，中脑神经变性。

④猪　自然发生猪缺铜病例极少。病猪表现轻瘫，运动不稳，肝铜浓度降至 3～14 mg/kg，用低铜饲料实验性喂猪，可产生典型的运动失调，跗关节过度屈曲，呈犬坐姿势，补铜治疗，效果显著。

⑤鸡　自然发生的鸡缺铜症：可有主动脉破裂，突然死亡，但发病率低。母鸡所产蛋的胚胎发育受阻，孵化 72～96 h，分别见有胚胎出血和单胺氧化酶活性降低。

（4）剖检可见病牛消瘦，贫血，肝、脾、肾内有过多的血铁黄素蛋白沉着。犊牛原发性缺铜时，腕、跗关节囊纤维增生，骨骼疏松，骺端矿化作用延迟。牛的摔倒病，病牛心脏松弛、苍白、肌纤维萎缩。肝、脾肿大，静脉淤血等。羔羊地方性运动失调，尚有脱髓鞘，尤其是脊髓和脑室管道内脱髓鞘，大多数摇背症羊，还有急性脑水肿、脑白质破坏和空泡生成，但无血铁黄素蛋白沉着。

二、任务实施

(一)诊断

根据临床上出现的贫血、拉稀、消瘦、关节肿大、关节滑液囊增厚,肝、脾、肾内血铁黄素蛋白沉着等特征,补饲铜以后疗效显著,可作出初步诊断。确诊有待于对饲料、血液、肝脏等组织铜浓度和某些含铜酶活性的测定。如怀疑为继发性缺铜症,应测定钼和硫含量。诊断中应区别寄生虫性拉稀,如肝片形吸虫、肠道线虫、球虫等,要根据粪便中虫卵及卵囊计数和对铜治疗效果而确定。还应与某些病毒性、细菌性和霉菌性拉稀,如病毒性腹泻、沙门氏菌、镰刀菌毒素等所致的拉稀相区别。羔羊摇背症和地方性运动失调常与山黧豆属牧草中毒,羔羊白肌病,维生素 E 缺乏所致脑软化症等混淆。后两者补硒有明显的疗效。牛的摔倒病以突然死亡为特征,生前常缺乏临床症状。应与炭疽、再生草热和某些急性中毒病相区别。

(二)治疗

治疗措施是补铜。犊牛从 2～6 月龄开始,每周补 4 g,成年牛每周补 8 g 硫酸铜,连续 3～5 周,间隔 3 个月后再重复治疗一次。对原发性和继发性缺铜症都有较好的效果。动物饲料中应补充铜,或者直接加到矿物质补充剂中,牛、羊对铜的最小需要量是 15～20 mg/kg(干物质);猪 4～8 mg/kg;鸡 5 mg/kg,食用全植物性饲料时为 10～20 mg/kg;矿物质补充剂中应含 3%～5%的硫酸铜。50%钙和 45%钴化盐及碘化盐加黏合剂制成的盐砖,供动物舔食或将此混合盐按 1%比例加入日粮中。如病畜已产生脱髓鞘作用,或心肌损伤,则难以恢复。

(三)预防

(1)在低铜草地上,如 pH 偏低,可施用含铜肥料。每 5.6 kg/ha 硫酸铜,可提高牛、羊血清肝脏中的铜浓度。有试验证明,牧草铜从 5.4 mg/kg 提高到 7.8 mg/kg,牛血铜浓度从0.24 mg/L 升高到 0.68 mg/L;肝铜从 4.4 mg/L 升高到 28.6 mg/L,一次喷洒可保持 3～4 年。喷洒前需等降雨之后,或 3 周以后才能让牛、羊进入草地。碱性土壤不宜用此法补铜。

(2)直接给动物补充铜。可在精料中按牛、羊对铜的需要量补给,或投放含铜盐砖,让牛自由舔食。灌服硫酸铜溶液,按 1%浓度,牛 400 mL,羊 150 mL,每周一次。妊娠母羊于妊娠期持续进行,可防止羔羊地方性运动失调和摇背症。羔羊出生后每两周一次,每次 3～5 mL。预防性盐砖中含铜量,牛为 2%,羊为 0.25%～0.5%。用氧化铜装入胶囊投服,母羊 4 g,牛 8 g,用投药枪投入,可沉于网胃内而慢慢释放铜,国外目前正在实践。用 EDTA 铜钙或甘氨酸铜与矿物油混合皮下注射,其中含铜剂量为:牛 400 mg,羊 150 mg,羊每年一次,育成牛 4 个月一次,成年牛 6 个月一次,效果良好。另外,日粮添加蛋氨酸铜 10 mg/kg,亦可预防铜缺乏症。

技能 15　异食癖的诊治

一、任务资讯

(一)了解概况

异食癖是指由于环境、营养、内分泌、心理和遗传等多种因素引起的以舔食、啃咬通常认为无营养价值而不应该采食的异物为特征的一种复杂的多种疾病的综合征。各种动物都可发生,且多发生在冬季和早春舍饲的动物。广义地说,像羔羊的食毛癖、猪的咬尾症、禽的啄癖和毛皮动物的自咬症等都属于异食癖的范畴。

(二)认识病因

本病发生的原因是多种多样的,有的还未弄清,可因地区和动物的种类而异。一般认为有以下因素:

(1)环境　饲养密度过大,动物(如猪、禽等)之间相互接触和冲突频繁,为争夺饲料和饮水位置,互相攻击咬斗,常易诱发恶癖。光照过强,光色不适,易导致禽的啄癖。据实验,采用白炽灯光,啄癖发生率为15%,青光为21.5%,黄光为52%,而采用红光或绿光啄癖发生率为0。高温高湿,通风不良,再加上空气中氨、硫化氢和二氧化碳等有害气体的刺激易使动物烦躁不安而引起啄癖。

(2)疾病　一些临床和亚临床疾病已被证明是异食癖的一个原因。体内外寄生虫通过直接刺激或产生毒素而起作用。疾病本身不可能引起异食癖,但可产生应激作用,如现在通常观察到的猪尾尖的坏死已被证明可引起咬尾症。

(3)营养　许多营养因素已被认为是引起异食癖的原因。硫、钠、铜、钴、锰、钙、铁、磷、镁等矿物质不足,特别是钠盐的不足是常见原因。通常有异食癖的动物多喜舔食带碱性的物质。钠的缺乏可因饲料里钠不足,也可因饲料里钾盐过多,因为机体要排除过多的钾,必须同时增加钠的排出。有人试验,每千克泥土里含钴量为1.5～2 mg时,该地区动物很易发生异食癖;若每千克泥土里含钴量为2.3～2.5 mg时,则该地区动物不发生异食癖。有人注意到,在发生异食癖的地方干草的含铜量低,为2～5 mg/kg(正常的为6～12 mg/kg)。钙、磷比例失调,以及长期饲喂过酸的饲料等都可使体内碱的消耗过多。绵羊和鸡的食毛癖、猪吃胎衣和胎儿以及鸡的啄肛癖与硫及某些蛋白质、氨基酸的缺乏有关。某些维生素的缺乏,特别是B族维生素的缺乏,可导致体内的代谢机能紊乱而诱发异食癖。

(三)识别症状

(1)异食癖一般多以消化不良开始,接着出现味觉异常和异食症状。病畜舔食、啃咬、吞咽被粪便污染的饲草或垫草,舔食墙壁、食糟,啃吃墙土、砖瓦块、煤渣、破布等物。病畜易惊恐,对外界刺激的敏感性增高,以后则迟钝。皮肤干燥,弹力减退,被毛松乱无光泽。拱腰、磨齿,天冷时畏寒而战栗。口腔干燥,开始多便秘,其后下痢,或便秘下痢交替出现。绵羊可发生食毛癖,主要发生在早春饲草青黄不接的时候,且多见于羔羊。鸡有食毛(羽)癖(可能是由于缺硫)、啄趾癖、食卵癖(缺钙和蛋白质)、啄肛癖等。一旦发生,在鸡群传播很快,可互相攻击和啄食,甚至对某只鸡可群起而攻之,造成伤亡。

(2)母猪有食胎衣,仔猪间互相啃咬尾巴、耳朵和腹侧的恶癖。当断奶后仔猪、架子猪相互啃咬对方耳朵、尾巴和鬃毛时,常可引起相互攻击和外伤。在德国,有报道饲养在全部木板结构地面的3 874头猪咬尾症的发病率是68.8%,饲养在坚固的水泥地面784头猪的发病率达34.8%。最近认识到咬耳是一个比咬尾更严重的恶癖,通过耳朵的破口能使病猪更加恶化,尤其在那些早期断奶的猪舍,这种情况日益加剧,比咬尾症发生更早,在一个屠宰场的群体中,12.2%的猪有咬尾恶癖。耳朵被咬主要发生在两个部位,一个在耳朵的基部,一个在耳尖。一般不发生在一边,大部分发生是双边的。咬腹侧是另一个近来研究较多的恶癖,它趋向于主要发生在6～20周龄,20头以上猪群。

(3)幼驹,特别是初生驹,有采食母马粪的恶癖,特别是母马刚拉下的有热气的新鲜粪便。采食马粪的幼驹,常引起肠阻塞,若不及时治疗,多数死亡。异食癖多呈慢性经过,对早期和轻型的病畜,若能及时改善饲养管理,采取适当的治疗措施很快就会好转;否则病程拖得很长,可达数月,甚至1～2年,随饲养条件的变化,常呈周期性的好转与发病的交替变化,最后衰竭而死亡;也有以破布、毛发、马粪阻塞消化道,或尖锐异物使胃肠道穿孔而引起死亡的。

二、任务实施

(一)诊断

将异食作为症状诊断不困难,但欲作出病因学诊断,则须从病史、临床特征等方面具体分析,因为异食仅是若干疾病的一种症状表现,若不确定病因,则不能进行有效的防治。

(二)治疗

对症治疗　钴缺乏时,可灌服氯化钴,牛、马每次20～40 mg,猪10～20 mg,羊3～5 mg,每日1次。钙缺乏时,羊、禽饲料中补饲硫酸钙粉(石膏),羊每日5～10 g,禽每日0.5～3 g。啄肛者,可在每千克饲料中添加硫酸亚铁2 g、硫酸铜0.2 g、硫酸锰0.4 g,连用10～15 d,或在饲料中添加0.1 g硫酸钠和0.01%维生素B_2(10 mg/kg),每月1次。啄羽时,可在禽伤口涂以鱼石脂、紫药水(不可用红药水)等异味药剂,或在羽毛上喷煤油以防啄癖。啄蛋时,可用煤油浸泡1～2个软壳蛋放于笼内。

(三)预防

(1)必须在病因学诊断的基础上,有的放矢地改善饲养管理。应根据动物不同生长阶段的营养需要,喂给全价配合饲料,当发现有异食癖时,可适当增加矿物质和复合维生素的添加量。此外,喂料要做到定时、定量,不喂发霉变质的饲料。有条件时,可根据饲料和土壤情况,缺什么补什么;对土壤中缺乏某种矿物质的牧场,要增施含该物质的肥料,并采取轮换放牧。有青草的季节多喂青草;无青草的季节要喂质量好的青干草、青贮料,补饲麦芽、酵母等富含维生素的饲料。要合理组群,应把来源、体重、体质、性情和采食习惯等方面近似的动物组群饲养,每一动物群的多少,应以圈舍设备、圈养密度以及饲养方式等因素而定。

(2)饲养密度要适宜,以不影响动物正常的生长、发育、繁殖,又能合理利用栏舍面积为原则。在猪,一般3～4月龄每头需要栏舍面积以0.5～0.6 m^2,4～6月龄以0.6～0.8 m^2为宜,7～8月龄和9～10月龄则分别为1 m^2和1.2 m^2。圈舍应有良好的通风、温度调控及粪水处理系统,以利于防暑、防寒、防雨、防潮,保证栏舍干燥卫生,通风良好。对用于育肥的杂交仔猪,应在去势后育肥;可防止咬尾的发生。此外,要避免强光照射,在鸡,可适当利用红光,有利于抑制过度兴奋的中枢神经系统。

(3)根据当地的外界气温、寄生虫种类及发病规律,要对所饲养的动物从出生到出栏进行定期驱虫,以防止寄生虫诱发的恶癖。据报道,对出现咬尾现象的猪群采用饮水中添加安眠酮的办法,能迅速制止。具体做法是:约50 kg猪每头0.4 g,研碎后加入水中,饮水后10～30 min,咬尾行为完全消失,且不易复发。在鸡也可给予镇静药,使其精神安定治疗恶癖。咬伤部位应及时用0.1%高锰酸钾液等清洗消毒,并涂上碘酊,以防感染化脓。

技能 16　仔猪营养性贫血的诊治

一、任务资讯

(一)了解概况

仔猪营养性贫血是在北方秋冬和早春季节以及南方圈养的仔猪,由于得不到土壤中的造血元素,尤其是铁缺乏,在出生后 5～28 d 内经常发生的营养性贫血,又称为缺铁性贫血。广义上缺铁性贫血是指由于动物体内对铁的需要增加,但摄取不足、丢失过多或铁的吸收不良等造成体内铁缺乏,影响血红蛋白的合成而发生的贫血,故又称为小细胞低色素性贫血。引起营养性贫血的原因还有低蛋白血症,微量元素铜、钴等缺乏症及维生素 B_{12}、叶酸、烟酸、硫胺素、核黄素等的缺乏症。本节主要叙述缺铁性贫血。

(二)认识病因

进行放牧饲养的母猪及仔猪,可从青草和土壤中得到一定量的铁。若圈养,猪舍地面用水泥或石板,使仔猪出生后就不能与土壤接触,从而或多或少地丧失了对铁的摄取来源。本病在一定地区具有群发性。仔猪出生后 8～10 d,由肝脏造血变为骨髓造血,使血液中血红蛋白含量降低,这种过渡可引起生理性贫血。同时仔猪生长速度较快,由于出生后体内贮存的铁逐渐消耗,当得不到足量的外源性铁时,影响血红蛋白的生成,发生病理性贫血。

(三)识别症状

本病发展缓慢,当缺铁到一定程度时出现贫血,有缺氧和含铁酶及铁依赖酶活性降低的表现。仔猪出生 8～9 d 时出现贫血症状,皮肤及可视黏膜苍白,心搏增快,活力显著下降,吮乳能力下降。仔猪发生营养不良,机体衰弱,精神不振,被毛粗乱,影响生长发育。仔猪极度消瘦,消化系统发生障碍,出现周期性下痢及便秘,腹壁蜷缩呈橄榄猪。另一类型仔猪不消瘦,外观上很肥胖,生长发育较快,经 3～4 周后在奔跑中突然死亡。

二、任务实施

(一)诊断

根据仔猪生活的环境条件及日龄、临床表现及血红蛋白量显著减少、红细胞数量下降等特征不难诊断。剖检可见:肝脏有脂肪变性且肿大,呈淡灰色,有时有出血症。肌肉呈淡红色,特别是臀肌和心肌。心脏及脾脏肿大,肾实质变性,肺水肿,血液稀薄呈水样。组织学检查:骨髓中红细胞生成加强,在肝脏、脾脏及淋巴结有髓外造血功能。

(二)治疗

(1)去除病因　去除病因较治疗贫血更为重要,仔猪出生后要在舍饲栏内放入红土(含铁质)或泥炭土,以利于仔猪采食,对哺乳母猪应给予富含铁、铜、钴及各种维生素的饲料,以提高母乳抗贫血的能力。

(2)补充铁剂　硫酸亚铁 75～100 mg,灌服;焦磷醇铁,每日 300 mg,灌服,连用 7 d;0.05%硫酸亚铁及等量的 0.1%硫酸铜,每日 5 mL,灌服或涂于母猪乳头上。含糖氧化铁注射液,1 mL 含铁 20 mg,仔猪 1～2 mL,肌肉注射。葡聚糖铁钴注射液,4～10 日龄仔猪,在后肢深部肌肉注射 2 mL,重症隔 2 d 同剂量重复一次。或葡聚糖铁注射液(150～200 mg Fe/mL),仔猪每

次 1 mL，肌肉注射。

（三）预防

加强饲养管理。加强母猪的放牧，在气候条件许可时，尽量提早进行放牧，尤其在春夏季节进行放牧，可改善母猪血液循环并增进食欲，仔畜亦应跟随母猪放牧或尽早补铁。注意：过量摄入铁对猪有一定毒性，应严格控制用量。母猪饲料中硫酸亚铁应在 0.5% 以下，用于注射的铁注射液中铁元素含量应在 0.05% 以下。

【学习评价】

评价内容	评价方式			评价等级
	自我评价	小组评价	教师评价	
课前搜集有关的资料				A. 充分；B. 一般；C. 不足
知识和技能掌握情况				A. 熟悉并掌握；B. 初步理解；C. 没有弄懂
团队合作				A. 能；B. 一般；C. 很少
思维条理性（有条理地表达自己的意见，解决问题的过程清楚）				A. 强；B. 一般；C. 不足
思维创造性（提出和别人不同的问题，或用不同的方法解决问题）				A. 强；B. 一般；C. 很少
学习态度（操作活动、听讲、作业）				A. 认真；B. 一般；C. 不认真
信息科技素养				A. 强；B. 一般；C. 很少
总　评				

【技能训练】

一、复习与思考

1. 动物维生素 A 缺乏的危害有哪些？

2. 硒和维生素 E 缺乏时，动物的临床症状有哪些？

3. 怎样鉴别诊断家禽维生素 B_1 缺乏症与维生素 B_2 缺乏症？

4. 佝偻病与骨软病有何不同？

5. 有哪些营养代谢病易发生运动障碍和骨骼变形？怎样鉴别诊断？

二、案例分析

500 只 190 日龄蛋鸡，消瘦，食欲不振，羽毛松乱，冠髯苍白，蹲卧不起，触诊胸骨呈“S”状弯曲，肋骨呈串珠状，产蛋率 70% 左右，每日可捡出 50 个左右软皮蛋。经调查，饲料配方为玉米 60%、豆饼 22%、棉籽饼 5%、麸皮 8%、贝粉 2%、稻糠 2.7%、食盐 0.3%。因近期鸡蛋行情不好，时断时续地添加些去年剩下的多种维生素、微量元素和蛋氨酸。鸡群已在技术人员指导下做了各种免疫，且附近无传染病流行。

1.鸡群可能患有何种疾病？为什么？

2.请你制订一个具体的治疗方案。

任务七　中毒性疾病的诊治

【知识目标】

1.掌握中毒与毒物的概念。

2.掌握中毒性疾病发生的原因、常见症状、诊断方法。

3.掌握中毒性疾病的一般治疗原则和治疗方法。

4.熟练掌握特效解毒药及其配伍方法。

【技能目标】

通过本任务内容的学习，使学生能够运用中毒性疾病的有关知识，具备：

1.猪、牛、羊、犬中毒的催吐、洗胃和泻下等临床操作技术。

2.肌内注射、静脉注射、腹腔注射的相关操作。

3.常见有毒植物和毒蛇的识别能力。

4.有机磷、亚硝酸盐、重金属、氢氰酸和氰化物等的实验室检测技术。

5.常见中毒性疾病的诊断能力与治疗技术。

技能1　硝酸盐和亚硝酸盐中毒的诊治

一、任务资讯

(一)了解概况

硝酸盐和亚硝酸盐中毒是由于饲料和饮水中富含硝酸盐，在饲喂前的调制过程中或采食后的瘤胃内产生大量的亚硝酸盐，造成高铁血红蛋白血症，导致组织缺氧而引起的中毒。其临床症状是发病突然，黏膜发绀，血液呈暗褐色，血凝不良，呼吸困难，神经紊乱，病程短。多发于猪、牛、羊。

(二)认识病因

(1)在自然条件下，亚硝酸盐系硝酸盐在硝化细菌的作用下还原为氨过程的中间产物，故其发生和存在取决于硝酸盐的数量与硝化细菌的活跃程度。家畜饲料中，各种鲜嫩青草、作物秧苗，以及叶菜类等均富含硝酸盐。在重施氮肥或农药的情况下，如大量施用硝酸铵、硝酸钠等盐类，使用除莠剂或植物生长刺激剂后，可使菜叶中的硝酸盐含量增加。硝化细菌广泛分布于自然界，其活性受环境的湿度、温度等条件的直接影响。最适宜的生长温度为20～40 ℃。

(2)在生产实践中，如将幼嫩青饲料堆放过久，特别是经过雨淋或烈日暴晒者，极易产生亚硝酸盐。猪饲料采用文火焖煮或用锅灶余热、余烬使饲料保温，或让煮熟饲料长久焖置锅中，

给硝化细菌提供了适宜条件，致使硝酸盐转化为亚硝酸盐。反刍动物采食的硝酸盐，可在瘤胃微生物的作用下形成亚硝酸盐。动物可因误饮含硝酸盐过多的田水或割草沤肥的坑水而引起中毒。

（三）识别症状

中毒病猪常在采食后 15 min 至数小时发病。最急性者可能仅稍显不安，站立不稳，即倒地而死，故俗称“饱潲瘟”，意指刚刚吃饱了潲，即发作的瘟疫，可见其发病急、病程短及救治困难。多发生于精神良好，食欲旺盛的动物。急性型病例除显示不安外，呈现严重的呼吸困难，脉搏疾速细弱，全身发绀，体温正常或偏低，躯体末梢部位厥冷。耳尖、尾端的血管中血液量少而凝滞，呈黑褐红色。肌肉战栗或衰竭倒地，末期出现强直性痉挛。牛自采食后 1～5 h 发病。除呈现如中毒病猪所表现的症状外，尚可能有流涎、疝痛、腹泻，甚至呕吐等症状。但仍以呼吸困难，肌肉震颤，步态摇晃，全身痉挛等为主要症状。

二、任务实施

（一）诊断

根据病史，结合饲料状况和血液缺氧为特征的临床症状可作出诊断。亦可在现场做变性血红蛋白检查和亚硝酸盐简易检验，以确定诊断。

（二）治疗

特效解毒剂是美蓝。用于猪的剂量是 1～2 mg/kg，反刍动物为 8 mg/kg，制成 1%注射液静脉注射。美蓝属氧化还原剂，低浓度小剂量时，经辅酶Ⅰ的作用变成白色美蓝，把高铁血红蛋白还原为低铁血红蛋白。但高浓度大剂量时，辅酶Ⅰ不足以使之变为白色美蓝，过多的美蓝则发挥氧化作用，使氧合血红蛋白变为变性血红蛋白，可使病情恶化。甲苯胺蓝治疗高铁血红蛋白症较美蓝更好，还原变性血红蛋白的速度比美蓝快37%。按 5 mg/kg 制成 5%的注射液，静脉注射，也可肌肉或腹腔注射。大剂量维生素 C，猪 0.5～1 g，牛 3～5 g，静脉注射，疗效确实，但奏效速度不及美蓝。

（三）预防

确实改善青绿饲料的堆放和蒸煮过程。实践证明，无论生、熟青绿饲料，采用摊开敞放是一个预防亚硝酸盐中毒的有效措施。接近收割的青饲料不能再施用硝酸盐或 2,4-D 等化肥农药，以避免增加其中硝酸盐或亚硝酸盐的含量。对可疑饲料、饮水，实行临用前的简易化验，特别在某些集体猪场应列为常规的兽医保健措施之一。简易化验可用芳香胺试纸法，其原理是根据亚硝酸盐可使芳香胺起重氮反应，再与相当的连锁剂化合成红色的偶氮染料，易于识别。

技能 2　氢氰酸中毒的诊治

一、任务资讯

（一）了解概况

氢氰酸中毒是由于动物采食富含氰配糖体青饲料，经胃内酶和盐酸的作用水解，产生游离的氢氰酸，发生以呼吸困难、震颤、惊厥等组织性缺氧为特征的中毒病。

(二)认识病因

主要由于采食或误食富含氰苷或可产生氰苷的饲料所致。

(1)木薯　木薯的品种、部位和生长期不同,其中氰苷的含量也有差异,10月以后,木薯皮中氰苷含量逐渐增多。饲喂不当时易引起中毒。高粱及玉米的新鲜幼苗均含有氰苷,特别是再生苗含氰苷更高。

(2)亚麻子　含有氰苷,榨油后的残渣(亚麻子饼)可作为饲料;土法榨油中亚麻子经过蒸煮,氰苷含量少,而机榨亚麻子饼内氰苷含量较高。

(3)豆类　海南刀豆、狗爪豆等都含有氰苷,直接饲喂可引起中毒。

(4)蔷薇科植物　桃、李、梅、杏、枇杷、樱桃的叶和种子中含有氰苷,当喂饲过量时,均可引起中毒。马、牛内服桃仁、郁李仁、苦杏仁等中药过量可发生中毒。

(5)其他　牧草如苏丹草,约翰逊草和白三叶草等均含氰苷。

(三)识别症状

动物采食含有氰苷的饲料后15～20 min,表现腹痛不安,呼吸加快,可视黏膜鲜红,流出白色泡沫状唾液;先兴奋,很快转为抑制,呼出气有苦杏仁味,随之全身极度衰弱无力,行走不稳,很快倒地,体温下降,后肢麻痹,肌肉痉挛,瞳孔散大,反射减少或消失,心动徐缓,呼吸浅表,最后昏迷而死亡。

二、任务实施

(一)诊断

饲料中毒时,动物吃得多者死亡也快。根据病史及发病原因,可初步判断为本病。根据血液呈鲜红色可与亚硝酸盐中毒区别。毒物分析可作出最后确诊。

(二)治疗

特效疗法　发病后立即用亚硝酸钠,牛、马2 g,猪、羊0.1～0.2 g,配成5%的注射液,静脉注射。随后再注射5%～10%硫代硫酸钠,马、牛100～200 mL,猪、羊20～60 mL,或亚硝酸钠3 g,硫代硫酸钠15 g,注射用水200 mL,混合,牛一次静脉注射;猪、羊则为1 g及2.5 g,溶于50 mL注射用水,静脉注射。

(三)预防

含氰苷的饲料,最好放于流水中浸渍24 h,或漂洗后加工利用。此外,不要在含有氰苷植物的地区放牧家畜。

技能3　棉籽饼粕中毒的诊治

一、任务资讯

(一)了解概况

棉籽饼粕中毒是家畜长期或大量摄入榨油后的棉籽饼粕,引起以出血性胃肠炎、全身水肿、血红蛋白尿和实质器官变性为特征的中毒性疾病。本病主要见于犊牛、单胃动物和家禽,少见于成年牛和马属动物。

(二)认识病因

(1)棉酚　在锦葵科棉属植物的种子色素腺体中,含有大量棉酚,根、茎、叶和花中含有少量棉酚。棉籽中的棉酚多以脂腺体或树胶状存在于子叶的腺体内,呈圆形或椭圆形,依发育期和环境条件不同,其颜色从淡黄、橙黄、红、紫到黑褐色,称为色素腺体棉酚色素。棉籽和棉籽饼粕中含有 15 种以上的棉酚类色素,其中主要是棉酚,可分为结合棉酚和游离棉酚两类。游离棉酚的分子结构中有多个活性基团,有三型互变异构体(酚醛型、半缩醛型和环状羰基型),其他色素均为棉酚的衍生物,如棉紫酚、棉绿酚、棉蓝酚、二氨基棉酚、棉黄素等。

(2)棉酚及其衍生物的含量因棉花的栽培环境条件、棉籽贮存期、含油量、蛋白质含量、棉花纤维品质、制油工艺过程等多种因素的变化而不同。环丙烯类脂肪酸主要是苹婆酸和锦葵酸,棉籽油和棉籽饼残油中的含量较高。在棉酚类色素中,游离棉酚、棉紫酚、棉绿酚、二氨基棉酚等对动物均有毒性,它们对大鼠的灌服 LD_{50}(mg/kg)分别为 2570、6680、660 和 327。其中,棉酚的毒性虽然不是最强。但因其含量远比其他几种色素为高,所以棉籽及棉籽饼粕的毒性强弱主要取决于棉酚的含量。

(三)识别症状

(1)动物的棉籽饼粕急性中毒极为少见。生产实践中多因长期不间断地饲喂棉籽饼,致使棉酚在体内蓄积而发生慢性中毒。哺乳犊牛最敏感,常因吸食饲喂棉籽饼的母牛乳汁而发生中毒。

(2)非反刍动物慢性中毒的临床症状主要表现为生长缓慢、腹痛、厌食、呼吸困难、昏迷、嗜睡、麻痹等。慢性中毒病畜表现消瘦,有慢性胃肠炎和肾炎等,食欲不振,体温一般正常,伴发炎症腹泻时体温稍高。重度中毒者,饮食废绝,泌乳停止,结膜充血、发绀,兴奋不安,弓背,肌肉震颤,尿频,有时粪尿带血,胃肠蠕动变慢,呼吸急促带鼾声,肺泡音减弱。后期四肢末端浮肿,心力衰竭,卧地不起。棉酚引起动物中毒死亡可分三种形式:急性致死的直接原因是血液循环衰竭;亚急性致死是因为继发性肺水肿;慢性中毒死亡多因恶病质和营养不良。

二、任务实施

(一)诊断

目前尚无特效疗法,应停止饲喂含毒棉籽饼粕,加速毒物的排出。采取对症治疗方法,去除饼粕中毒物后合理利用。

(二)治疗

本病重在预防,中毒只能采取一般解毒措施,进行对症治疗。

(1)改善饲养　发现中毒,立即停喂棉籽饼,禁饲 2～3 d,给予青绿多汁饲料和充足的饮水。

(2)排除胃肠内容物　如为急性中毒,可用 0.04%高锰酸钾液洗胃和 5%碳酸氢钠液灌肠;灌服盐类泻剂硫酸钠或硫酸镁。

(3)对出现出血性胃肠炎的病畜,可用止泻剂和黏浆剂　灌服 1%的鞣酸,硫酸亚铁。为了保护胃肠黏膜,可喂服藕粉、面粉等。

(4)慢性中毒采取对症和支持治疗　制止渗出,强心补液,保肝解毒,利肾等措施。在治疗的同时增加钙、维生素 A,可提高疗效。

(三)预防

(1)限量饲喂。牛每日喂量不超过 1～1.5 kg,猪不超过 0.5 kg。鸡配合饲料不超过10%,妊娠母畜、幼畜最好不用。

(2)脱毒处理并注意在日粮中补充足量的矿物质和维生素。如添加 0.1%～0.2%硫酸亚铁,使铁离子与游离棉酚比例为 1∶1;小苏打去毒法,2%的小苏打与棉籽饼混合浸泡 24 h,取出后用清水冲洗即可;加热去毒法,棉籽饼加水煮沸 2～3 h 即可。

(3)增加青饲料、蛋白饲料、矿物质和维生素。培育无毒棉。

技能 4　瘤胃酸中毒的诊治

一、任务资讯

(一)了解概况

瘤胃酸中毒是因采食大量的谷类或其他富含碳水化合物的饲料后,在瘤胃内异常发酵产生大量乳酸,使胃内微生物群落活性降低的一种消化不良疾病。其特征为精神兴奋或沉郁,食欲和瘤胃蠕动废绝,胃液 pH 和血浆 CO_2结合力降低以及脱水等。本病又称乳酸中毒、反刍动物过食谷物、谷物性积食、乳酸性消化不良、中毒性消化不良、中毒性积食等。

(二)认识病因

(1)常见的病因主要有下列几种:

给牛、羊饲喂大量谷物,如大麦、小麦、玉米、稻谷、高粱及甘薯干,特别是粉碎后的谷物,在瘤胃内高度发酵,产生大量的乳酸而引起瘤胃酸中毒。

舍饲肉牛、肉羊若不按照由高粗饲料向高精饲料逐渐变换的方式,而是突然饲喂高精饲料时,易发生瘤胃酸中毒。

现代化奶牛生产中常因饲料混合不匀,而使采入精料含量多的牛发病。

(2)在农忙季节,给耕牛突然补饲谷物精料,乃至豆糊、玉米粥或其他谷物,因消化机能不相适应,瘤胃内微生物群系失调,迅速发酵形成大量酸性物质而发病。

饲养管理不当,牛、羊闯进饲料房,粮食或饲料仓库或晒谷场,短时间内采食了大量的谷物或豆类,畜禽的配合饲料,而发生急性瘤胃酸中毒。耕牛常因拴系不牢而抢食了肥育期间的猪食而引起瘤胃酸中毒的情况也时有发生。当牛、羊采食苹果、青玉米、甘薯、马铃薯、甜菜及发酵不全的酸湿谷物的量过多时,也可发病。

(三)识别症状

(1)一般病例在牛进食后 12～24 h 发病,表现为食欲废绝,产奶量下降,常常侧卧,呻吟,磨牙和肌肉震颤等,有时出汗,跌倒,还可见到后肢踢腹等疝痛症状。病牛排泄黄绿色泡沫样水便或血便,有时则发生便秘。尿量减少,脉搏增加(90～100 次/min,或更高),巩膜充血,结膜呈弥漫性淡红色,呼吸困难,呈酸中毒状态。体温一般为 38.5～39.5℃,步态蹒跚,有时可能并发蹄叶炎。

(2)严重病例迅速呈现上述症状后,很快陷入昏迷状态。病牛此时出现类似生产瘫痪的姿势。心跳次数可增加到 100～140 次/min,第一心音和第二心音区分不清。体温没有明显变化,末期陷入虚脱状态。最急性病例常于过食后 12 h 死亡。

二、任务实施

（一）诊断

本病根据病畜表现脱水，瘤胃胀满，卧地不起，具有蹄叶炎和神经症状，结合过食豆类、谷类或含丰富碳水化合物饲料的病史，以及实验室检查的结果——瘤胃液 pH 下降至 4.5～5.0，血液 pH 降至 6.9 以下，血液乳酸升高等，进行综合分析与论证，可作出诊断。

（二）治疗

(1)加强护理，清除瘤胃内容物，纠正酸中毒，补充体液，恢复瘤胃蠕动。重剧病畜（心率 100 次/min 以上，瘤胃内容物 pH 降至 5 以下）宜行瘤胃切开术，排空内容物，用 3%碳酸氢钠或温水洗涤瘤胃数次，尽可能彻底地洗去乳酸。然后，向瘤胃内放置适量轻泻剂和优质干草，条件允许时可给予正常瘤胃内容物，并静脉注射钙制剂和补液。若发生酸碱或电解质平衡失调，应补充碳酸氢钠。

(2)若临床症状不太严重或病畜数量大，不能全部进行瘤胃切开术时，可采取洗胃治疗，即使用大口径胃管以 1%～3%碳酸氢钠液或 5%氧化镁液，温水反复冲洗瘤胃，通常需要 30～80 L 的量分数次洗涤，排液应充分，以保证效果。冲洗后瘤胃内可投服碱性药物，补充钙制剂和体液；也可用石灰水洗胃，直至胃液呈碱性为止，最后再灌入 500～10 000 mL。因为瘤胃仍处于弛缓状态，应避免大量饮水，以防出现瘤胃膨胀。瘤胃恢复蠕动后，即可自由饮水。若因条件所限而不能采取洗胃治疗的病畜，可按每 100 kg 体重静脉注射 5%碳酸氢钠注射液 1 000 mL，并投服氧化镁或氢氧化镁等碱性药物后，投服青霉素溶液，以促进乳酸中和以及抑制瘤胃内牛链球菌的繁殖。

(3)当脱水表现明显时，可用 5%葡萄糖氯化钠注射液 3 000～5 000 mL、20%安钠咖注射液 10～20 mL、40%乌洛托品注射液 40 mL，静脉注射。为促进胃肠道内酸性物质的排除，促进胃肠机能恢复，在灌服碱性药物 1～2 h 后，可投服缓泻剂，牛用液体石蜡 500～1 500 mL。为防止继发瘤胃炎、急性腹膜炎或蹄叶炎，消除过敏反应，可静脉注射扑敏宁（牛 300～500 mg，羊50～80 mg），肌肉注射盐酸异丙嗪或苯海拉明等药物。在患病过程中，出现休克症状时，宜用地塞米松（牛 60～100 mg、羊 10～20 mg）静脉或肌肉注射。血钙下降时，可用 10%葡萄糖酸钙注射液 300～500 mL，静脉注射。

(4)若病牛心率低于 100 次/min，轻度脱水，瘤胃尚有一定蠕动功能，则只需投服抗酸药，促反刍药和补充钙剂。过食黄豆的病畜，发生神经症状时，用镇静剂，如安溴注射液，静脉注射，或盐酸氯丙嗪，肌肉注射，再用 10%硫代硫酸钠，静脉注射；同时应用 10%维生素 C 注射液，肌肉注射。为降低颅内压，防止脑水肿，缓解神经症状可应用甘露醇或山梨醇，按 0.5～1 g/kg 体重剂量，用 5%葡萄糖氯化钠注射液以 1∶4 比例配制，静脉注射。护理：在最初 18～24 h 要限制饮水量；在恢复阶段，应喂以品质良好的干草，而不应投食谷物和配合精饲料，以后再逐渐加入谷物和配合饲料。

（三）预防

不论奶牛、奶山羊、肉牛、肉羊与绵羊都应以正常的日粮水平饲喂，不可随意加料或补料。肉牛、肉羊由高粗饲料向高精饲料的变换要逐步进行，应有一个适应期。耕牛在农忙季节的补料亦应逐渐增加，决不可突然一次补给较多的谷物或豆糊。防止牛、羊闯入饲料房、仓库、晒谷场，暴食谷物、豆类及配合饲料。

技能5　栎树叶中毒的诊治

一、任务资讯

(一)了解概况

栎树叶中毒是动物大量采食栎树叶后,发生以前胃弛缓、便秘或下痢、胃肠炎、皮下水肿、体腔积水及血尿、蛋白尿、管型尿等肾病综合征为特征的中毒病。栎树又叫橡树、青杠树(Oak),是壳斗科栎属植物,多年生乔木或灌木。广泛分布于世界各地,约有350个种,我国约有140种,分布于华南、华中、西南、东北及陕甘宁的部分地区。其茎、叶、果实均可引起动物中毒,对牛羊危害最为严重,其果实引起的中毒,称为橡子中毒。

(二)认识病因

本病发生于生长青杠树的林带,尤其是乔木被砍伐后,新生长的灌木林带。放牧牛羊可因大量采食青杠树叶而中毒。据报道,牛采食青杠树叶数量占日粮的50%以上即可引起中毒,超过75%会中毒死亡。也有因采集青杠树叶喂牛或垫圈而引起中毒者。尤其是前一年因旱涝灾害造成饲草、饲料缺乏或贮草不足。翌年春季干旱,其他牧草发芽生长较迟,而青杠树返青早,这时常可大批发病死亡。

(三)识别症状

(1)自然中毒病例多在采食青杠树叶5～15 d,出现早期症状。人工发病试验中有的于采食嫩叶后第三天出现症状。病初表现精神沉郁,食欲、反刍减少,常喜食干草,瘤胃蠕动减弱,肠音低沉。很快发展为腹痛综合征:磨牙、不安、后退、后坐、回头顾腹以及后肢踢腹等。排粪迟滞,粪球干燥,色深,外表有大量黏液或纤维性黏稠物,有时混有血液。粪球干小常串联成捻珠状(黄牛较多见,有的长达数米);严重者排出腥臭的焦黄色或黑红色糊状粪便。随着肠道病变的发展,除出现灰白腻滑的舌苔外,可见其深部黏膜发生豆大的浅溃疡灶。鼻镜多干燥,后期龟裂。

(2)病初排尿频繁,量多,尿液稀薄而清亮,有的排血尿。随着病势加剧,饮欲逐渐减退以至消失,尿量减少,甚至无尿。可在会阴、股内、腹下、胸前、肉垂等躯体下垂部位出现水肿、腹腔积水,腹围膨大而均匀下垂。尿液检查,蛋白试验呈强阳性,尿沉渣镜检可发现大量肾上皮细胞、白细胞及各种管型。体温一般无变化,但后期由于盆腔器官水肿而导致肛门温度过低。也可见流产或胎儿死亡。病情进一步发展,病畜虚弱,卧地不起,出现黄疸,血尿,脱水等症状,最后因肾功能衰竭而死亡。

二、任务实施

(一)诊断

可根据采食青杠树叶或橡子的病史,发病的地区性和季节性,以及水肿,肝、肾功能障碍,排粪迟滞,血性腹泻等作出诊断。但是这些变化多数只能在发病中后期表现出来,而本病中后期治愈率较低。史志诚等提出本病早期诊断的标准:

(1)有采食或饲喂青杠树叶的病史。

(2)发病的地区性和季节性。

(3)临床症状：精神不振、心音高亢、食欲减少、厌食青草、喜食干草、肌肉震颤、口蹄发凉等。

(4)排除其他疾病和传染病。

(二)治疗

治疗原则为排除毒物，解毒及对症治疗。

(1)排除毒物　立即禁食栎树叶，促进胃肠内容物的排除，可用1%～3%盐水1 000～2 000 mL，瓣胃注射，或用鸡蛋清10～20个，蜂蜜250～500 g，混合一次灌服。解毒可用硫代硫酸钠5～15 g，制成5%～10%溶液一次静脉注射，每日一次，连续2～3 d，对初中期病例有效。碱化尿液，用5%碳酸氢钠300～500 mL，一次静脉注射。

(2)对症疗法　对机体衰弱，体温偏低，呼吸数减少，心力衰竭及出现肾性水肿者，使用糖盐水1 000 mL，任氏液1 000 mL，安钠咖注射液20 mL，一次静脉注射。对出现水肿和腹腔积水的病牛，用利尿剂，出现尿毒症的还可采用透析疗法。对肠道有炎症的，可灌服磺胺脒30～50 g。

(三)预防

(1)“三不”措施法　贮足冬春饲草，在发病季节里，不在青杠树林放牧，不采集青杠树叶喂牛，不采用青杠树叶垫圈。

(2)日粮控制法　发病季节，耕牛采取半日舍饲半日放牧的办法，控制牛采食栎树叶的量在日粮中占40%以下。在发病季节，牛每日缩短放牧时间，放牧前进行补饲或加喂夜草，补饲或加喂夜草的量应占日粮的一半以上。

(3)高锰酸钾法　发病季节，每日下午放牧后灌服一次高锰酸钾水。方法是称取高锰酸钾粉2～3 g于容器中，加清洁水4 000 mL，溶解后一次胃管灌服或饮用，坚持至发病季节终止，效果良好。

技能6　疯草中毒的诊治

一、任务资讯

(一)了解概况

“疯草”是棘豆属和黄芪属中有毒植物的统称，动物长期采食能引起中毒。临床症状以头部震颤，后肢麻痹等神经症状为主。由疯草引起的动物中毒病统称“疯草病”，或称“疯草中毒”。发病动物主要是山羊、绵羊和马，牛少见。

(二)认识病因

(1)疯草中毒多因在生长有棘豆的草场放牧所致。在青草季节，因棘豆草有不良气味，动物一般不愿采食，而采食其他牧草。进入冬季以后，牧场转为枯草期，牧草相对缺乏时，动物才有可能采食棘豆草。所以每年11月份动物开始发病，次年2～3月份达到高峰，死亡率上升，5～6月份停止发病。发病动物能耐过者，进入青草季节后，病情可逐渐好转。但在新发病区，或刚从外地购入的家畜不能识别这些有毒的牧草，全年任何季节均可发生该病。

(2)多数学者认为，疯草的有毒成分是吲哚里西定生物碱——苦马豆素，黄花棘豆、甘肃棘豆中的含量分别为0.012%和0.021%。从小花棘豆和冰川棘豆中分离出了喹诺里西定生物碱单体，证明均有毒性作用。黄芪属植物有毒种类所含有毒成分不同，有些含硝基化合物（主要在北美），有些含硒化合物（属聚硒植物主要在北美及美国），有些则含生物碱——苦马豆素。我国中毒危害严重的茎直黄芪及变异黄芪所含有毒成分为苦马豆素。

（三）识别症状

自然条件下疯草中毒多呈慢性经过。

（1）羊　①山羊：病初，目光呆滞，食欲下降，精神沉郁，呆立，对外界反应冷漠、迟钝。中期，头部呈水平震颤。呆立时仰头缩颈，行走时后躯摇摆，步态蹒跚，追赶时极易摔倒，放牧时不能跟群。被毛逆立，失去光泽。后期，出现拉稀，以至于脱水。被毛粗乱，腹下被毛手抓易脱。后躯麻痹，卧地不起。多伴发心律不齐和心杂音。最后衰竭死亡。②绵羊：症状与山羊相似，只是症状出现较晚。中毒症状尚未明显时，用手提绵羊的一只耳朵，便产生应激作用。疯草中毒的绵羊则表现转圈，摇头，甚至卧地等症状。怀孕母羊多流产，或产仔孱弱，常有畸形。

（2）牛　主要表现为视力减退，水肿及腹水。使役不灵活。牛对棘豆草的敏感性较低，中毒较少发生，症状也较轻。

二、任务实施

（一）诊断

主要依据疯草中毒的特有临床症状，如后躯麻痹，行走摇摆，头部呈水平震颤等。结合放牧采食疯草的病史，即可作出诊断。对中毒症状尚不明显的绵羊，可采用手提羊耳朵致应激，根据羊的表现作出初步诊断。实验室检验：血象呈贫血征象，血色素指数基本正常，血液指数分析呈大红细胞性贫血。血清 GOT 和 AKP 活性明显升高，血清 α-甘露糖苷酶活性降低。尿液低聚糖含量增加，尿低聚糖中的甘露糖亦明显升高。

（二）治疗

棘豆中毒的治疗，目前尚无特效疗法。用10%硫代硫酸钠等渗葡萄糖注射液，按1 mL/kg体重静脉注射，有一定的疗效。及时发现中毒病畜，转移放牧草场（脱离棘豆生长的草场）。调整日粮，加强补饲，同时配合对症疗法，一般早、中期中毒病畜可以逐渐恢复健康。

（三）预防

（1）围栏轮牧　在棘豆生长茂密的牧场，限制放牧易感的山羊、绵羊及马，而代之以放牧对棘豆迟钝的动物。

（2）化学防除　棘豆可用2，4-D丁酯，西北高寒牧区用量为200～300 g/亩，兑水25 kg，用药期以花前期为最佳，选择日光好的天气用药，防效可达95%以上。用药后第二年仍可复发，需坚持每年用药，可防棘豆生长蔓延。西北民族大学配制的TDC-Ⅱ药物，经连续几年试用，对棘豆防效可达100%，并且可使棘豆根部坏死，达到斩草除根之目的。宁夏农科院植保所与西北农林科技大学合作筛选出的使他隆，按660 mg/L浓度喷洒，灭除效果亦可达100%。

（3）日粮控制法　疯草中毒主要发生在冬季枯草季节天然草场可食草甚少，动物因饥饿被迫采食疯草而发病。冬季备足草料，加强补饲，可以减少本病发生。

技能7　白苏中毒的诊治

一、任务资讯

(一)了解概况

白苏的茎叶中含一种挥发油，主要成分是紫苏酮。白苏中毒是因水牛采食大量白苏后，在一定条件下，引起的急性中毒，临床上以延脑呼吸中枢麻痹，急性肺水肿，窒息和循环虚脱状态为特征。白苏是唇形科紫苏属植物，一年生，被疏毛草本。叶对生，长柄，阔卵圆形或卵圆形，边缘粗锯齿状，绿色；总状花序，顶生及腋生；茎直立，圆角四棱形，高50～100 cm。生长在田埂、路边、山坡、池沼与水库周围，以及树林、竹园等潮湿背阴的地方。

(二)认识病因

白苏与紫苏同属不同种，分布于我国河北、江苏、安徽、浙江、福建、湖北、四川、云南、贵州等地。由于白苏是一种有名的油料作物，又是药用和香料植物，全国各地也都有栽培。白苏的茎叶中，含有一种挥发油，其中主要化学成分为紫苏酮、β-去氢香薷酮、三甲氧基苯丙烯等物质。这些物质毒性很强，在一定条件下，能引起水牛急性中毒。水牛，其所以每年夏季发生白苏中毒，主要原因是天气炎热，湿度大，夏收夏种时劳役强度大，食欲旺盛。于此情况下，无论是舍饲或放牧，特别是在潮湿闷热的环境中，采食大量白苏后，中枢神经系统极易受到其中挥发油的强烈刺激和影响，即引起中毒的急剧发生发展的严重病理过程。

(三)识别症状

(1)初期，全身症状不明显，采食、反刍，各项生理指标正常。但开始闷呛，吸气用力，鼻翼开张，向上掀起，形成皱鼻现象；口角附着少量泡沫，流涎，间或点点滴滴流出。病情发展急剧，有的病例，1～2 h内即出现明显的肺水肿症状。呼吸急促而用力，频频皱鼻，头颈伸展，腹式呼吸，呼吸促迫，胸部听诊，先是肺泡音粗粝，干性啰音，继而呈现湿性啰音，呼吸极度困难。耳、角根、背、腰部，以及内股部发凉，四肢温度下降，皮温不整。体温正常，脉搏疾速，脉律不齐，心音不清晰，被呼吸音掩盖，但第二心音强盛。颜面静脉怒张，神情不安；咳嗽无力，不断闷呛。间或时起时卧；卧地时，头颈伸展贴地，力图缓解呼吸困难。口鼻断断续续流沫、吐水；频频排尿。但有的病例，仍然采食或反刍。

(2)病情急剧恶化。病畜极度苦闷不安，呼吸的深度与强度无明显变化，呈现毕欧氏呼吸现象，即间断性呼吸。由于呼吸中枢的兴奋性衰退，陷于麻痹，呼吸极度困难而费力。眼球突出，瞳孔散大；顿时口色乌紫，皮肤(耳、内股部腹下)发绀，微循环障碍，张口伸舌，吐沫、吐水，全身肌肉震颤，呈现窒息和循环虚脱状态。头向前冲，突然倒地，用力挣扎，鼻孔涌出大量泡沫，口吐大量清液，即刻死亡。

二、任务实施

(一)诊断

本病多突然发作，开始皱鼻、闷呛，继而喘息、吐沫、吐水，终于呼吸中枢和血管运动中枢麻痹，发生窒息和循环虚脱现象。临床特征明显，若结合病因分析，确诊不难。虽然如此，但须注意与日射病和热射病，以及有机磷农药中毒进行鉴别。日射病及热射病的特征是脑及脑膜充血，中枢神经系统调节机能紊乱，发生肺充血和肺水肿，心力衰竭，呈现窒息和昏迷状态，故与本病有所区别。有机磷农药中毒是中枢神经系统和副交感神经兴奋性增高，瞳孔缩小，腺体分泌增多，出汗、流涎、腹痛，二便失禁，呼吸困难，骨骼肌痉挛，以及昏迷。结合病史分析，则与本病有显然区别。

（二）治疗

（1）水牛白苏中毒的治疗，贵在三早，即早发现、早确诊、早治疗。所以当本病发生时，首先将病畜牵至阴凉通风地方，避免刺激和兴奋。降低颅内压，改善脑循环，强心，输液，止咳平喘，促进新陈代谢，氧化与中和有毒物质，减少渗出，防止肺水肿和循环虚脱，扭转病情发展过程。初期，可以用安溴注射液 100～150 mL，静脉注射。必要时，先大量泻血，再用复方氯化钠注射液，或 5%葡萄糖生理盐水 2 000～3 000 mL，20%安钠咖注射液 10～20 mL，另加维生素 C 1～2 g（不能与安钠咖配伍），静脉注射。

（2）当颅内压升高，呼吸极度困难时，宜用甘露醇，静脉注射。微循环衰竭时，尚可同时应用较大剂量硫酸阿托品，皮下注射。兴奋呼吸中枢，缓解呼吸困难，可用 25%尼可刹米 10～20 mL，皮下注射。另外，可用维生素 B_1 0.1～0.2 g，皮下或肌肉注射，促进脑组织的糖代谢过程。必要时，应用抗生素或磺胺类药物配合治疗，防止继发感染。根据本病的病情，可按照清热解毒，平喘止咳的原则，应用中药方剂进行治疗。

（三）预防

首先应强调白苏对水牛的严重危害性，向群众广泛宣传，加强水牛的饲养管理，不论放牧或舍饲，在炎热季节，禁止采食或饲喂白苏植物，防止中毒。每当潮湿、闷热的天气，发现水牛闷呛、皱鼻，神情异常时，立即将病牛放置在通风凉爽地方，采取措施，进行治疗。

技能 8　霉菌毒素中毒的诊治

一、任务资讯

（一）了解概况

霉菌在自然界中分布极广，种类繁多。目前有记载的约达 35 000 种以上。其中绝大多数是非致病性霉菌，有些已被用于酿造业、制药工业等。只有少数霉菌在基质（饲料）上生长繁殖过程中产生有毒代谢产物或次生代谢产物，称为霉菌毒素。

霉菌产生毒素的先决条件是霉菌污染基质并在其上生长繁殖，其他主要条件是基质（指谷类、食品、饲料等有机质）的种类、水分、相对湿度、温度以及空气流通（供氧）情况等。

（二）认识病因

（1）黄曲霉毒素（Aflatoxin，缩写 AFT）主要是黄曲霉和寄生曲霉等产生的有毒代谢产物。黄曲霉毒素并不是单一物质而是一类结构极相似的化合物。它们在紫外线照射下都发荧光。根据它们产生的荧光颜色可分为两大类：发出蓝紫色荧光的称 B 族毒素；发出黄绿色荧光的称 G 族毒素。目前已发现黄曲霉毒素及其衍生物有 20 余种，其中除 $AFTB_1$、$AFTB_2$ 和 $AFTG_1$、$AFTG_2$ 为天然产生的以外，其余的均为它们的衍生物。它们的毒性强弱与其结构有关，凡呋喃环末端有双键者，毒性强并有致癌性。在这四种毒素中又以 $AFTB_1$ 的毒性及致癌性最强。所以在检验饲料中黄曲霉毒素含量和进行饲料卫生学评价时，一般以 $AFTB_1$ 作为主要监

测指标。

(2)黄曲霉毒素是目前已发现的各种霉菌毒素中最稳定的一种,在通常的加热条件下不易破坏。如 $AFTB_1$ 可耐 200 ℃高温,强酸不能破坏之,加热到它的最大熔点 268~269 ℃才开始分解。毒素遇碱能迅速分解,荧光消失,但遇酸又可复原。很多氧化剂如次氯酸钠、过氧化氢等均可破坏毒素。黄曲霉和寄生曲霉等广泛存在于自然界中,菌株的产毒最适条件是基质水分在 16%以上,相对湿度在 80%以上,温度在 24~30 ℃之间。主要污染玉米、花生、豆类、棉籽、麦类、大米、秸秆及其副产品——酒糟、油粕、酱油渣等。畜禽黄曲霉毒素中毒的原因多是采食上述产毒霉菌污染的花生、玉米、豆类、麦类及其副产品所致。

(三)识别症状

(1)牛　成年牛多呈慢性经过,死亡率较低。往往表现厌食,磨牙,前胃弛缓,瘤胃臌胀,间歇性腹泻,泌乳量下降,妊娠母牛早产、流产。犊牛对黄曲霉毒素较敏感,死亡率高。

(2)绵羊　由于绵羊对黄曲霉毒素的耐受性较强,很少有自然发病。

(3)禽　雏鸭、雏鸡对黄曲霉毒素的敏感性较高,中毒多呈急性经过,且死亡率很高。幼鸡多发生于 2~6 周龄,临床症状为食欲不振,嗜眠,生长发育缓慢,虚弱,翅膀下垂,时时凄叫,贫血,腹泻,粪便中带有血液。雏鸭表现食欲废绝,脱羽,鸣叫,步态不稳,跛行,角弓反张,死亡率可达 80%~90%。成年鸡、鸭的耐受性较强。慢性中毒,初期多不明显,通常表现食欲减退,消瘦,不愿活动,贫血,长期可诱发肝癌。

(4)猪　采食霉败饲料后,中毒可分急性、亚急性和慢性三种类型。急性型发生于 2~4 月龄的仔猪,尤其是食欲旺盛、体质壮的猪发病率较高。多数在临床症状出现前突然死亡。亚急性型体温升高 1~1.5 ℃或接近正常,精神沉郁,食欲减退或废绝,口渴,粪便干硬呈球状,表面被覆黏液和血液。可视黏膜苍白,后期黄染。后肢无力,步态不稳,间歇性抽搐。严重者卧地不起,常于 2~3 d 内死亡。慢性型多发生于育成猪和成年猪,病猪精神沉郁,食欲减少,生长缓慢或停滞,消瘦。可视黏膜黄染,皮肤表面出现紫斑。随着病情的发展,病猪呈现神经症状,如兴奋,不安,痉挛,角弓反张等。

二、任务实施

(一)诊断

对黄曲霉毒素中毒的诊断,应从病史调查入手,并对饲料样品进行检查,结合临床表现(黄疸,出血,水肿,消化障碍及神经症状)和病理学变化(肝细胞变性、坏死,肝细胞增生,肝癌)等情况,可进行初步诊断。确诊必须对可疑饲料进行产毒霉菌的分离培养,饲料中黄曲霉毒素含量测定。必要时还可进行雏鸭毒性试验。

(二)治疗

对本病尚无特效疗法。发现畜禽中毒时,应立即停喂霉败饲料,改喂富含碳水化合物的青绿饲料和高蛋白饲料,减少或不喂含脂肪过多的饲料。

一般轻型病例,不给任何药物治疗,可逐渐康复。重度病例,应及时投服泻剂如硫酸钠、人工盐等,加速胃肠道毒物的排出。同时,采用保肝和止血疗法,可用 20%~50%葡萄糖、维生素 C、葡萄糖酸钙或 10%氯化钙。心脏衰弱时,皮下或肌肉注射强心剂。为了防止继发感染,可应用抗生素制剂,但严禁使用磺胺类药物。

（三）预防

预防本病主要采取下列措施：

（1）防止饲草、饲料发霉　防霉是预防饲草、饲料被黄曲霉菌及其毒素污染的根本措施。在饲草收割后应充分晒干，且勿淋雨；饲料应置阴凉干燥处，勿使受潮、淋雨。为了防止发霉，还可使用化学熏蒸法或防霉剂，常用丙酸钠、丙酸钙，每吨饲料中添加 1～2 kg，可安全存放 8 周以上。

（2）霉变饲料的去毒处理　霉变饲料不宜饲喂畜禽，若直接抛弃，则将造成经济上的很大浪费，因此，除去饲料中的毒素后仍可饲喂畜禽。常用的去毒方法有：连续水洗法：此法简单易行，成本低，费时少。具体操作是将饲料粉碎后，用清水反复浸泡漂洗多次，至浸泡的水呈无色时可供饲用。

（3）化学去毒法　最常用的是碱处理法。5%～8%石灰水浸泡霉败饲料 3～5 h 后，再用清水淘净，晒干便可饲喂；每千克饲料拌入 12.5 g 的农用水，混匀后倒入缸内，封口 3～5 d，去毒效果达 90%以上，饲喂前应打开封口，充分挥发残余气体；还可用 0.1%漂白粉水溶液浸泡处理等。

（4）物理吸附法　常用的吸附剂为活性炭、白陶土、黏土、沸石等，特别是沸石可牢固地吸附黄曲霉毒素，雏鸡和猪饲料中添加 0.5%沸石，不仅能吸附毒素，而且还可促进生长发育。

（5）微生物去毒法　据报道，无根根霉、米根霉、橙色黄杆菌对除去粮食中黄曲霉毒素有较好效果。

（6）定期监测饲料，严格实施饲料中黄曲霉毒素最高容许量标准　许多国家都已经制定了饲料中黄曲霉毒素容许量标准。日本规定饲料中 $AFTB_1$ 的容许量标准为 0.01～0.02 mg/kg。我国 1991 年发布的饲料卫生标准（GB 13078-2017）规定黄曲霉毒素 AFT B_1 的允许量（mg/kg）为：玉米≤0.05，花生饼、粕≤0.05，肉用仔鸡、生长鸡配合饲料≤0.01，产蛋鸡配合饲料≤0.02，生长肥育猪配、混合饲料≤0.02。另有人建议猪日粮中黄曲霉毒素 $AFTB_1$ 的容许量（mg/kg）应≤0.05，鸡日粮≤0.01，成年牛和绵羊日粮≤0.01。

技能 9　黑斑病甘薯毒素中毒的诊治

一、任务资讯

（一）了解概况

黑斑病甘薯毒素中毒，又称黑斑病甘薯中毒或霉烂甘薯中毒，俗称牛喘气病或牛喷气病，是动物，特别是牛采食一定量黑斑病、软腐病、橡皮虫病的病甘薯后，发生以急性肺水肿与间质性肺气肿、严重呼吸困难以及后期皮下气肿为特征的中毒性疾病。主要发生于种植甘薯的地区，其中以黄牛、水牛、奶牛较多见，绵羊、山羊次之，猪也有发生。本病的发生有明显的季节性，每年从 10 月份到翌年 4～5 月间，春耕前后为本病发生的高峰期，似与降雨量、气候变化有一定关系。

（二）认识病因

黑斑病甘薯的病原是甘薯长喙壳菌和茄病镰刀菌。这些霉菌寄生在甘薯的虫害部位和表皮裂口处。甘薯受侵害后表皮干枯、凹陷、坚实，有圆形或不规则的黑绿色斑块。贮藏一定时

间后，病变部位表面密生菌丝，甘臭，味苦，变黑干硬部分深约 2 mm。家畜采食或误食病甘薯后引起中毒。甘薯在感染齐整小核菌、爪哇黑腐病菌被小象皮虫咬伤、切伤或用化学药剂处理时，均可产生毒素。表皮完整的甘薯不易被上述霉菌感染也不产生毒素，说明黑斑病甘薯毒素不是霉菌的有毒代谢产物，是甘薯在霉菌寄生过程中生成的有毒物质。黑斑病甘薯毒素含有 8 种毒素，研究得较清楚的是甘薯酮、甘薯醇、甘薯宁、4-甘薯醇和 1-甘薯醇。黑斑病甘薯毒素可耐高温，经煮、蒸、烤等处理均不能破坏其毒性，故用黑斑病甘薯做原料酿酒、制粉时，所得的酒糟、粉渣饲喂家畜仍可发生中毒。

（三）识别症状

临床症状因动物种类、个体大小及采食黑斑病甘薯的数量有所不同。

（1）牛　通常在采食后 24 h 发病，病初表现精神不振，食欲大减，反刍减少和呼吸障碍。急性中毒时，食欲和反刍很快停止，全身肌肉震颤，体温一般无显著变化。本病的特征是呼吸困难，俗称“牛喘病”或“喘气病”。呼吸数可达 80～90 次/min 及以上。随着病情的发展，呼吸动作加深而次数减少，呼吸用力，呼吸音增强，似“拉风箱”音。初期多由于支气管和肺泡出血及渗出液的蓄积不时出现咳嗽。听诊时，有干、湿啰音。继而由于肺泡弹性减弱，导致明显的呼气性呼吸困难。肺泡内残余气体相对增多，加之强大的腹肌收缩终于使肺泡壁破裂，气体窜入肺间质造成间质性肺泡气肿。后期可于肩胛、腰背部皮下（即于脊椎两侧）发生气肿，触诊呈捻发音。急性者在发病 1～3 d 内死亡。在发生极度呼吸困难的同时，病牛鼻孔流出大量鼻液并混有血丝，口流泡沫性唾液。伴发前胃弛缓、瘤胃臌气和出血性胃肠炎，粪便干硬，有腥臭味，表面被覆血液和黏液。心脏衰弱，脉搏增数，可达 100 次/min 以上。颈静脉怒张，四肢末梢冰凉。尿液中含有大量蛋白。乳牛中毒后，其泌乳量大为减少，妊娠母牛往往发生早产和流产。

（2）羊　主要表现精神沉郁，结膜充血或发绀；食欲、反刍减少或停止，瘤胃蠕动减弱或废绝，脉搏增数达 90～150 次/min，心脏机能衰弱，心音增强或减弱，脉搏节律不齐，呼吸困难。严重者还出现血便，最终发展为衰竭、窒息而死亡。

（3）猪　表现精神不振，食欲大减，口流白沫，张口呼吸，可视黏膜发绀。心脏机能亢进，节律不齐。肚胀，便秘，粪便干硬发黑，后转为腹泻，粪便中有大量黏液和血液。阵发性痉挛，运动失调，步态不稳。约 1 周后，重剧病猪多发展为抽搐死亡。

二、任务实施

（一）诊断

主要根据病史，发病季节，并结合呼吸困难和皮下气肿、水肿等临床症状，剖检特征等进行综合分析，作出诊断。本病以群发为特征，易误诊为牛出血性败血病（即牛巴氏杆菌病）或牛肺疫（即牛传染性胸膜肺炎）。但从病史调查，病因分析及本病体温不高，剖检时胃内见有黑斑病甘薯残渣等，即可予以鉴别。

（二）治疗

治疗原则为迅速排出毒物和解毒，缓解呼吸困难以及对症疗法。

（1）排出毒物及解毒　如果早期发现，毒物尚未完全被吸收，可用洗胃和灌服氧化剂两种方法。洗胃：用生理盐水大量灌入瘤胃内，再用胶管吸出，反复进行，直至瘤胃内容物的酸味消失。用碳酸氢钠 300 g、硫酸镁 500 g、克辽林 20 g，溶于水中灌服。灌服氧化剂：1%高锰酸钾

溶液，牛 1 500～2 000 mL，或 1%过氧化氢溶液，500～1 000 mL，一次灌服。

(2)缓解呼吸困难　5%～20%硫代硫酸钠注射液，牛、马 100～200 mL，猪、羊 20～50 mL，静脉注射。亦可同时加入维生素 C，马、牛 1～3 g，猪、羊 0.2～0.5 g。此外尚可用输氧疗法。当肺水肿时，可用 50%葡萄糖注射液 500 mL，10%氯化钙注射液 100 mL，20%安钠咖注射液 10 mL，混合，一次静脉注射。呈现酸中毒时，应用 5%碳酸氢钠注射液 250～500 mL，一次静脉注射。胰岛素 150～300 U，一次皮下注射。

(3)中药疗法　可试用白矾散：白矾、贝母、白芷、郁金、黄芩、葶苈子、甘草、石韦、黄连、龙胆各 50 g，冬蜜 200 g，煎水调蜜灌服。

(三)预防

首先防止甘薯黑斑病的传染，可用 50 ℃温水浸种 10 min 及温床育苗。在收获甘薯时尽量不伤表皮。贮藏时地窖应干燥密封，温度控制在 11～15 ℃以内。对有病甘薯苗不能作种用，严防被牛误食。禁止用霉烂甘薯及其副产品喂动物。

技能 10　有机磷农药中毒的诊治

一、任务资讯

(一)了解概况

有机磷农药是磷和有机化合物合成的一类杀虫药，是目前应用最广泛的农药，除用于防治果树、农作物的病虫害外，在兽医临床上也用于体外驱虫药。按其毒性强弱，可分为剧毒、强毒及弱毒等类别。有机磷农药中毒是家畜接触、吸入或采食某种有机磷制剂所引致的病理过程，以体内的胆碱酯酶活性受抑制，从而导致神经机能紊乱为特征。常用的制剂有：

(1)剧毒和强毒类　蝇毒磷、乐果、甲胺磷、甲拌磷、对硫磷(1605)、内吸磷(1059)、甲基对硫磷等。

(2)中毒类　敌敌畏(DDVP)、乙硫磷、嘧啶氧磷、甲基内吸磷(甲基 1059)、杀螟松等。

(3)弱毒类　乙酰甲氨磷、甲基嘧啶磷、敌百虫和马拉硫磷等。

(二)认识病因

有机磷农药中毒的常见原因主要有：

(1)违反保管和使用农药的安全操作规程。如保管、购销或运输中对包装破损未加安全处理，或对农药和饲料未加严格分隔贮存，致使毒物散落、或通过运输工具和农具间接沾染饲料；如误用盛装过农药的容器盛装饲料或饮水，以致家畜中毒；或误饲喷洒有机磷农药后，尚未超过危险期的田间杂草、牧草、农作物以及蔬菜等而发生中毒；或误用拌过有机磷农药的谷物种子造成中毒。

(2)不按规定使用有机磷农药做驱除内外寄生虫等医用目的而发生中毒。

(3)人为的投毒破坏活动。

(三)识别症状

(1)有机磷农药中毒时，因制剂的化学特性、病畜种类，及造成中毒的具体情况等不同，其所表现的症状及程度差异极大，但都表现为胆碱能神经受乙酰胆碱的过度刺激而引起过度兴奋的现象，临床上将这些症状归纳为三类症候群：

①毒蕈碱样症状　当机体受毒蕈碱作用时，可引起副交感神经的节前和节后纤维，以及分布在汗腺的交感神经节后纤维等胆碱能神经发生兴奋，按其程度不同可具体表现为食欲不振，流涎，呕吐，腹泻，腹痛，多汗，尿失禁，瞳孔缩小，可视黏膜苍白，呼吸困难，支气管分泌增多，肺水肿等。

②烟碱样症状　当机体受烟碱作用时，可引起支配横纹肌的运动神经末梢和交感神经节前纤维(包括支配肾上腺髓质的交感神经)等胆碱能神经发生兴奋；但乙酰胆碱蓄积过多时，则将转为麻痹，具体表现为肌纤维性震颤，血压上升，肌紧张度减退(特别是呼吸肌)、脉搏频数等。

③中枢神经系统症状　这是病畜脑组织内的胆碱酯酶受抑制后，使中枢神经细胞之间的兴奋传递发生障碍，造成中枢神经系统的机能紊乱，表现为病畜兴奋不安；体温升高，搐搦，甚至陷于昏睡等。

(2)临床根据病情程度可分为以下 3 种：

①轻度中毒　病畜精神沉郁或不安，食欲减退或废绝，猪、犬等单胃动物恶心呕吐，牛、羊等反刍动物反刍停止，流涎，微出汗，肠音亢进，粪便稀薄。全血胆碱酯酶活力为正常的 70%左右。

②中度中毒　除上述症状更为严重外，瞳孔缩小，腹痛，腹泻，骨骼肌纤维震颤，严重时全身抽搐、痉挛，继而发展为肢体麻痹，最后因呼吸肌麻痹而窒息死亡。

③重度中毒　以神经症状为主，表现体温升高，全身震颤、抽搐，大小便失禁，继而突然倒地、四肢作游泳状划动，随后瞳孔缩小，心动过速，很快死亡。

二、任务实施

(一)诊断

根据流涎，瞳孔缩小，肌纤维震颤，呼吸困难，血压升高等症状进行诊断。在检查病畜存在有机磷农药接触史的同时，应采集病料测定其胆碱酯酶活性和毒物鉴定，以此确诊。同时还应根据本病的病史、症状、胆碱酯酶活性降低等变化同其他可疑病相区别。

(二)治疗

(1)立即停止使用含有机磷农药的饲料或饮水。因外用敌百虫等制剂过量所致的中毒，应充分水洗用药部位(勿用碱性药剂，以免继续吸收)。同时，尽快用药物救治。常用阿托品结合解磷定解救。阿托品为乙酰胆碱的生理拮抗药，是速效药剂，可迅速使病情缓解。但由于仅能解除毒蕈碱样症状，而对烟碱样症状无作用，须有胆碱酯酶复活剂的协同作用。常用的胆碱酯酶复活剂有解磷定(PAM)、氯磷定(PAM-Cl)、双复磷(DMO)等。

(2)通用阿托品治疗剂量：牛、马 10～50 mg，猪、羊 5～10 mg。首次用药后，若经 1 h 以上仍未见病情消减时，可适量重复用药。同时密切注意病畜反应，出现瞳孔散大，停止流涎或出汗，脉数加速等现象时，即不再加药，而按正常的每隔 4～5 h 给以维持量，持续 1～2 d。解磷定 20～50 mg/kg 体重，溶于葡萄糖溶液或生理盐水 100 mL 中，静脉注射或皮下注射或注入腹腔。对于严重的中毒病例，应适当加大剂量，给药次数同阿托品。解磷定忌与碱性药剂配伍使用。解磷定作用快速，持续时间短，1.5～2 h。对内吸磷、对硫磷、甲基内吸磷等大部分有机磷农药中毒的解毒效果确实，但对敌百虫、乐果、敌敌畏、马拉硫磷等小部分制剂的作用则较差。

(3)氯磷定可作肌肉注射或静脉注射，剂量同解磷定。氯磷定的毒性小于解磷定，对乐果

中毒的疗效较差，且对敌百虫、敌敌畏、对硫磷、内吸磷等中毒经 48～72 h 的病例无效。双复磷的作用强而持久，能通过血脑屏障对中枢神经系统症状有明显的缓解作用（具有阿托品样作用）。对有机磷农药中毒引起的烟碱样症状，毒蕈碱样症状及中枢神经系统症状均有效。对急性内吸磷、对硫磷、甲拌磷、敌敌畏中毒的疗效良好；但对慢性中毒效果不佳。剂量为 40～60 mg/kg 体重。因双复磷水溶性较高，可供皮下、肌肉或静脉注射用。对症治疗，以消除肺水肿，兴奋呼吸中枢，输入高渗葡萄糖溶液等，提高疗效。

（三）预防

健全对农药的购销、保管和使用制度，落实专人负责，严防坏人破坏。开展经常性的宣传工作，以普及和深化有关使用农药和预防家畜中毒的知识，以推动群众性的预防工作。由专人统一安排施用农药和收获饲料，避免互相影响。对于使用农药驱除家畜内外寄生虫，须由兽医人员负责，定期组织进行，以防意外的中毒事故。

技能 11　氟中毒的诊治

一、任务资讯

（一）了解概况

动物氟中毒或氟病是指无机氟经饲料或饮水连续摄入，在体内长期蓄积所引起的全身器官和组织的毒性损害。其特征是发育的牙齿出现斑纹、过度磨损及骨质疏松和骨疣形成。氟中毒为人畜共患病。

（二）认识病因

急性氟中毒主要是动物一次食入大量氟化物或氟硅酸钠而引起中毒，常见于动物用氟化钠驱虫时用量过大。

慢性氟中毒是动物长期连续摄入少量氟而在体内蓄积所引起的全身器官和组织的毒性损害，主要见于以下原因：

(1)我国的自然高氟区主要集中在荒漠草原、盐碱盆地和内陆盐池周围，当地植物氟含量达 40～100 μg/g，有些牧草高达 500 μg/g 以上，超过动物的安全范围。我国从东北经华北至西北的高氟地带，易发地方性氟病。还有零星的高氟区，如贵州的山区。

(2)氟石矿、地下水和火山岩地区的土壤、饮水和空气中氟含量超标。日本、冰岛的火山灰病。

(3)某些地区井水、泉水的含氟量高：我国规定饮水氟卫生标准为 0.5～1.0 μg/mL，一般认为，动物长期饮用氟含量超过 2 μg/mL 的水就可能发生氟中毒，如宁夏银川。

(4)工业“三废”污染。某些工矿企业（如铝厂、氟化盐厂、磷肥厂等）排放的工业“三废”中含有大量的氟，污染邻近地区的土壤、水源和植物。工业排放的常见氟化物是氢氟酸和四氟化硅，二者均具有很强的毒性，进入土壤和水中的氟化物被植物吸收，且在植物体内富集，空气中的氟化物可被植物叶面的气孔吸收或降落在植物的表面，造成放牧动物氟中毒。在工业污染区研究表明，枯草期牧草氟含量明显高于青草期。一般认为家畜牧草氟含量达 40 μg/g 可作为诊断氟中毒指标。

(5)长期饲喂未脱氟的矿物质添加剂，如过磷酸钙、天然磷灰石等。

（三）识别症状

(1)临床上主要表现为急性中毒或慢性中毒。

急性氟中毒　一般在食入半小时左右出现症状，猪常表现流涎，呕吐，腹痛，腹泻，呼吸困难，肌肉震颤，瞳孔散大。多数家畜感觉过敏，出现不断咀嚼动作，严重时搐搦和虚脱，在数小时内死亡。

慢性氟中毒　呈地方流行性，当地家畜发病率最高。牛、羊对氟最敏感，特别是奶牛，其次是马，猪较少发生氟中毒。

(2)牙齿的损伤是本病的早期特征之一。切齿的釉质失去正常的光泽，出现黄褐色的条纹，并形成凹痕，甚至于牙龈磨平。臼齿普遍有牙垢，并且过度磨损、破裂，有些动物齿冠破坏，形成两侧对称的波状齿和阶状齿，下前臼齿往往异常突起，甚至刺破上腭黏膜形成口黏膜溃烂。

(3)骨骼的变化随着动物体内氟蓄积而逐渐明显，颌骨、掌骨、跖骨和肋骨呈对称性的肥厚，外生骨疣和骨变形。关节周围软组织发生钙化，导致关节强直，动物行走困难，特别是体重较大的动物出现明显的跛行。X线检查表明，骨质密度增大或异常多孔，骨髓腔变窄，骨外膜呈羽状增厚，骨小梁形成增多。

(4)一般认为，健康动物尿氟含量为2～6 μg/mL，随着氟摄入量的增加，尿氟很快上升到15～30 μg/mL，甚至可达到70～80 μg/mL。骨骼氟含量是诊断动物氟中毒最准确的指标之一。对恒牙生长期的动物，骨骼氟含量超过1 200 μg/g可作为氟中毒的指标，3 000 μg/g以上为严重氟中毒，对老龄动物应具体分析。动物氟中毒时肝脏、肾脏碱性磷酸酶和酸性磷酸酶活性降低，三磷酸腺苷酶活性升高，血清钙水平降低，血清及骨骼中碱性磷酸酶活性升高明显。

二、任务实施

（一）诊断

急性氟中毒主要根据病史及胃肠炎等表现而诊断。慢性氟中毒则根据牙齿的损伤、骨骼变形及跛行等特征症状，结合牧草、骨骼、尿液等氟含量的分析即可确诊。本病应与铜缺乏、铅中毒及钙磷代谢紊乱性疾病相鉴别。

（二）防治

(1)急性氟中毒　应立即抢救。小家畜可灌服催吐剂，投服蛋清、牛奶、浓茶等。各种动物均可用0.5%氯化钙或石灰水洗胃，同时可静脉注射氯化钙或葡萄糖酸钙补充体内钙的不足。配合维生素D、维生素B和维生素C治疗。

(2)慢性氟中毒　目前尚无完全康复的疗法，应尽快使病畜脱离病区，供给低氟饲草料和饮水，每日供给硫酸铝、氯化铝、硫酸钙等，也可静脉注射葡萄糖酸钙或灌服乳酸钙以减轻症状，但牙齿和骨骼的损伤无法恢复。

(3)预防慢性氟中毒主要采取以下措施：

①对补饲的磷酸盐应尽可能脱氟，不脱氟磷酸盐氟含量不应超过1 000 μg/g，且在日粮中的比例应低于2%。

②高氟区应避免放牧。

③低氟牧场与高氟牧场轮换放牧。

④饲草料中供给充足的钙磷。

⑤在工业污染区，根本的措施是治理污染源，在短时间内不能完全消除污染的地区可采取

综合预防措施,如从健康区引进成年动物进行繁殖,在青草期收割氟含量低的牧草,供冬春补饲,有条件的建立棚圈饲养等。

技能12 钠盐中毒的诊治

一、任务资讯

(一)了解概况

钠盐中毒是在动物饮水不足的情况下,过量摄入食盐或含盐饲料而引起以消化紊乱和神经症状为特征的中毒性疾病,主要的病理学变化为嗜酸性粒细胞(嗜伊红粒细胞)性脑膜炎。各种动物均可发病,主要见于猪和家禽,其次为牛、马、羊和犬等。

(二)认识病因

舍饲动物中毒多见于配料疏忽,误投过量食盐或对大块结晶盐未经粉碎和充分拌匀,或饲喂含盐分高的泔水、酱渣、咸菜及腌菜水和卤咸鱼水等。放牧动物则多见于供盐时间间隔过长,或长期缺乏补饲食盐的情况下,突然加喂大量食盐,加上补饲方法不当,如在草地撒布食盐不匀或让动物在饲槽中自由抢食。用食盐或其他钠盐治疗大动物肠阻塞时,一次用量过大,或多次重复应用。鸡在炎热的季节限制饮水,或寒冷的天气供给冰冷的饮水,容易发生钠离子中毒。鸡可耐受饮水中0.25%的食盐,湿料中含2%的食盐能引起雏鸭中毒。各种动物的食盐内服急性致死量为:牛、猪及马约2.2 g/kg,羊6 g/kg,犬4 g/kg,家禽2～5 g/kg,动物缺盐程度和饮水的多少直接影响致死量。

(三)识别症状

(1)急性中毒　主要表现神经症状和消化紊乱,因动物品种不同有一定差异。

①牛　烦躁不安,食欲废绝,渴欲增加,流涎,呕吐,下泻,腹痛,粪便中混有黏液和血液。黏膜发绀,呼吸迫促,心跳加快,肌肉痉挛,牙关紧闭,视力减弱,甚至失明,步态不稳,关节屈曲无力,肢体麻痹,衰弱及卧地不起。体温正常或低于正常。孕牛可能流产,子宫脱出。

②猪　主要表现神经系统症状,消化紊乱不明显。病猪口黏膜潮红,磨牙,呼吸加快,流涎,从最初的过敏或兴奋很快转为对刺激反应迟钝,视觉和听觉障碍,盲目徘徊,不避障碍,转圈,体温正常。后期全身衰弱,肌肉震颤,严重时间歇性癫痫样痉挛发作,出现角弓反张,有时呈强迫性犬坐姿势,直至仰翻倒地不能起立,四肢侧向划动。最后在阵发性惊厥、昏迷中因呼吸衰竭而死亡。

③禽　表现口渴频饮,精神沉郁,垂羽蹲立,腹泻,痉挛,头颈扭曲,严重时腿和翅麻痹。小公鸡表现运动失调、失明、惊厥或死亡。

④马　表现口腔干燥,黏膜潮红,流涎,呼吸迫促,肌肉痉挛,步态蹒跚,严重者后躯麻痹。同时有胃肠炎症状。

(2)慢性中毒　常见于猪,主要是长时间缺水造成慢性钠潴留,出现便秘、口渴和皮肤瘙痒。突然暴饮大量水后,引起脑组织和全身组织急性水肿,表现与急性中毒相似的神经症状,又称“水中毒”。牛和绵羊饮用咸水引起的慢性中毒,主要表现食欲减退,体重减轻,体温下降,衰弱,有时腹泻,多因衰竭而死亡。

二、任务实施

(一)诊断

根据病畜有摄入大量食盐或其他钠盐,同时饮水不足的病史,结合神经和消化机能紊乱的典型症状,病理组织学检查发现特征性的脑与脑膜血管嗜酸性粒细胞浸润,可作出初步诊断。

确诊需要测定体内氯离子、食物中氯化钠或钠盐的含量。尿液氯含量大于1%为中毒指标。血浆和脑脊髓液钠离子浓度大于160 mmol/L,尤其是脑脊液钠离子浓度超过血浆时,为食盐中毒的特征。大脑组织(湿重)钠含量超过1 800 mg/kg即可出现中毒症状。

借助微生物学检验、病理组织学检查可与伪狂犬病、病毒性非特异性脑脊髓炎、马属动物霉玉米中毒、中暑及其他损伤性脑炎鉴别。还应与有机磷农药中毒、重金属中毒、胃肠炎等疾病进行鉴别诊断。

(二)治疗

尚无特效解毒剂。

(1)对初期和轻症中毒病畜,可采用排钠利尿、双价离子等渗溶液输液及对症治疗　发现早期,立即供给足量饮水,以降低胃肠中的食盐浓度。猪可灌服催吐剂(硫酸铜0.5～1 g或吐酒石0.2～3 g),若已出现症状时则应控制为少量多次饮水。应用钙制剂,牛、马可用5%葡萄糖酸钙200～500 mL或10%氯化钙200 mL,静脉注射;猪、羊可用5%氯化钙明胶(明胶1%)0.2 g/kg体重,分点皮下注射。

(2)利尿排钠　可用双氢克尿噻,以0.5 mg/kg体重投服。

(3)解痉镇静　5%溴化钾、25%硫酸镁,静脉注射;或盐酸氯丙嗪,肌肉注射。

(4)缓解脑水肿、降低颅内压　25%山梨醇或甘露醇,静脉注射;也可用25%～50%高渗葡萄糖,静脉或腹腔(猪)注射。

(5)其他对症治疗　投服石蜡油以排钠;灌服淀粉黏浆剂保护胃肠黏膜;鸡中毒初期可切开嗉囊后用清水冲洗。

(三)预防

畜禽日粮中应添加占总量0.5%的食盐,或以0.3～0.5 g/kg体重补饲食盐,以防因盐饥饿引起对食盐的敏感性升高。限用咸菜水、面浆喂猪,在饲喂含盐分较高的饲料时,应严格控制用量的同时供给充足的饮水。食盐治疗肠阻塞时,在估计体重的同时要考虑家畜的体质,掌握好灌服用量和水溶解浓度(1%～6%)。

【学习评价】

评价内容	评价方式			评价等级
	自我评价	小组评价	教师评价	
课前搜集有关的资料				A. 充分;B. 一般;C. 不足
知识和技能掌握情况				A. 熟悉并掌握;B. 初步理解;C. 没有弄懂
团队合作				A. 能;B. 一般;C. 很少

续表

评价内容	评价方式			评价等级
	自我评价	小组评价	教师评价	
思维条理性(有条理地表达自己的意见,解决问题的过程清楚)				A. 强;B. 一般;C. 不足
思维创造性(提出和别人不同的问题,或用不同的方法解决问题)				A. 强;B. 一般;C. 很少
学习态度(操作活动、听讲、作业)				A. 认真;B. 一般;C. 不认真
信息科技素养				A. 强;B. 一般;C. 很少
总　　评				

【技能训练】

一、复习与思考

1. 什么是中毒？在常见的中毒性疾病中,哪些有特效解毒药？分别是什么？怎样使用？
2. 不明原因发生的中毒应如何采取有效的抢救措施？
3. 如果一个中毒性疾病没有特效解毒药,应采取哪些措施治疗？
4. 常见的饲料中毒有哪些？各由什么原因引起？怎样预防？
5. 在畜牧生产中常用尿素喂牛,应怎样饲喂才不至于中毒？
6. 如果你是养猪场的技术员,应从哪些方面着手来预防中毒性疾病的发生？

二、案例分析

唐海县张某饲养的600只25日龄鸡突然发病,有100余只精神沉郁,食欲减退,饮欲大增,每日死亡14～15只,且死亡前有神经症状。病史调查结果如下:每50 kg饲料含玉米27 kg,豆饼10 kg,花生饼4 kg,小鱼粉2.5 kg(购自海边的咸干鱼粉碎而成,含盐量6.6%),贝粉0.85 kg,骨粉0.75 kg,麸皮4.7 kg,食盐0.2 kg。多维、胆碱、微量元素均系正规厂家生产并按厂家推荐量添加。每日饲喂3次,其他饲养管理措施未见异常。

1. 根据以上病史调查结果,说说进一步检查的重点和方向。
2. 你怀疑鸡患了什么病？诊断依据是什么？
3. 请拟定一个本鸡群的防治实施计划。

沉下心当好兽医

尹华江是四川省兴文县高级兽医师，在基层当兽医39年。他扎根在乌蒙山深处，无论酷暑严寒、白天黑夜，始终奔走在为群众排忧解难的路上，并自主科研攻克疑难杂症。这期间他也曾动摇过，最终还是干回兽医。

尹华江自18岁从父亲手中接过兽医药箱，成为一名兽医后，就从没真正走出过那里的大山。

高中毕业后，尹华江在九丝城镇兽医站当了一名防疫员，然而，有时梦想与现实的差距很大。他回忆说，当时人们称兽医为“灌猪匠”“灌牛匠”，是个特别脏累的活，社会地位很低，还要常常到偏远农村，条件艰苦。他对童年的梦想产生了动摇，好几次在又饿又累的极端状态下决心改行。尹华江曾报名当兵，也曾参加乡镇干部招聘考试。1994年大专毕业后，人事部门拟安排他到职业中专做实习老师。可是，这一系列尝试最终都未能成行。在父亲的坚决反对下，他最终沉下心来继续当兽医。

尹华江总结，要当好一名基层兽医，除了对兽医工作的热爱，还必须具有过硬的专业技术和良好的职业道德，具有一颗急群众所急的心。

“当我看到每一位头冒热汗、气喘吁吁跑来求诊的养殖户时，当我半夜突然接到因着急而语无伦次的求助电话时，当我跨进养殖户家门看到那些焦急而期盼的眼神时，职业的良知告诉我，我应该为他们做点事情。”穷困人家找尹华江出诊，他只收药物成本费，有时甚至直接免掉。几十年来，他坚持每年为特困农户免费阉割仔猪，支持他们发展生产。就是通过这样一些义举和扶危济困的爱心，尹华江与乡亲们建立了深厚的感情，逢年过节，走亲访友，他常常是农户家里的座上宾。考虑到农民出门不易，尹华江经常将养殖培训会开到农户家中，为促进九丝城镇畜牧业发展，他先后举办各种培训班500余期，参训人员达3万余人。

“兽医是一门古老学科，需要不断实践。”尹华江说，虽说他的技艺是家传的，但是随着畜禽规模化养殖、新型畜禽病毒出现，畜禽的疫病防治又有了新变化，想要胜任工作，超越父辈，需要不断学习。

在没有任何科研经费的情况下，尹华江对兽医临床上的疑难杂症进行实践研究，近10年来，他先后在省和国家级兽医杂志上发表学术论文25篇，并获得多项全国优秀兽医论文奖，出版专著《中兽医临证心语》。最近5年，尹华江运用中兽医技术为兴文县及其周边区县养殖户创造直接经济效益8 000余万元，其中防治猪高热病、母猪繁殖障碍疾病等重大研究成果处于行业领先地位，被兽医同行推广使用，年均为全国养殖户挽回经济损失数亿元。

尹华江先后荣获中国十大杰出兽医、全国十佳农技推广标兵、全国十大兽医先进人物、全国优秀农村基层科技工作者、四川省先进工作者、四川省优秀农技员、四川十大扶贫好人、四川最美农技员、宜宾市劳动模范、宜宾市道德模范等表彰奖励60余项。他说，因为有了坚定的意念，才会对自己从事的职业钟爱有加，才会刻苦钻研，才会精益求精。“三百六十行，行行出状元。谁说兽医无才子，只缘对面不识君！”

尹华江出生兽医世家，勇于开拓创新，以亲身实践诠释了一个执业兽医人的职业操守和道德品行，沉下心来干一行爱一行，乐业、勤业、精业、敬业，用自己扎实过硬的技术服务百姓，奉献社会。

（案例资料源自人民网）

参考文献

[1] 曹授俊,李玉冰.兽医临床诊疗技术.3版.北京:中国农业出版社,2020.

[2] 蔡泽川.动物内科及临床诊断实训.北京:中国农业出版社,2017.

[3] 林德贵.动物医院临床手册.北京:中国农业出版社,2004.

[4] 王建华.兽医内科学.4版.北京:中国农业出版社,2010.

[5] 石冬梅,何海健.动物内科病.4版.北京:化学工业出版社,2016.

[6] 张乃生,李毓义.动物普通病学.2版.北京:中国农业出版社,2011.

[7] Cynthia M. K, Scott L. 默克兽医手册.10版.张仲秋,丁伯良,译.北京:中国农业出版社,2015.